U0151366

电网设备材料检测技术

总主编　骆国防

电网设备超声检测技术与应用

主　编　骆国防
副主编　梅文明　李文波　林光辉
　　　　田　江　史佩钢

上海交通大学出版社
SHANGHAI JIAO TONG UNIVERSITY PRESS

内容提要

《电网设备超声检测技术与应用》共 8 章,包括超声检测概述、超声检测的物理基础、脉冲反射法超声检测技术、衍射时差法超声检测技术、相控阵超声检测技术、电磁超声检测技术、超声导波检测技术、激光超声检测技术等。

本书着重从目前电网行业中各种超声检测方法的检测原理、检测设备及器材、检测工艺、典型案例等方面进行全面而系统地讲解。全书知识覆盖面广,通俗易懂,实用性强。本书可供在电力系统从事超声检测的工程技术人员和管理人员学习及培训使用,也可供其他行业从事超声检测工作的相关人员和大专院校相关专业的广大师生阅读和参考。

图书在版编目(CIP)数据

电网设备超声检测技术与应用/骆国防主编. —上海:上海交通大学出版
社,2021
ISBN 978 - 7 - 313 - 24793 - 3

Ⅰ.①电…　Ⅱ.①骆…　Ⅲ.①电网-电气设备-超声检测　Ⅳ.①TM7

中国版本图书馆 CIP 数据核字(2021)第 049066 号

电网设备超声检测技术与应用
DIANWANG SHEBEI CHAOSHENG JIANCE JISHU YU YINGYONG

主　　编:骆国防			
出版发行:上海交通大学出版社		地　　址:上海市番禺路 951 号
邮政编码:200030		电　　话:021 - 64071208
印　　制:上海新艺印刷有限公司		经　　销:全国新华书店
开　　本:710mm×1000mm　1/16		印　　张:18.5
字　　数:356 千字			
版　　次:2021 年 6 月第 1 版		印　　次:2021 年 6 月第 1 次印刷
书　　号:ISBN 978 - 7 - 313 - 24793 - 3			
定　　价:79.00 元			

学术指导委员会

编　委　会

前　　言

　　无损检测是在现代科学基础上产生和发展的检测技术,是指在不损坏检测对象的前提下,以物理或化学方法为手段,借助一定的设备器材,按照规定的技术要求,对检测对象的表面及内部的结构、性质或状态进行检查和测试,并对结果进行分析和评价。根据不同的检测原理、检测方式和信息处理技术,无损检测有多种分类法,但在实际应用中比较常见的是五大常规检测方法,即射线检测、超声检测、磁粉检测、渗透检测和涡流检测。随着科技水平的不断发展,每种检测方法又衍生和发展出一些新的检测技术,比如超声检测技术目前已经发展出衍射时差法超声检测技术、相控阵超声检测技术、电磁超声检测技术、超声导波检测技术、激光超声检测技术等新技术,并在电网不同设备如气体绝缘金属封闭开关(GIS)、高压断路器储能弹簧、螺栓、瓷支柱绝缘子、架空地线、耐张线夹、钢管塔等中都得到了比较广泛和成熟的应用,尤其随着电网特高压、储能技术、新能源及电厂超超临界发电机组等的发展,与其他无损检测方法相比,超声检测及其新技术在某些方面更是发挥着不可替代的作用。

　　为了能更好地开展电网设备金属及材料专业工作,2019 年、2020 年我们分别组织电网系统的权威专家,全专业、成体系、多角度地编写了电网设备金属及材料检测技术方面的系列专业书籍:作为电网设备金属及材料方面的理论基础,《电网设备金属材料检测技术基础》由上海交通大学出版社出版,全书共 8 章,内容包括电网设备概述、材料学基础、焊接技术、缺陷种类及形成、理化检验、无损检测、腐蚀检测及表面防护、失效分析等;《电网设备金属检测实用技术》作为《电网设备金属材料检测技术基础》中检测方法及检测技术的总揽,由中国电力出版社出版,全书共 15 章,内容包括理化检测、无损检测、腐蚀检测三篇共 14 类金属检测实用技术;此次编写的《电网设备超声检测技术与应用》，则是对《电网设备金属检测实用技术》书中的 14 类实用技术之一的超声检测技术进行更全面、深入、具体、翔实的介绍及讲解。

本书内容主要包括电网设备金属材料各种超声检测方法的基本知识、检测设备及器材、检测工艺、典型案例等。通过对本书的学习，从业人员在全面掌握相关基础理论知识及各种超声检测技术的同时，还能通过对书中典型案例的学习，结合实际工作中的理解，进一步提高自己的实际操作水平以及对缺陷的判断和分析能力。

本书由国网上海市电力公司电力科学研究院高级工程师骆国防担任主编并负责全书的编写、统稿和审核，国家电网有限公司高级工程师梅文明、国网湖南省电力有限公司电力科学研究院高级工程师李文波、武汉中科创新技术股份有限公司高级工程师林光辉、江苏海达电气有限公司高级工程师田江、上海电力股份有限公司高级工程师史佩钢等共同担任副主编。全书理论知识部分由骆国防、林光辉、梅文明、史佩钢、郑州大学李阳、中大检测（湖南）股份有限公司曹智等负责编写。全书的案例由骆国防、国网河南省电力公司电力科学研究院张武能、上海漕泾热电有限责任公司荆迪和徐帅、国网浙江省电力有限公司电力科学研究院罗宏建和孙庆峰、国网山东省电力公司电力科学研究院邓化凌和李志明、国网安徽省电力有限公司电力科学研究院王若民和缪春辉、浙江盛达铁塔有限公司袁秀宁、国网天津市电力公司电力科学研究院于金山、广东电网公司电力科学研究院马庆增等提供。

在本书的撰写过程中，编者参考了大量文献及相关标准，在此对其作者表示衷心感谢，同时也感谢上海交通大学出版社和编者所在单位给予的大力支持。

限于时间和作者水平，书中难免存在不足之处，敬请各位同行和读者批评指正。

编　者

2020 年 10 月

目　　录

第1章　超声检测概述 ·· 001
　1.1　超声检测的发展历程 ································· 001
　1.2　超声检测技术在电网中的应用 ····················· 004

第2章　超声检测的物理基础 ································· 008
　2.1　声波的本质 ······································· 008
　　2.1.1　振动与波 ····································· 008
　　2.1.2　波的分类 ····································· 010
　　2.1.3　声波的速度 ··································· 015
　　2.1.4　声压、声强和声阻抗 ························· 017
　　2.1.5　声波幅度的分贝表示 ························· 018
　2.2　超声波的传播 ····································· 019
　　2.2.1　超声波的波动特性 ··························· 019
　　2.2.2　超声波垂直入射到异质界面时的反射和透射 ····· 021
　　2.2.3　超声波倾斜入射到异质界面时的反射和折射 ····· 025
　　2.2.4　超声波的衰减 ······························· 032
　2.3　超声波的声场 ····································· 034
　　2.3.1　超声纵波声场 ······························· 034
　　2.3.2　超声横波声场 ······························· 036
　2.4　规则反射体的反射回波声压计算 ··················· 038
　　2.4.1　大平底回波声压 ····························· 038
　　2.4.2　平底孔回波声压 ····························· 039
　　2.4.3　长横孔回波声压 ····························· 040
　　2.4.4　短横孔回波声压 ····························· 041
　　2.4.5　大直径圆柱体底面回波声压 ··················· 042
　　2.4.6　球孔回波声压 ······························· 043

2.5　AVG 曲线 ·· 044
　　2.5.1　纵波平底孔 AVG 曲线 ························· 044
　　2.5.2　横波平底孔 AVG 曲线 ························· 046

第 3 章　脉冲反射法超声检测技术 ················ 047
3.1　超声检测的原理及分类 ························· 047
　　3.1.1　检测原理 ··· 047
　　3.1.2　检测方法分类 ·································· 047
3.2　超声检测设备及器材 ····························· 054
　　3.2.1　超声检测仪 ····································· 054
　　3.2.2　探头 ·· 056
　　3.2.3　耦合剂 ·· 061
　　3.2.4　试块 ·· 062
　　3.2.5　检测仪器及探头的组合性能 ·············· 065
　　3.2.6　检测设备及器材的运维管理 ·············· 065
3.3　脉冲反射法超声检测通用工艺 ·············· 066
3.4　脉冲反射法超声检测技术在电网设备中的应用 ·········· 081
　　3.4.1　GIS 断路器壳体焊缝脉冲反射法超声检测 ········· 081
　　3.4.2　输电线路钢管塔结构环向对接接头脉冲反射法超声检测 ········· 084
　　3.4.3　交流滤波器场管母支柱绝缘子脉冲反射法超声检测 ········· 087
　　3.4.4　钎焊型铜铝过渡线夹脉冲反射法超声检测 ········· 090
　　3.4.5　输电线路耐张线夹脉冲反射法超声检测 ········· 094
　　3.4.6　变压器端子箱体脉冲反射法超声测厚 ········· 099

第 4 章　衍射时差法超声检测技术 ················ 101
4.1　衍射时差法超声检测原理 ····················· 101
　　4.1.1　衍射过程 ·· 101
　　4.1.2　检测原理 ·· 103
4.2　衍射时差法超声检测设备及器材 ············ 112
　　4.2.1　主机设备 ·· 112
　　4.2.2　探头及楔块 ····································· 112
　　4.2.3　试块 ·· 114
　　4.2.4　扫查装置 ·· 116
　　4.2.5　其他附件 ·· 116

4.2.6　检测仪器及探头的组合性能 ………………………………… 118

4.2.7　检测设备及器材的运维管理 ………………………………… 118

4.3　衍射时差法超声检测通用工艺 …………………………………… 118

4.3.1　探头声束扩散角 ……………………………………………… 119

4.3.2　被检材料的检查 ……………………………………………… 125

4.3.3　探头的选择 …………………………………………………… 125

4.3.4　PCS 的选择 …………………………………………………… 128

4.3.5　检测校准和增益设置 ………………………………………… 129

4.3.6　扫查类型及方式 ……………………………………………… 131

4.4　衍射时差法超声检测技术在电网设备中的应用 ………………… 135

4.4.1　GIS 组合电器壳体环焊缝 TOFD 超声检测 ………………… 135

4.4.2　输电线路钢管塔环向对接焊缝 TOFD 超声检测 ………… 139

第5章　相控阵超声检测技术 ………………………………………… 144

5.1　相控阵超声检测原理 ……………………………………………… 144

5.1.1　基本特征 ……………………………………………………… 144

5.1.2　相位控制 ……………………………………………………… 146

5.1.3　合成声束 ……………………………………………………… 147

5.1.4　延时法则 ……………………………………………………… 151

5.1.5　扫查方式 ……………………………………………………… 152

5.2　相控阵超声检测设备及器材 ……………………………………… 154

5.2.1　相控阵检测仪 ………………………………………………… 154

5.2.2　相控阵探头 …………………………………………………… 155

5.2.3　相控阵楔块 …………………………………………………… 166

5.2.4　扫查装置 ……………………………………………………… 168

5.2.5　相控阵试块 …………………………………………………… 169

5.2.6　检测仪器及探头的组合性能 ………………………………… 170

5.2.7　检测设备及器材的运维管理 ………………………………… 171

5.3　相控阵超声检测通用工艺 ………………………………………… 171

5.4　相控阵超声检测技术在电网设备中的应用 ……………………… 174

5.4.1　GIS 避雷器壳体焊缝相控阵超声检测 ……………………… 174

5.4.2　钢管塔对接焊缝相控阵超声检测 …………………………… 179

5.4.3　输电线路地脚螺栓腐蚀缺陷相控阵超声检测 …………… 181

5.4.4　TKY 形对接焊缝相控阵超声检测 …………………………… 183

第6章　电磁超声检测技术 ································· 187

　6.1　电磁超声检测原理 ································· 188

　　6.1.1　弹性固体中声场的基本方程 ············· 189

　　6.1.2　电磁超声的耦合方程 ····················· 190

　　6.1.3　电磁超声的换能模型 ····················· 191

　6.2　电磁超声检测设备及器材 ····················· 195

　　6.2.1　电磁超声波的发射与接收 ············· 196

　　6.2.2　电磁超声换能器结构 ····················· 197

　　6.2.3　磁铁 ··· 199

　　6.2.4　电磁超声换能器匹配电路 ··············· 201

　　6.2.5　试块 ··· 203

　　6.2.6　检测设备及器材的运维管理 ············· 203

　6.3　电磁超声检测通用工艺 ························· 203

　6.4　电磁超声检测技术在电网设备中的应用 ····· 206

　　6.4.1　断路器操动机构储能弹簧电磁超声导波检测 ··· 206

　　6.4.2　架空输电线路用镀锌钢绞线电磁超声导波检测 ··· 208

　　6.4.3　电动操动机构不锈钢箱体电磁超声测厚 ··· 212

　　6.4.4　在役运行高温管道电磁超声测厚 ······· 215

　　6.4.5　水冷壁管腐蚀情况电磁超声检测 ······· 215

第7章　超声导波检测技术 ························· 218

　7.1　超声导波基础理论 ····························· 218

　　7.1.1　板中的导波 ································· 221

　　7.1.2　薄壁管道中的周向超声导波 ············· 226

　7.2　超声导波检测设备及器材 ····················· 238

　　7.2.1　主机系统 ····································· 238

　　7.2.2　超声导波探头 ······························· 240

　　7.2.3　试样 ··· 241

　　7.2.4　检测设备及器材的运维管理 ············· 242

　7.3　超声导波检测通用工艺 ························· 242

　7.4　超声导波检测技术在电网设备中的应用 ····· 243

　　7.4.1　GIS组合电器壳体焊缝超声导波检测 ··· 243

　　7.4.2　输电线路钢管塔圆柱形直缝钢管杆超声导波检测 ··· 245

　　7.4.3　接地网圆钢腐蚀状态超声导波检测 ····· 249

　　7.4.4　输电线路地脚螺栓裂纹超声导波检测 ·················· 252

第8章　激光超声检测技术 ······························· 255

　8.1　激光超声基础理论 ······························· 256

　　8.1.1　激光超声的激励机制 ························· 256

　　8.1.2　热弹机制下激励超声波的机理 ··············· 258

　　8.1.3　热弹机制下激光激励出的超声波 ············· 261

　8.2　激光超声检测设备 ······························· 262

　　8.2.1　激光超声检测系统 ························· 262

　　8.2.2　激光超声检测设备 ························· 265

　8.3　激光超声检测技术在不同工程研究中的应用 ········· 266

　　8.3.1　激光超声表面波检测裂纹深度 ··············· 266

　　8.3.2　激光超声兰姆波检测板材表面裂纹 ··········· 268

　　8.3.3　激光超声爬波检测厚壁管内壁缺陷 ··········· 271

　　8.3.4　激光超声C扫描检测加强筋宽度 ············· 274

参考文献 ··· 277

索引 ··· 279

第1章 超声检测概述

1.1 超声检测的发展历程

1929年,苏联学者索科洛夫(Sokolov)发表了一篇关于超声波在各种物体中传播问题的文章,提出利用超声波良好的穿透性来检测不透明物体内部缺陷的设想。1935年,索科洛夫在苏联发表了讨论金属材料内部缺陷探伤的著作,著作中描述采用超声波穿透法的试验结果,同年申请了穿透法专利。第二次世界大战爆发后,市面上出现了基于索科洛夫原理制造的超声波穿透法检测仪器。但由于该检测仪器的发射和接收探头需放置在试件两侧,并始终保持探头位置的对应关系,同时该检测仪器对缺陷检测的灵敏度很低,故其应用范围受到极大限制。虽然该设备并未在市场上推广和普及,但是穿透法检测仪器的诞生标志着超声检测技术在工业领域的首次应用。

1940年,美国人Firestone首次介绍了基于脉冲发射法的超声检测仪器,并在之后的几年进行了试验和完善。1946年,英国人D. O. Spronle研制成功第一台A型脉冲反射式超声检测仪。该检测仪的工作原理是从物体的同一侧发射和接收超声波,能够检测出物体内部细微缺陷,并能够较准确地确定缺陷位置和测量缺陷尺寸。不久,美国和英国分别研发得到更先进的A型脉冲反射式超声检测仪,使超声检测成为一种实用的无损检测技术。1950年后,A型脉冲反射式超声检测仪已经广泛应用于世界先进工业国家的钢铁冶炼、船舶制造和机械制造等领域的铸锻钢件和厚壁钢板的检测中。

20世纪60年代,随着电子技术的快速发展,超声检测仪器的性能也得到了大幅度提升。1964年,德国KK(Krautkrämer)公司成功研制出小型超声检测仪。20世纪70年代末,微处理器的出现使数字集成电路性能产生质的飞跃,同时为超声检测仪器设备的发展提供了新的便利条件。1983年,德国KK公司推出第一台便携式USD-Ⅰ型数字化超声检测仪,标志着超声检测仪开始进入数字化时代。随着数字式超声检测仪器的不断发展,模拟式超声检测设备逐渐被取代。

国内超声检测设备的研究始于 20 世纪 50 年代。1952 年,中国铁道科学研究院孙大雨参照苏联 УЗД-12 型超声检测仪成功进行设备仿制,标志着我国迈出了超声检测仪研制的第一步。1953 年,江南造船厂吴绳武等人对从苏联引进的超声检测仪进行了学习和研究,并自行设计电路,同时烧制钛酸钡压电陶瓷,于 1955 年成功研制出江南 I 型超声检测仪,标志着我国第一代定型超声检测仪诞生。1980 年,"汕头超声"推出 CTS-22 型超声检测仪,其主要技术指标已达到国际同类产品的水平,并在相当长的时间内成为我国超声检测仪的主流产品。1988 年,中科院武汉物理研究所成功研制出国内第一台数字化超声检测仪的原理样机,并于次年成功研制出国内第一台全数字化超声检测仪。1993 年后,国内涌现出许多优秀的仪器设备生产厂家,国产数字化超声检测设备百花齐放地呈现。

迈入 21 世纪后,常规超声检测技术达到一定成熟阶段,但由于该技术存在特定限制,面临着新的发展瓶颈,促使超声检测新技术获得快速进步和广阔的发展空间。近些年,超声检测新技术层出不穷,如衍射时差法超声检测技术、相控阵超声检测技术、电磁超声检测技术、超声导波检测技术、激光超声检测技术等已经开始显示出其强大的生命力和适用性。

1) 衍射时差法超声检测技术

衍射时差法(time of flight diffraction,TOFD)超声检测技术的发展始于 20 世纪 70 年代,由英国 Maurice Silk 博士首先提出。1977 年底,Maurice Silk 利用 TOFD 技术更精确地对缺陷进行定量研究。在同一时期,中国科学院也检测出裂纹尖端衍射信号,并总结出利用尖端衍射信号测量裂纹高度的工艺方法。进入 90 年代,随着计算机和数字化技术的应用,TOFD 技术与这些硬件系统相结合,进一步发展成为一种超声成像检测技术,TOFD 技术在欧美发达国家得到了迅速的发展。1982 年,英国首先研制出可用于现场检测的 TOFD 仪器,随后几年,欧美国家陆续出台了一系列 TOFD 相关标准和仪器设备。进入 21 世纪后,各种硬件和软件的更新换代有力地推动了 TOFD 技术的进一步发展。

2003 年,中国第一重型机械集团公司将 TOFD 技术应用于神华煤直接液化工程中壁厚 300 mm 的加氢反应器的检测,这是国内最早应用 TOFD 技术的企业,并申请和制定了首个企业标准。2010 年 12 月 15 日,《承压设备无损检测 第 10 部分:衍射时差法超声检测》(NB/T 47013.10—2010)标准正式实施,意味着在国内承压设备检测行业,TOFD 超声检测技术已成为国家质检总局认可的无损检测方法之一。

2) 相控阵超声检测技术

相控阵超声检测技术在工业领域的应用已有近 30 年的历史,初期主要应用于医疗领域。1959 年,Tom Brown 研制出了首台相控阵超声检测系统。20 世纪 70 年代,市场上出现第一台医用相控阵超声检测系统,由于相控阵超声检测系统复杂、成本高昂、技术不足等,其在工业领域中的应用和发展受到一定的限制,直到 80 年代,真正意义上的第一台工业用相控阵超声检测设备才研制成功。1992 年,美国通用电气公司(GE)研制成功了数字式相控阵超声实时成像系统,在随后的十余年,西方发达国家相继研制出功能更完善、应用范围更广的相控阵超声检测系统和设备。

国内相控阵超声检测技术及仪器设备的研究原来远落后于欧美发达国家,我国于 2001 年首次将相控阵超声检测技术应用于"西气东输"的工程项目,使用加拿大 R/D Tech 公司生产的相控阵超声检测设备。直到 2010 年,国内相控阵超声检测技术才得到迅速发展,武汉中科创新、广州多浦乐、汕头超声、南通友联等国内几大生产厂家陆续研制出相控阵超声检测设备。近几年,国产相控阵超声检测设备的性能更是得到大幅提升,已基本接近国际先进水平。

随着相控阵超声检测技术在各个领域的成功推广与应用,该技术已日趋成熟。目前,该技术主要发展方向在于新型相控阵探头的开发、针对不同检测对象的检测工艺的研究、检测数据处理和缺陷分析等方面。相控阵超声检测技术在未来会拥有更广阔的发展空间。

3)电磁超声检测技术

电磁超声技术起源于 20 世纪 60 年代。70 年代末期,电磁超声技术已经成功地应用于检测金属棒、管道和板材。80 年代,德国利用电磁超声技术成功研制出车轮踏面裂纹电磁超声检测装置,美国也相继研制出类似的电磁超声检测装置,并成功应用于输气管道检测、在役钢管和压力容器检测、工业锅炉壁厚测量与检测以及定位热交换管和加热管的缺陷等。

国内电磁超声检测技术的研究始于 20 世纪 80 年代。1988 年,北京钢铁研究总院张广纯等人开展了电磁超声检测带钢应力的实验研究,这是国内最早开展电磁超声检测技术研究的单位。1991 年,陈苏劲等人也成功研制出一套用于车轮踏面的电磁超声检测装置。1997 年,航天工业总公司第二研究院研制出了一套热轧钢板在线自动化电磁超声检测系统,该系统可对 500℃ 以下的钢板进行实时在线检测,并确定缺陷的类型、大小及位置。成都主导科技有限责任公司的 LY-660 型轮对动态检测装置可实现车轮外形尺寸的自动测量以及车轮表面和近表面缺陷的自动检测。

4)超声导波检测技术

超声导波检测技术是近些年备受关注的无损检测新技术,早期开展的主要工作是理论研究。20 世纪初,英国力学家 Lamb 发现了薄层中传播的导波,此导波后被称为兰姆波。1959 年,Gazis 提出了空心无限长的圆柱体中三维导波传播的相关理论,此后,空心无限长圆柱体中的导波传播理论逐步建立。20 世纪 90 年代,弹性圆管中的导波与非连续结构的相互作用等相关问题的理论、数值与试验均得到快速发展,导波理论得到不断丰富和完善,为导波技术应用于管道无损检测奠定了坚实的基础。

近 20 年来,超声导波的研究已渗透到管道、实心柱体以及复合板材等介质中,其中,对于在管道中传播的导波研究最成熟。国外对于超声导波的研究与应用较早,已有较完整的理论指导。国内对导波的探索始于 21 世纪初,众多高校和研究机构都对导波理论和相关应用进行了深入的探索。

5)激光超声检测技术

激光超声检测技术的研究始于 1962 年,White 和 Askaryan 各自提出了利用脉冲激光束在固体和液体中激发超声的方法。White 最早提出使用激光激发超声的观点。由于激光可以在固体中传播,他尝试利用脉冲激光在固体中激发超声,研究发现,固体会吸收激光、微波、电子束等辐射而产生弹性波。Askaryan 提出在液体中激发超声,用红宝石激光器的激光射入液体激发超声。20 世纪 60 年代末,激光超声技术的研究分为两大类:一类是利用超大功率的脉冲激光在气、液及固体中产生大振幅的短脉冲波,研究侧重于激光损伤和激光武器;另一类是致力于降低激光能量并在试验物上加覆盖膜,以避免表面损伤和获得中等振幅的短应力脉冲,从而在试验物中产生超声波,达到无损检测的目的。

随着科技的发展,许多学者围绕着激光超声开展了大量的实验和研究,比如 Dewhurst 等人首次利用脉冲激光激发兰姆波,实现测量精度为 2% 的薄膜厚度;Wu 等人通过实验检测到兰姆波的波形,并根据波形的传播特征和色散关系,计算薄膜的弹性、厚度等相关的力学参数等。研究发现,在一定条件下,激光超声波可以在材料无损的情况下被激发出来,于是激光超声开启了一种新的用于材料结构性能的无损检测。激光超声技术结合了激光和超声波的特点,具有极大的发展潜力,目前已经在不同的工程研究和应用中得以体现。

1.2 超声检测技术在电网中的应用

超声检测(ultrasonic testing,UT)是无损检测五大常规方法之一,是利用超声波能在弹性介质中传播,在界面上能发生反射、折射、衍射等特性,通过对超声波受影响程度和状况的探测,来了解材料内部或表面缺陷的检测方法。超声检测方法分类众多,可根据原理、接收信号的显示方式、波型、探头与工件的接触方式等进行分类。

(1)按原理分类:脉冲反射法、衍射时差法、穿透法和共振法。

(2)按显示方式分类:A 型显示、超声成像显示(B 型显示、C 型显示、D 型显示、S 型显示等)。

(3)按超声波特性和波型分类:脉冲波法和连续波法,以及纵波法、横波法、表面波法、爬波法、兰姆波法和导波法等。

（4）按超声波的激励和接收特性分类：接触式、水浸式的压电超声和非接触式的空气耦合、激光超声、电磁超声等；按激励和接收方式可分为单阵元和多阵元，其中以晶片阵列为换能器的相控阵超声技术成为近年来的研究热点之一。

超声检测方法种类繁多，从针对简单形状的金属制件和焊接接头开始，逐步发展至对不同需求对象的检测，不断追求更高的检测灵敏度，更快的检测速度，更可靠、更直观的检测方式。其中，进展较为显著的技术包括脉冲反射法超声检测技术、衍射时差法（TOFD）超声检测技术、相控阵超声检测技术、电磁超声检测技术、超声导波检测技术和激光超声检测技术等。

1）脉冲反射法超声检测技术

脉冲反射法超声检测技术是利用超声波探头发射脉冲波到工件内，根据反射波的情况来检测工件缺陷的超声检测方法。脉冲反射法根据显示方式可分为 A 型脉冲反射法和成像技术脉冲反射法。A 型脉冲反射法超声检测俗称"A 超"，是目前应用最广泛、技术最成熟的超声检测方法。脉冲反射法包括缺陷回波法、底波高度法和底面多次回波法。

A 型脉冲超声检测技术广泛应用于电网安装与在役的支柱绝缘子及瓷套、GIS铝合金壳体焊缝、输变电钢管结构焊缝、钎焊型铜铝过渡线夹、输电线路耐张线夹等部位的检测，是目前应用最广、最有效的一种方法。其主要检测方法有爬波检测法、小角度纵波检测法、双晶或单晶探头横波检测法、直探头纵波检测法等。

2）衍射时差法超声检测技术

衍射时差法（TOFD）超声检测技术是利用缺陷的上、下端点的衍射波信号来检测缺陷并测定缺陷的尺寸（缺陷自身高度和长度）和位置（埋藏深度、缺陷位置）信息的超声检测方法。通常使用一对宽声束、宽频带的纵波斜探头，采用一发一收的模式，对称或非对称地布置于焊缝两侧。当工件无缺陷时，发射探头发射超声脉冲波后，首先到达接收探头的是直通波，然后是底面反射波。当工件中存在缺陷时，在直通波与底面反射波之间，接收探头还会接收到缺陷上、下端点产生的衍射波。除上述波外，还有缺陷部位和底面因波型转换产生的横波，由于横波波速小于纵波，因此横波一般会迟于底面反射纵波到达接收探头。TOFD 探头采用机械装置固定，并配备编码器组成 TOFD 扫查装置，可实现自动或半自动扫查。TOFD 显示包括 A 扫描信号和 TOFD 图像。其中，A 扫描信号使用射频形式，而 TOFD 图像则是将每个 A 扫描信号显示为一维图像线条，位置与声程相对应，以灰度表示信号幅度和相位关系，通过分析图像中显示的灰度特征和时间信息，对缺陷的长度、埋藏深度、自身高度等参数进行识别与评定。

TOFD 超声检测技术适用于厚壁或中厚壁的焊缝检测，在电网设备的检测方面也取得一定的进展，例如利用 TOFD 技术检测变压器不等厚箱壁焊缝、GIS 壳体对接焊缝、输电线钢管对接焊缝等其他电网设备的焊缝。

3）相控阵超声检测技术

相控阵超声检测技术采用了全新的发射与接收超声波的方法，通过计算机系统精确控制换能器阵列中各阵元的激励（或接收）脉冲的时间延迟，改变由各阵元发射（或接收）声波到达（或来自）物体内某点时的相位关系，实现声束聚焦和声束方位的改变，最后完成声成像。该检测技术的主要特点是采用多晶片探头，按照一定的组合方式排列成一个阵列，包括 1 维线阵、1.5 维矩阵、2 维矩阵、环形阵、扇形阵等。探头晶片的数量通常为 16、32、64、128，晶片的材质为复合材料。

相控阵超声检测技术常用于电网设备的安装与在役设备的缺陷检测，如瓷绝缘子及瓷套缺陷检测、结构较为复杂的 GIS 直线导体周向环焊缝内部缺陷检测、复合绝缘子端部的金具与芯棒及护套等材料之间的界面结合缺陷的检测、GIS 铝合金壳体对接焊缝内部缺陷检测、钢管塔对接焊缝缺陷检测以及输电线路地脚螺栓腐蚀情况检测等。

4）电磁超声检测技术

电磁超声检测技术与传统的压电超声检测技术同属于超声范畴，它们的本质区别在于换能器不同，即发射和接收超声波的方式不同。压电超声换能器依靠压电晶片的压电效应来发射和接收超声波，其能量转换在晶片上进行，而电磁超声技术则是靠电磁效应来发射和接收超声波，其能量转换则是在工件表面的趋肤层内直接进行，不需要任何耦合介质。

电磁超声无须直接接触测量，易形成横波、纵波、表面波等各种波型，电磁超声检测技术除在电网高压断路器操动机构的储能弹簧、架空输电线路用镀锌钢绞线有应用外，还可应用于高温状态和涂层状态的测厚、金属构件无损检测、材料晶格结构检测、材料应力检测等，电磁超声测厚和金属构件的无损检测是目前应用较为广泛的电磁超声检测技术。

5）超声导波检测技术

被激发的导波声波可以沿着被检构件传播数十米甚至上百米，其传播过程中遇到缺陷、结构变化时，脉冲波发生反射并沿工件返回传感器而被接收，通过超声导波检测仪器分析导波回波信号，以判断被检构件中是否存在缺陷以及缺陷形态。超声导波检测技术可实现大范围远距离扫查。

对于电网设备 GIS 穿墙套管与墙体接触部位的局部表面易发生点状、孔状腐蚀的情况，导波检测技术可在不破坏墙体的情况下进行缺陷检测。此外，对于电网其他设备的检测，如高压电缆铝护套在运行过程中出现的机械损伤及腐蚀失效的检测、高压多芯电缆损伤缺陷以及高压传输线铁塔的锚杆与电力铁塔角钢类型材的检测等，超声导波检测技术都有比较成熟和可靠的应用。

6）激光超声检测技术

激光超声检测技术是利用激光来激发和检测超声的一门新兴技术，是利用高能量的脉冲激光与物质表面的瞬时热作用，在固体表面产生热特性区，然后利用这种小热层在材料内部向四周热膨胀扩散产生热应力，进而通过热应力产生超声波。它是一种涉及光学、声学、热学、电学、材料学、医学等多学科的科学和技术。激光脉冲入射在介质中可以激励弹性波，其在固体中可以同时激励纵波、横波、板波、表面波等模式的超声波，这些超声波及其所携带的信息可以用光学的方法检测出来。与传统的压电换能器技术相比，激光超声检测技术最主要的优点是非接触检测，它消除了压电换能器技术中耦合剂的影响，可用于各种复杂形貌试样的特性检测，且精度高、无损伤。激光超声检测是一种宽带的检测技术，以光波波长为测量标准而精确测量超声位移。目前，激光超声检测技术更多地用在工程研究中，对其激发产生的不同波进行各种验证试验，在电网设备中，也在开展关于支柱瓷绝缘子表面缺陷及 GIS 绝缘盆缺陷的超声检测方面的研究和试验。

第2章 超声检测的物理基础

本章主要介绍超声检测相关的物理基础,如声波的本质、声波的传播、声场、规则反射体回波声压计算和 AVG 曲线等。掌握这些基础知识对于正确理解超声波的特性,合理选择超声检测条件,有效解释超声波传播的现象等非常重要。

2.1 声波的本质

波有两种类型:电磁波(无线电波、X 射线、可见光等)和机械波(声波、水波等)。声波的本质是机械振动在弹性介质中传播形成的机械波。

2.1.1 振动与波

声波的产生、传播和接收都离不开机械振动,例如,人体发声是声带的振动;空气的振动引起鼓膜的振动,人耳就能听见声音。所以,声波的本质就是机械振动的传播。

1) 机械振动

质点不停地在平衡位置附近来回往复运动的状态称为机械振动。常见的钟摆运动、汽缸中的活塞运动等都是机械振动。

(1) 简谐振动。如图 2-1 所示的质点-弹簧振动系统,对弹簧上的质点在静止状态下施加一定的拉力,松开后弹簧上的质点在平衡位置附近往复运动。把空气阻力看作为零,则质点-弹簧系统振动的位移随时间的变化符合余弦(或正弦)规律:

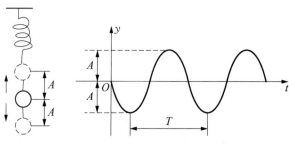

图 2-1　质点-弹簧振动系统

$$y = A\cos(\omega t + \varphi) \qquad\qquad (2-1)$$

式中，y 为任一时刻的位移(m)；A 为振幅，即最大位移(m)；t 为时间(s)。

简谐振动是最基本的一种周期振动，是位移随时间的变化符合余弦(或正弦)规律的振动。振动周期是指质点在平衡位置附近来回往复运动一次所需的时间，用 T 表示，单位为秒(s)；频率是指在单位时间内质点所完成全振动的次数，用 f 表示，单位为赫兹(Hz)，1 赫兹表示 1 s 内完成 1 次全振动。两者之间的关系为

$$T = \frac{1}{f} \qquad\qquad (2-2)$$

振幅和频率一直保持稳定和自由的周期振动称为简谐振动，它是最基本的机械振动。振动频率取决于系统本身，称为固有频率。如质点-弹簧振动系统的固有频率由质点的质量和弹簧的弹性所决定。所有复杂的周期振动都是多个不同频率的简谐振动的合成。

(2) 阻尼振动。与简谐振动不同，在实际振动系统中，会有摩擦力等各种形式的阻力存在。如上述的质点-弹簧振动系统，由于空气中存在阻力，随着时间增加，其振幅不断减小，直到为零，此时振动完全停止，如图 2-2 所示。所以，阻尼损耗了振动系统的一部分能量，但阻尼振动也有一定作用，如在制造超声探头的时候，在晶片的背面浇注阻尼块，可加大振动的阻力，使压电晶片在电脉冲激励下的振动急速停止，以减小超声脉冲宽度，提高检测分辨率。

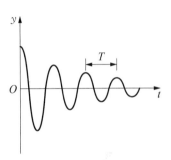

图 2-2　阻尼振动

(3) 受迫振动。在周期外力的作用下物体所做的振动称为受迫振动。其特性是振动系统的振动频率由外力的频率决定，振幅与外力频率与系统的固有频率间的差别有关，两者差别越小，振幅越大。当外力频率等于系统的固有频率时，振幅达到最大值，这种现象称为共振。系统发生共振时，振动效率最高。

超声检测时，换能器(探头)在发射和接收超声波的过程中，压电晶片所做的振动即为阻尼振动和受迫振动。发射超声波时，晶片在发射电脉冲作用下做受迫振动，产生超声波，同时又因阻尼块的阻尼作用做阻尼振动，缩短超声脉冲宽度。电脉冲的频率与晶片的固有频率越接近，晶片的电声转换效率越高，当两者相同时，转换效率最高。超声检测所用换能器(探头)的固有频率各不相同，为使超声检测设备能与不同频率的换能器(探头)匹配，达到最佳的转换效率，检测设备的发射电路所发出的发射电脉冲信号必须要有很宽的频带，亦即发射信号的脉冲必须很窄。

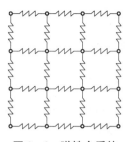

图2-3 弹性介质的简化模型

2) 机械波和声波

机械波是机械振动在弹性介质中的传播过程,如声波、超声波等。所谓弹性介质,是指质点间以弹性力连接在一起的介质,其模型如图2-3所示。当某一质点受到外力作用时,便在其平衡位置附近振动。因为所有质点都存在联系,该质点的振动会引起周围质点的振动,从而使振动以一定的速度由近及远地传播出去,形成机械波。因此,机械波的传播不是物质的传播,而是振动状态和能量的传播。机械振动在弹性介质中的传播过程称为弹性波,即声波。

可见,声波的产生需要两个条件:振动源和弹性介质。

当振动源做简谐振动时,所产生的波称为简谐波,这是最基本的声波。其在无限大均匀理想介质中传播时称为简谐波,介质中任意一点在自由时刻的位移为

$$y = A\cos(\omega t - kx) \tag{2-3}$$

式中,y 为质点的位移(m);A 为质点的振幅(m);ω 为角频率,$\omega = 2\pi f$;k 为波数,$k = \dfrac{\omega}{c}$,$c = \dfrac{2\pi}{\lambda}$;$x$ 为离振动源的距离(m)。

波长是波在一个周期内(即质点完成一次完全振动)所传播的距离,用 λ 表示,单位为米(m)或毫米(mm),如图2-4所示。

波长与声波传播速度和振动频率之间的关系为

$$\lambda = \frac{c}{f} = cT \tag{2-4}$$

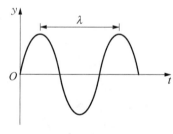

图2-4 简谐波的波长示意图

式中,λ 为波长(m),C 为声波传播速度(m/s),f 为振动频率(Hz),T 为振动周期(s)。

2.1.2 波的分类

机械波可根据频率、波型、波形和振动的持续时间进行分类,具体介绍如下。

1) 按频率分

根据振动频率的不同,机械波分为次声波、声波和超声波。把能引起听觉的机械波称为声波,频率范围为 20 Hz~20 kHz。频率低于 20 Hz 的机械波称为次声波,频率高于 20 kHz 的机械波称为超声波。

2) 按波型分

根据质点的振动方向与波传播方向之间的关系,机械波分为纵波、横波、表面波、

板波和爬波等。

（1）纵波（longitudinal wave）。介质中质点振动方向与波的传播方向一致的波称为纵波，用 L 表示，如图 2-5 所示。当无限均匀的弹性介质受到交替变化的正弦作用力的拉-压应力作用时，会产生交替的拉伸和压缩变形，从而产生振动并在介质中传播。在波的传播方向上，质点的密集区和疏松区是交替存在的，所以纵波也称为疏密波或压缩波。

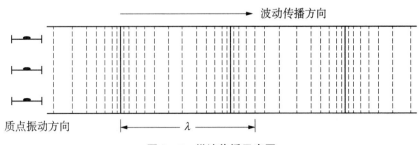

图 2-5   纵波传播示意图

纵波可在气体、液体、固体中传播。纵波是超声检测中最通用的波型，由于激发和接收相对较容易，广泛用于锻件、铸件和板材的检测，能够检测与工件表面平行的不连续性缺陷。常利用纵波的波型转换得到所需要的波型，再利用转换所得的波型进行超声检测。

（2）横波（transverse wave/sheer wave）。介质质点振动方向与波的传播方向相互垂直的波称为横波，用 S 或 T 表示，如图 2-6 所示。横波传播时介质质点受到交变的剪切应力作用并产生切变形变，故横波又称剪切波、切变波。

由于液体和气体不具有剪切弹性，故横波不能在液体和气体中传播，只能在固体介质中传播。液体和气体中只能传播纵波。横波也是超声检测最常用的波型之一，

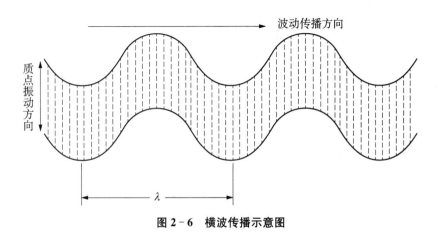

图 2-6   横波传播示意图

一般由纵波经波型转换激励出与试件表面成特定角度的横波,所以特别适用于检测与工件表面有一定角度的不连续性缺陷,比如焊缝、管材等结构的缺陷检测。

（3）表面波（Rayleigh wave）。当介质表面受到交变应力作用时,产生沿介质表面传播的波,称为表面波,用 R 表示,如图 2-7 所示。表面波是 Rayleigh（瑞利）于1887 年首先提出来的,因此,表面波又称瑞利波。表面波传播时,质点的振动轨道为椭圆,椭圆的长轴与传播方向相互垂直,短轴与传播方向基本一致。椭圆振动可视为纵向与横向振动的合成振动,即纵波与横波的合成,所以,表面波也只能在固体介质中传播。

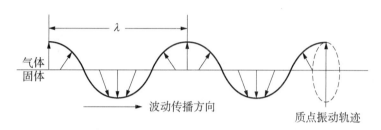

图 2-7 表面波（瑞利波）传播示意图

在超声检测中,由于瑞利波传播时随检测深度的增加,质点能量衰减较大,并且其检测深度约为一个或两个波长,因此,瑞利波常用于检测工件表面和近表面的不连续性缺陷。瑞利波对表面裂纹极其敏感,所以,其广泛应用于在役设备的检测中。

（4）板波（plate wave）。如果固体的尺寸受到限定而成为板状,且其板厚与波长相当,则纯表面波不会存在,最后会产生各种类型的板波,检测最常用的板波是兰姆波。

兰姆波在被检工件中传播时,整个板厚内的质点都在振动。兰姆波有两种基本类型:对称型和非对称型,如图 2-8 所示。兰姆波在薄板检测中应用广泛。

（5）爬波（creeping wave）。爬波又称为爬行波、表面下纵波,当纵波从第一种介质中以第一临界角附近的角度入射于第二种介质中,在第二种介质中产生的折射纵波与横波合成的特殊波形为爬波,爬波又称"蠕动波"。

爬波的主瓣角度约为 80°,几乎垂直于工件的厚度方向,与工件中垂直方向的裂纹几乎成 90°,因此爬波对垂直性裂纹有很高的检测灵敏度。爬波声速约为纵波声速的 0.96。工件表面状态甚至异物基本不会影响爬波的正常检测,因此,爬波适合粗糙表面下的近表面缺陷检测。爬波检测的特点是可沿着弯曲界面传播,其有效检测深度为 0.5~9 mm,检测距离很短,通常采用双晶双探头,部分采用单晶爬波探头。

3）按波形分

所谓波形,是指波阵面的形状。波阵面是指在同一时刻介质中振动相位相同的所有质点连成的面。根据波阵面形状的不同,可以把不同波源发出的波分为平面波、

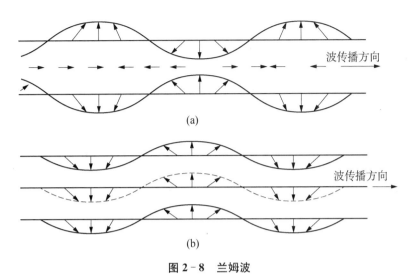

图 2 - 8　兰姆波

(a)对称型(S 型);(b)非对称型(A 型)

柱面波、球面波和活塞波等。

(1)平面波。如图 2 - 9(a)所示,波阵面为互相平行的平面的波称为平面波。一个做简谐振动的无限大平面在无限大的弹性介质中振动所产生的声波为平面波。如果介质是各向同性、损耗低(即均匀和理想的),则平面波质点的振幅不随波源的间距 x 的增大而衰减。理想平面波的波动方程为

$$y = A\cos\omega\left(t - \frac{x}{c}\right) \tag{2-5}$$

理想的平面波其实并不存在,当波源的尺寸远大于波长时,该波源所发射的波可近似看作平面波。在超声检测中,换能器(探头)向工件中激发超声波时,离探头表面邻近区域内的超声波可近似视为平面波。

(2)柱面波。如图 2 - 9(b)所示,波阵面为同轴圆柱面的波称为柱面波。当波源为一无穷长的线状直柱时,在无限大均匀理想的弹性介质中振动所产生波的波阵面是以波源为中心的同心圆柱面,且柱面波各质点的振幅与距波源的间距 x 的平方根成反比。在无限大均匀理想的弹性介质中的柱面波的波动方程为

$$y = \frac{A}{\sqrt{x}}\cos\left(t - \frac{x}{c}\right) \tag{2-6}$$

(3)球面波。如图 2 - 9(c)所示,波阵面为同心球面的波称为球面波。当波源为同心球面时,在无穷大的弹性介质中振动所产生波的波阵面是以波源为中心的同心球面。在传播路径上,单位面积上的能量随与波源间距的增大而减小。球面波中介

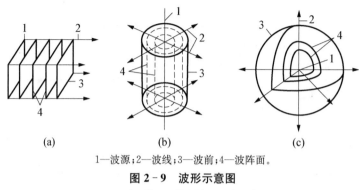

1—波源；2—波线；3—波前；4—波阵面。

图 2 - 9 波形示意图

(a)平面波；(b)柱面波；(c)球面波

质质点的振幅与距声源的距离 x 成反比。在无限大均匀理想弹性介质中的球面波的波动方程为

$$y = \frac{A}{x} \cos \omega \left(t - \frac{x}{c} \right) \qquad (2-7)$$

当观察点与声源间距远大于点状声源尺寸时，声波可以近似看作球面波，当超声检测大尺寸工件时，换能器(探头)所激励的超声波在距离足够远处近似为球面波。

(4) 活塞波。在超声检测中，声源(即产生超声波的探头)尺寸既不能看成很大，也不能看成很小，所以，其产生的超声波既不是平面波也不是球面波，而是介于两者之间的波形，称为活塞波。在声源附近，波阵面较复杂，质点的位移难以简单表示；在离声源较远距离处，波阵面为近似球面，质点的运动可近似用球面波的波动方程表示，从而简化计算，这就是超声检测中用计算法进行灵敏度调整和对不连续性进行当量评定的理论基础。

4) 按振动的持续时间分类

根据波源振动的持续时间，声波可分为连续波与脉冲波，如图 2 - 10 所示。连续波是质点振动时间为无穷的波，最常见的连续波是正弦波。脉冲波是质点振动持续时间很短的波，只持续一至几个周期。

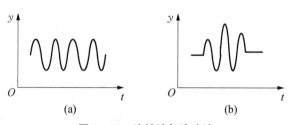

图 2 - 10 连续波与脉冲波

(a)连续波；(b)脉冲波

超声检测中应用最多的是脉冲超声波。因为与连续波相比,脉冲超声波的瞬间功率高、平均功率低,且脉冲超声波的穿透力强,不对检测试件和探头造成损坏;脉冲超声波的脉冲宽度窄,所以检测分辨率高。当然连续波也有其他特殊用处,如共振法检测等。

一个时域中的脉冲超声波可划分为多个不同频率的简谐波,并可根据不同频率的幅度绘制出频率-幅度曲线,称为频谱,这就是频谱分析。如图 2‑11 所示,通常将峰值两侧幅度下降 6 dB 对应的两点频率之差称为频带宽度,该两点频率的中间对应的频率称为中心频率,用 f_c 表示;频谱曲线峰值最高点对应的频率称为峰值频率,用 f_p 表示;波幅下降 6 dB 的下限截止频率用 f_l 表示,波幅下降 6 dB 的上限截止频率用 f_u 表示。可见,单一频率的连续波的频谱为 δ 函数,宽度越窄的脉冲信号的频带越宽;反之,宽度越宽的脉冲信号的频带越窄。

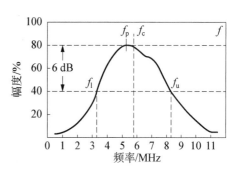

图 2‑11　频谱分析示意图

2.1.3　声波的速度

声波在被检试件介质中的传播速度即为声波速度,简称声速,用 c 表示。声速是介质的重要声学参数,决定于介质的性质(密度、弹性模量),声速还与波型有关。

1)纵波声速 c_L

(1)在无限大固体介质中传播时,纵波速度为

$$c_L = \sqrt{\frac{E}{\rho}} \sqrt{\frac{1-\sigma}{(1+\sigma)(1-2\sigma)}} \qquad (2-8)$$

(2)在液体和气体介质中,纵波声速为

$$c_L = \sqrt{\frac{K}{\rho}} \qquad (2-9)$$

(3)在细长棒中的纵波声速为

$$c_{Lb} = \sqrt{\frac{E}{\rho}} \qquad (2-10)$$

2)横波声速 c_S

在无限大固体介质中传播时,横波的速度为

$$c_S = \sqrt{\frac{G}{\rho}} = \sqrt{\frac{E}{\rho}} \sqrt{\frac{1}{2(1+\sigma)}} \tag{2-11}$$

3）表面波声速 c_R

在半无限大固体介质表面传播的表面波的速度为

$$c_R = \frac{0.87+1.12\sigma}{1+\sigma} \sqrt{\frac{E}{\rho} \frac{1}{2(1+\sigma)}} \tag{2-12}$$

式(2-8)~式(2-12)中，E 为介质的杨氏弹性模量，等于介质承受的拉应力 F/S 与相对伸长 $\Delta L/L$ 之比，即 $E = \frac{F/S}{\Delta L/L}$；$\rho$ 为介质的密度，等于介质的质量 M 与其体积 V 之比，即 $\rho = M/V$；σ 为介质的泊松比，等于介质横向相对缩短 $\varepsilon_1 = \Delta d/d$ 与纵向相对伸长 $\varepsilon = \Delta L/L$ 之比，即 $\sigma = \varepsilon_1/\varepsilon$；$G$ 为介质的剪切弹性模量；K 为气体、液体介质的体积弹性模量。

由以上公式可知，即使在相同的固体介质中传播，上述三种波型的声速也各不相同，每种波型的声速由介质的弹性性质、密度决定，即给定波型的声速是由介质材料本身的性质决定，与声波的频率无关。不同材料中的声速也不相同。对给定的材料和波型，声波的频率越高，波长越短。

对同一固体材料，纵波的声速大于横波声速，横波声速大于表面波声速，即

$$c_L > c_S > c_R \tag{2-13}$$

以钢为例，$c_L \approx 1.8c_S$，$c_R \approx 0.9c_S$，即 $c_L : c_S : c_R \approx 1.8:1:0.9$。

几种常见材料的声速如表2-1所示。

表2-1　几种常见材料的声速和5 MHz时的波长

材料	密度/(g/cm³)	纵波		横波	
		c_L/(m/s)	λ/mm	c_S/(m/s)	λ/mm
铝	2.69	6 300	1.3	3 130	0.63
钢	7.8	5 900	1.2	3 200	0.64
有机玻璃	1.18	2 700	0.54	1 120	0.22
甘油	1.26	1 900	0.38	—	—
水(20℃)	1.0	1 500	0.30	—	—
油	0.92	1 400	0.28	—	—
空气	0.001 2	340	0.07	—	—

4）兰姆波声速

与无限大均匀介质中传播的纵波和横波不同,在薄板中传播的兰姆波的传播速度与板厚和频率密切相关。这种速度随频率变化的现象称为频散。对特定的板厚和频率,又有对称模式和非对称模式的兰姆波,且不同模式的兰姆波声速也存在差异。

兰姆波在板中传播的速度包括相速度和群速度。相速度即振动相位传播的速度,群速度则是指多个相差不多的频率的波在同一介质中传播时互相合成后的包络线的传播速度。在无穷大均匀介质中传播的纵波和横波,其相速度与群速度相同;而对板中传导的兰姆波,相速度与群速度相差较大。

在实际应用中,若是频率单一的连续波,则兰姆波声速就是相速度;若是脉冲波,则兰姆波声速就是群速度。

由此可见,兰姆波的声速与频率、厚度和模式有关。

5）声速的变化

随着温度变化,介质的物理和力学性能也将随着改变,导致声速发生变化。一般固体(有机玻璃、聚乙烯等)中的声速随介质温度升高而降低,如图 2－12 所示。在使用探头加有机玻璃斜楔检测时,如果温度发生变化,应注意由声速变化引起试件内折射角的变化,因为这将引起不连续性定位误差。

当被检测介质存在各向异性时,由于不同方向的性能各不相同,因此声速也不相同。如超声检测晶粒粗大的奥氏体不锈钢时,超声波沿不同角度传播,其声速也会发生变化。

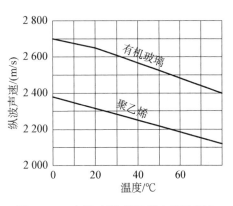

图 2－12　有机玻璃、聚乙烯中纵波声速与温度的关系

2.1.4　声压、声强和声阻抗

介质中有声波覆盖的区域称为声场,声场的特性可用声压、声强和声阻抗三个参量来描述。

1）声压 P

介质中某一点在某一时间的压强与没有声波传播时该点的静压强之差,称为声压,用 P 表示,单位为帕斯卡(Pa)。声场中的声压是时间和位置的函数。对无穷大均匀理想介质中传导的谐振平面波,声压为

$$P = P_0 \sin(\bar{w}t - kx) = \rho c u \qquad (2-14)$$

式中，P_0 为声压幅度，$P_0 = \rho c A \omega$，ρ 为介质密度，c 为介质声速，A 为质点的振幅；ω 为角频率；k 为波数，u 为质点的振动速度且 $u = A\omega = 2\pi f A$。

表示声波强弱的主要参数是声压幅度，故一般将声压幅度称为声压。超声检测设备显示屏上显示的信号幅值与信号的声压幅度成正比，所以两信号的高度之比等于其声压之比。

2）声强 I

在垂直于声波传播方向上，单位面积和单位时间内穿过的声能称为声强，亦称声的能流密度，用 I 表示，单位为 W/m²。对于谐振波，将一个周期内能流密度的平均值作为声强：

$$I = \frac{P_0{}^2}{2\rho c} \qquad (2-15)$$

3）声阻抗 Z

超声场中任一点的声压与该处质点振动速度之比称为声阻抗，常用 Z 表示。

$$Z = P/u = \rho c u / u = \rho c \qquad (2-16)$$

声阻抗的单位为 g/(cm² · s) 或 kg/(m² · s)。

由式(2-16)得知，声阻抗的大小等于介质的密度与波速的乘积。由 $u = P/Z$ 可知，在同声压下，Z 增加，质点的振动速度下降。因此，声阻抗 Z 可看成介质对质点振动的阻碍作用，类似于电学中的欧姆定律 $I = U/R$，电压一定，电阻增加，电流减小。

超声波在两种介质组成的界面上的反射和透射与两种介质的声阻抗关系非常密切。材料的声阻抗与温度有关，因为大多数材料的密度 ρ 和声速 c 都是随温度增加而减小，根据式(2-16)得知，一般情况下，温度升高时声阻抗降低。

2.1.5 声波幅度的分贝表示

通常规定引起听觉的最小声强 $I_1 = 10^{-16}$ W/cm² 为声强的标准，将某声强 I_2 与标准声强 I_1 之比的常用对数定义为声强级，单位为贝尔(B)。

$$\Delta = \lg \frac{I_2}{I_1} \text{(B)} \qquad (2-17)$$

单位贝尔太大，常取其 1/10 作单位，即分贝(dB)：

$$\Delta = 10\lg \frac{I_2}{I_1} = 20\lg \frac{P_2}{P_1} \text{ (dB)} \qquad (2-18)$$

式中，P_1 为规定引起听觉的最小声强对应的声压；P_2 为某声强对应的声压。

在超声检测中，比较两个声波的强弱时，可以用两者波高之比 $\dfrac{H_2}{H_1}$ 的常用对数的 20 倍表示，单位为 dB，因为对垂直线性良好的仪器，波高之比等于声压之比。

$$\Delta = 20\lg \frac{P_2}{P_1} = 20\lg \frac{H_2}{H_1} \text{(dB)} \tag{2-19}$$

几个常用的声压（波高）之比对应的分贝数如表 2-2 所示。

表 2-2　常用的声压之比与对应的分贝数

$\dfrac{P_2}{P_1}$	100	10	8	4	2	1	1/2	1/4	1/8	1/10	1/100
dB	40	20	18	12	6	0	−6	−12	−18	−20	−40

2.2　超声波的传播

超声波传播时，在被检测试件中遇到不同介质组成的异质界面时，将发生声波能量的重新分布、改变传播方向及波型转换等情况。

2.2.1　超声波的波动特性

1）波的叠加

同时在介质中传播的一些声波在某时刻、某点处相交，则相交处介质质点的振动是各列声波引起的振动合成，合成声场的声压为各列声波声压的矢量和，这就是声波叠加原理。每列波相遇后仍保持原有的频率、波长、振动方向等特性并按原来的传播方向继续前进，因此，波的叠加原理又称为波的独立性原理。

2）波的干涉

当两列振动方向相同、频率相同、相位差恒定的声波相遇时，叠加的结果会发生干涉（interference）现象。合成声场的声压在某些位置一直加强，最大幅度为两列声波的声压幅度之和；而在另一些位置一直减弱，最小幅度为两列声波的声压幅度之差。

合成声波的频率与原两列声波的相同。

3）波的共振

两列相同频率、相同振幅的声波沿相反方向传播时，声波干涉的结果形成驻波，产生共振（resonance），如图 2-13 所示。在波线上某些点一直静止不动，振幅为零，称为波节;另一些点则波幅一直最大,称为波腹。相邻波节与波腹之间的距离为波长的一半。

当连续超声波垂直入射于两相互平行界面时,会产生多次反射。当两界面间的距离为半波长的整数倍时,形成强烈的驻波,产生共振。超声探头就是基于共振原理工作的。当晶片的厚度为半波长的整数倍时,晶片发生共振,以最高的效率向工件中激励超声波。此时的频率即为晶片的固有频率。超声测厚的方法之一也是基于共振原理,利用共振时工件厚度与波长的关系测厚。

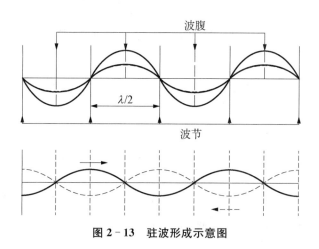

图 2-13 驻波形成示意图

4)惠更斯原理

惠更斯-菲涅耳原理(Huygens-Fresnel Principle)是以波动理论解释光传播规律的基本原理。它在惠更斯原理(Huygens Principle)的基础上发展而来,是研究衍射现象的理论基础,可作为求解波(特别是光波)传播问题的一种近似方法,由荷兰物理学家 Christian Huygens 在创立光的波动说时首先提出。

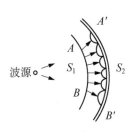

图 2-14 惠更斯原理示意图

惠更斯原理的主要内容:传播中的波阵面上任一点都可看作是新的次波源,从波阵面上各点发出的许多次波所形成的包络面,即为原波面在一定时间后到达的新波面,如图 2-14 所示。

5)波的衍射(绕射)

声波在弹性介质中传播时若遇到物体,当物体的尺寸与波长大小相当时,声波将绕过障碍物,但波阵面将发生畸变,这种现象称为衍射或绕射(diffraction),常见的几种衍射情况如图 2-15 所示。

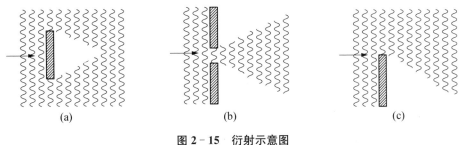

图 2-15　衍射示意图

(a)圆板情况;(b)壁上有孔的情况;(c)屏蔽板的情况

2.2.2　超声波垂直入射到异质界面时的反射和透射

本节及下一节主要讨论超声波在几种差异介质形成的界面(即异质界面)上的传播特征。超声波的入射方向包括垂直入射和倾斜入射,界面的形状有平面和曲面之分,界面的数量有单层和多层之分。为简单起见,以平面波为例。本节所涉界面为大平面。

1)单层界面

单层界面是由两种介质形成的界面,如图 2-16 所示。

入射声波从介质 1 垂直入射到由介质 1 和介质 2 组成的大平界面时,将发生反射和透射,即部分声能被反射形成反射波,沿与入射波相反的方向在介质中传播,部分声能透过界面,沿与入射波相同的方向在介质中传播,形成透射波。

根据平面波的传播规律,对于理想弹性介质,可推导出反射和透射程度之间的关系式如下。

声压反射率 r_P 为界面上反射波声压 P_r 与入射波声压 P_0 之比:

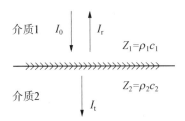

I_0—入射波声强;I_r—反射波声强;I_t—透射波声强;Z_1—介质 1 的声阻抗;Z_2—介质 2 的声阻抗。

图 2-16　声波垂直入射到大平界面时的反射和透射

$$r_P = \frac{P_r}{P_0} = \frac{Z_2 - Z_1}{Z_2 + Z_1} \tag{2-20}$$

声压透射率 t_P 为界面上透射波声压 P_t 与入射波声压 P_0 之比:

$$t_P = \frac{P_t}{P_0} = \frac{2Z_2}{Z_2 + Z_1} \tag{2-21}$$

声压反射率和透射率之间的关系为

$$1 + r_P = t_P \qquad (2-22)$$

声强反射率 R_I 为界面上反射波声强 I_r 与入射波声强 I_0 之比:

$$R_I = \frac{I_r}{I_0} = \frac{\dfrac{P_r^2}{2Z_1}}{\dfrac{P_0^2}{2Z_1}} = \frac{P_r^2}{P_0^2} = r^2 = \left(\frac{Z_2 - Z_1}{Z_2 + Z_1}\right)^2 \qquad (2-23)$$

声强透射率 T_I 为界面上透射波声强 I_t 与入射波声强 I_0 之比:

$$T_I = \frac{I_t}{I_0} = \frac{\dfrac{P_t^2}{2Z_2}}{\dfrac{P_0^2}{2Z_1}} = \frac{Z_1}{Z_2} \frac{P_t^2}{P_0^2} = \frac{4Z_1 Z_2}{(Z_2 + Z_1)^2} \qquad (2-24)$$

声强反射率和声强透射率之间的关系为

$$T_I + R_I = 1 \qquad (2-25)$$

即入射波的声能等于反射波的声能和透射波的声能之和,遵循能量守恒定律。

根据两种介质的特征声阻抗 Z 的大小对比,可以分成三种情况来讨论:

(1) $Z_1 \approx Z_2$,则 $r_P \approx 0$,$t_P \approx 1$。

即界面两侧介质的声阻抗近似相等时,声波几乎全透射,无反射。如碳素钢 $[Z_{碳素钢} = 4.6 \times 10^7 \ \text{kg}/(\text{m}^2 \cdot \text{s})]$ 和不锈钢 $[Z_{不锈钢} = 4.57 \times 10^7 \ \text{kg}/(\text{m}^2 \cdot \text{s})]$ 制成的复合板,这两者结合较完美,从碳素钢一侧检测时有:

$$r_P = \frac{Z_{不锈钢} - Z_{碳素钢}}{Z_{不锈钢} + Z_{碳素钢}} = -0.003 \quad t_P = \frac{2Z_{不锈钢}}{Z_{不锈钢} + Z_{碳素钢}} = 0.997 \quad (2-26)$$

该界面的声压反射率很低,声压透射率接近1,所以界面反射回波非常低,几乎全透射。

(2) $Z_1 \gg Z_2$,则 $r_P \approx -1$,$t_P \approx 0$。

即当入射波介质(第一种介质)的声阻抗远大于透射波介质(第二种介质)声阻抗时,声波几乎全反射,很少透射。如钢 $[Z_{钢} = 4.6 \times 10^7 \ \text{kg}/(\text{m}^2 \cdot \text{s})]$ 和水 $[Z_{水} = 1.5 \times 10^6 \ \text{kg}/(\text{m}^2 \cdot \text{s})]$ 形成的界面,超声波从钢中垂直入射到钢/水界面时,可得:

$$r_P = \frac{Z_{水} - Z_{钢}}{Z_{水} + Z_{钢}} = -0.935 \quad t_P = \frac{2Z_{水}}{Z_{水} + Z_{钢}} = 0.065 \qquad (2-27)$$

可见,该界面的声压反射率的绝对值几乎接近1,声压透射率很低,所以界面透射波非常低,几乎全反射。

（3）$Z_1 \ll Z_2$，则 $r_P \approx 1$，$t_P \approx 2$。

当入射波介质（第一种介质）的声阻抗远小于透射波介质（第二种介质）的声阻抗时，几乎全反射，很少透射。以水和钢为例，声波从水中垂直入射到水/钢的界面，则

$$r_P = \frac{Z_{钢} - Z_{水}}{Z_{水} + Z_{钢}} = 0.935 \quad t_P = \frac{2Z_{钢}}{Z_{钢} + Z_{水}} = 1.935 \tag{2-28}$$

情况（3）与情况（1）（2）类似，区别在于情况（1）（2）的声压反射率为负数，表示反射波与入射波相位相反。情况（3）的声压反射率为正数，表示反射波与入射波相位相同，这种情况的声压透射率虽然大于 1，但是由于声强与声阻抗成反比，而钢的声阻抗远大于水，所以从能量分布的角度看，透射波还是很低。

由此可见，两种介质的声阻抗差异越大（即材质特性差异越大），声压反射率越大，因而反射波信号越强，检测也越简单；当两种介质的特征声阻抗差别接近无穷大时，声压反射率就接近最大值 1，即全反射，这时，反射波信号最强，因而也容易检测。这就是金属材料中的气孔和裂纹类的不连续性利用超声检测在合适的入射方向容易被检测到的原因。

声压往复透射率是超声检测中的反射法检测技术中的关键参数。如图 2-17 所示，超声波入射到两介质的界面后透过界面，然后被反射物体的界面全反射，沿相反的方向再次透过界面，被探头接收。声压往复透射率即反向透射波声压与入射波声压之比：

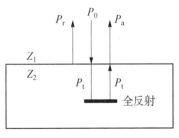

图 2-17　声压往复透射率

$$T_{往} = \frac{P_a}{P_0} = \frac{P_t}{P_0} \frac{P_a}{P_t} = \frac{4Z_1 Z_2}{(Z_1 + Z_2)^2} \tag{2-29}$$

式中，$T_{往}$ 为声压往复透射率，P_a 为回波声压，P_0 为入射波声压，P_t 为透射波声压。

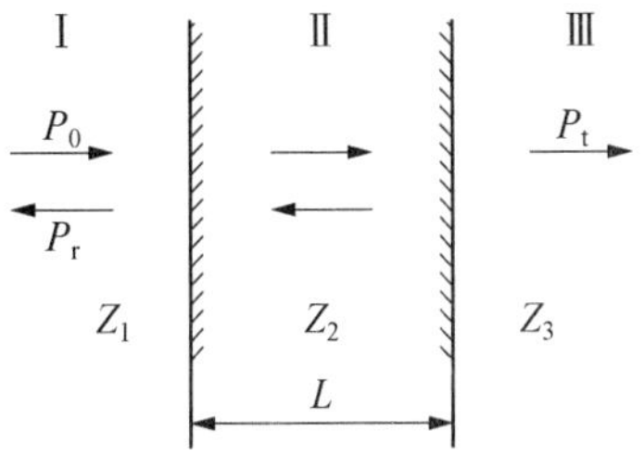

图 2-18　在介质层上垂直入射时的反射和透射

2）多层界面

在超声检测中，还会遇到两个或两个以上界面的情况，下面以三种介质形成相互平行的两个平界面为例进行讲解。如图 2-18 所示，当声波从第一种介质依次垂直入射到两个界面时，将依次在这两个界面上引起多次反射和透射。这里主要考虑薄介质层的情况，即介质 II 的厚度较薄。

（1）$Z_1 = Z_3 \neq Z_2$，即均匀介质中的异质薄层。这种情况出现在检测均匀材质中的分层、裂纹等不连

续性缺陷。经计算,检测过程总的声压反射率和透射率分别如下:

$$r_P = \sqrt{\frac{\frac{1}{4}\left(m - \frac{1}{m}\right)^2 \sin^2 \frac{2\pi d_2}{\lambda_2}}{1 + \frac{1}{4}\left(m - \frac{1}{m}\right)^2 \sin^2 \frac{2\pi d_2}{\lambda_2}}} \tag{2-30}$$

$$t_P = \sqrt{\frac{1}{1 + \frac{1}{4}\left(m - \frac{1}{m}\right)^2 \sin^2 \frac{2\pi d_2}{\lambda^2}}} \tag{2-31}$$

式中,d_2 为异质薄层厚度;λ_2 为异质薄层中的波长;m 为两种介质声阻抗之比,$m = \frac{Z_1}{Z_2}$。

① 当 $d_2 = n\frac{\lambda_2}{2}$($n$ 为整数)时,$r_P \approx 0, t_P \approx 1$。即当不连续性的厚度为其半波长的整数倍时,超声波全透射而极少反射($r \approx 0$)。理论上虽可能存在漏检,但实际上不太可能漏检,因为不连续性的厚度不一定均匀;加之超声波有多个频率(亦即多个波长)成分,不连续性的厚度正好等于半波长的整数倍的情况很难出现。

② 当 $d_2 = \frac{2n-1}{4}\lambda_2$($n$ 为整数)时,$r_P \approx 1, t_P \approx 0$。即当不连续性的厚度为四分之一波长的奇数倍时,超声波声压反射率最高(全反射),而声压透射率低(极少透射),因而很容易检测。

③ 当 $d_2 \ll \lambda_2$ 时,$r_P \approx 0, t_P \approx 1$。即当不连续性的厚度较薄时,超声波声压透射率高(全透射),而声压反射率低(无反射),容易发生漏检。

(2) $Z_1 \neq Z_3 \neq Z_2$,即介质层两侧介质不同。声强透过率为

$$T_I = \frac{4Z_1 Z_3}{(Z_1 + Z_3)^2 \cos^2 \frac{2\pi d_2}{\lambda_2} + \left(Z_2 + \frac{Z_1 Z_3}{Z_2}\right)^2 \sin^2 \frac{2\pi d_2}{\lambda_2}} \tag{2-32}$$

① $d_2 = n\frac{\lambda_2}{2}$,$n = 1, 2, 3, \cdots$ 时,$T_I = \frac{4Z_1 Z_3}{(Z_1 + Z_3)^2}$。即当介质层的厚度等于半波长的整数倍时,声强透过率仅取决于介质层两侧介质的声阻抗,与介质层材质基本无关。

② 当 $d_2 = \frac{2n-1}{4}\lambda_2$,$n = 1, 2, 3, \cdots$ 且 $Z_2 = \sqrt{Z_1 Z_3}$(称为阻抗匹配)时,$T_P = 1$。即当介质层的厚度为声波四分之一波长的奇数倍,且阻抗匹配时,声强透射率等于1,超声波几乎全透射。这对超声波直探头保护膜的设计有重要的指导性意义。

③ 当 $d_2 \ll \lambda_2 d_2 \ll \lambda_2$ 时，$T_I = \dfrac{4Z_1Z_3}{(Z_1+Z_3)^2}$。当介质层厚度较薄，超声波声强透射率基本取决于薄层两侧介质的声阻抗，与介质层特性基本没有关系，相当于没有介质层。基于该理论，在我们日常的超声检测时，耦合剂的厚度应尽量不要太厚，较薄耦合剂能提高声能的透射率。

2.2.3　超声波倾斜入射到异质界面时的反射和折射

当超声波与入射点处界面的法线成一定角度，倾斜入射到两种声速不同介质形成的异质界面时，将在界面上发生同种类型的反射、折射和不同类型的反射波和折射波（波型转换）现象（见图 2 - 19）。

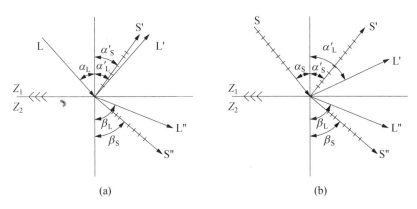

L—入射纵波；L′—反射纵波；L″—折射纵波；S—入射横波；S′—反射横波；S″—折射横波。

图 2 - 19　超声波倾斜入射到界面上的反射、折射和波型转换

(a)纵波入射；(b)横波入射

1) 平面界面上的反射和折射

先讨论平面界面的情况。入射声波与入射点处界面法线间的夹角称为入射角，用 α 表示；反射声波与法线间的夹角称为反射角，用 α' 表示；折射声波与法线间的夹角称为折射角，用 β 表示。

（1）反射。如图 2 - 19 所示，当超声波在介质 1 中以入射角 α 倾斜入射到被检试件（异质界面）时，将会在试件中（界面）发生反射和波型转换，即产生反射纵波和反射横波，其符合以下规律：①入射波和反射波分布在法线的两侧；②入射波和反射波在同一平面；③入射角与反射角之间符合斯涅耳定律（Snell's Law），即

$$\text{纵波入射时，} \frac{\sin\alpha_L}{c_{L1}} = \frac{\sin\alpha'_L}{c_{L1}} = \frac{\sin\alpha'_S}{c_{S1}} \tag{2-33}$$

横波入射时，$\dfrac{\sin\alpha_S}{c_{S1}}=\dfrac{\sin\alpha'_S}{c_{S1}}=\dfrac{\sin\alpha'_L}{c_{L1}}$ （2-34）

式中，α_L 为纵波入射角，α_S 为横波入射角，α'_S 为横波反射角，α'_L 为纵波反射角，c_{L1} 为介质 1 的纵波声速，c_{S1} 为介质 1 的横波声速。

可见，纵波入射时，对于反射纵波，$\alpha_L=\alpha'_L$，即入射角等于反射角；对于反射横波，因为 $c_{S1}<c_{L1}$，即横波声速小于纵波声速，所以 $\alpha'_S<\alpha'_L$，即纵波反射角大于横波反射角。

横波入射时，对于反射横波，$\alpha_S=\alpha'_S$，即入射角等于反射角；对于反射纵波，因为 $c_{S1}<c_{L1}$，即横波声速小于纵波声速，所以 $\alpha'_S<\alpha'_L$，即纵波反射角大于横波反射角。

总之，同一介质中，相同波型的入射波的入射角等于反射角，不同波型的入射波的入射角不等于反射角，反射波的声速越快，其反射角越大，且纵波和横波声速有差别，角度也会有变化。

(2) 折射。如图 2-19 所示，当超声波在介质 1 中以入射角 α 倾斜入射到异质界面时，同时还会在界面处发生折射和波型转换，即产生折射纵波和折射横波，其符合以下规律：①入射波和折射波分布法线的两侧；②入射波和折射波在同一平面；③入射角与折射角之间符合斯涅耳定律，即

纵波入射时，$\dfrac{\sin\alpha_L}{c_{L1}}=\dfrac{\sin\beta_L}{c_{L2}}=\dfrac{\sin\beta_S}{c_{S2}}$ （2-35）

横波入射时，$\dfrac{\sin\alpha_S}{c_{S1}}=\dfrac{\sin\beta_L}{c_{L2}}=\dfrac{\sin\beta_S}{c_{S2}}$ （2-36）

式中，β_L 为纵波折射角，β_S 为横波折射角，c_{L2} 为介质 2 的纵波声速，c_{S2} 为介质 2 的横波声速。

同一介质中折射波的声速越大，折射角也越大。两种介质的声速差别越大，角度变化也越大。由于同一介质中纵波声速大于横波声速，因此相同入射角的 $\beta_L>\beta_S$，即纵波折射角大于横波折射角。

以上只考虑了固体-固体情况，所以介质中可能存在纵波和横波。如果介质 1 是液体（水），则不会出现横波入射及横波反射；如果介质 2 为液体（水），则不会出现横波折射。

(3) 临界角。由式(2-35)和式(2-36)可知，若折射波声速大于入射波声速，则折射角必定大于入射角，当入射角增加到一定程度时，折射角等于 90°，这时的入射角就是临界角。

① 第一临界角 α_I。当纵波为入射波，且 $c_{L2}>c_{L1}$，当纵波入射角增大到一定程

度时,纵波折射角等于 90°时,这时对应的纵波入射角称为第一临界角,用 α_{I} 表示,并可得

$$\alpha_{\mathrm{I}} = \arcsin\frac{c_{\mathrm{L1}}}{c_{\mathrm{L2}}} \tag{2-37}$$

当纵波入射角达到第一临界角时,在介质 2 中只有折射横波,没有折射纵波,此即横波探头制作的原理。

② 第二临界角 α_{II}。 如果入射波为纵波,且 $c_{\mathrm{S2}} > c_{\mathrm{L1}}$,当纵波入射角增加一定程度,横波折射角等于 90°时,这时对应的纵波入射角为第二临界角,用 α_{II} 表示,并可得

$$\alpha_{\mathrm{II}} = \arcsin\frac{c_{\mathrm{L1}}}{c_{\mathrm{S2}}} \tag{2-38}$$

当纵波入射角达到第二临界角时,在介质 2 中既没有折射纵波也没有折射横波。

在超声检测中,临界角有非常重要的作用。例如,在接触法横波斜探头楔块角度的设计中,为使斜探头在钢中只激励横波,必须使楔块中的纵波入射角在第一临界角和第二临界角之间,对有机玻璃($c_{\mathrm{L1}} = 2\ 720\ \mathrm{m/s}$)和钢($c_{\mathrm{L2}} = 5\ 850\ \mathrm{m/s}$,$c_{\mathrm{S2}} = 3\ 230\ \mathrm{m/s}$)的界面,第一和第二临界角分别为:$\alpha_{\mathrm{I}} = 27.6°$,$\alpha_{\mathrm{II}} = 57.8°$,即有机玻璃中纵波的入射角度应在 $27.6° \sim 57.8°$ 的范围内。

③ 第三临界角 α_{III}。 当横波从固体介质中倾斜入射到固体与空气界面时,由于纵波声速大于横波声速,纵波反射角一定大于横波入射角,当横波入射角达到一定程度时,纵波反射角达到 90°,这时的横波入射角称为第三临界角,用 α_{III} 表示,计算方法为

$$\alpha_{\mathrm{III}} = \arcsin\frac{c_{\mathrm{S1}}}{c_{\mathrm{L1}}} \tag{2-39}$$

当横波入射角达到第三临界角时,在固体介质中只有横波而无纵波,因而对横波检测十分有利。对钢/空气而言,$\alpha_{\mathrm{III}} = 33.2°$。

(4) 声压反射率和透射率。超声波倾斜入射时的声压反射率和透射率的理论计算公式十分复杂,应重点观察反射率和透射率随入射角的变化关系,对于反射法超声检测,尤其注意声压往复透射率随入射角的变化关系。

① 纵波斜入射到水/铝界面时的声压往复透射率如图 2-20 所示。

② 纵波斜入射到有机玻璃/钢界面时的声压往复透射率如图 2-21 所示。

③ 纵、横波入射到钢/空气界面时的声压反射率如图 2-22 所示。

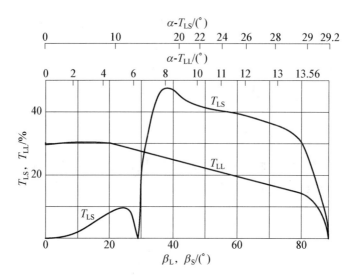

T_{LL}—折射纵波的往复透射率;T_{LS}—折射横波的往复透射率;
α—纵波入射角;β_L—纵波折射角;β_S—横波折射角。

图 2-20 纵波斜入射到水/铝界面时的声压往复透射率

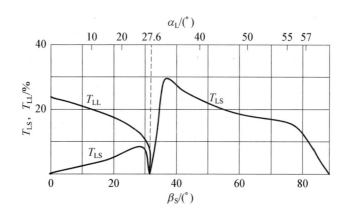

T_{LL}—折射纵波的往复透射率;T_{LS}—折射横波的往复透射率;
α_L—纵波入射角;β_S—横波折射角。

图 2-21 纵波斜入射到有机玻璃/钢界面时的声压往复透射率

(5)端角反射。在利用超声检测时,当工件的两个相邻表面构成直角,超声波束倾斜射向任一表面时,即构成了端角反射情况,如图 2-23 所示。

在这种情况下,同类型的反射波和入射波总是相互平行,方向相反;不同类型的反射波和入射波互不平行,且难以被发射探头接收。

在端角反射中,超声波经历了两次反射,当不考虑波型转换时,二次反射回波与入射波互相平行,即 $P_a \parallel P_0$ 且 $\alpha + \beta = 90°$。

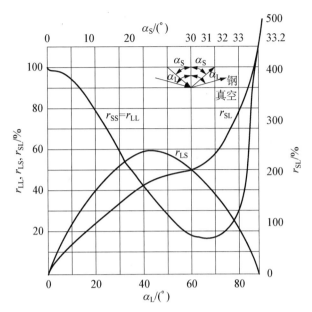

纵波入射时：r_{LL}—纵波声压反射率；r_{LS}—横波声压反射率；
横波入射时：r_{SL}—纵波声压反射率；r_{SS}—横波声压反射率。

图 2-22　纵波、横波在钢/空气界面斜入射时的声压反射率

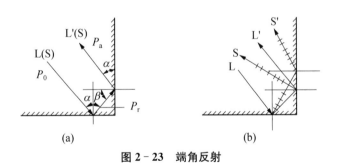

图 2-23　端角反射

(a)不考虑波型转换；(b)考虑波型转换

端角反射率用 $T_{端}$ 表示，即 $T_{端}=\dfrac{P_a}{P_0}$，指回波声压 P_a 与入射波声压 P_0 之比。常见的钢/空气界面上钢中的端角反射率如图 2-24 所示，当 $\alpha_L(\alpha_S)$ 在 0°或 90°附近，从理论上看，纵波和横波的端角反射率都比较高，但实际上由于入射波、反射波在边界的互相干涉而抵消，其实际检测灵敏度并不高。

如图 2-24(a)所示，纵波入射时，由于纵波在端角的两次反射中分离出较强的横波，故造成端角反射率都非常低。

如图 2-24(b)所示，横波入射时，入射角 α_S 在 30°或 60°附近时，端角反射率最低，α_S 为 35°~55°时，端角反射率可达 100%，在实际横波检测焊缝单面焊根部未焊透或裂纹的情况就是利用这个原理。当横波入角 α_S（等于横波探头的折射角 β_S）为 35°~55°（$K = \tan\beta_S = 0.7 \sim 1.43$）时，灵敏度较高。当 $\beta_S \geqslant 56°$（$K \geqslant 1.5$）时，灵敏度较低，易引起漏检。

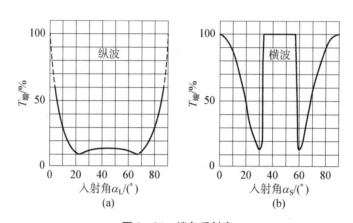

图 2 - 24　端角反射率

(a)纵波入射；(b)横波入射

2）曲面界面上的反射和折射

与超声波在平面界面上的理论相似，当超声波入射到曲面界面时，也会发生反射、折射和波型转换现象。为简单起见，这里忽略波型转换，只讨论平面波在曲界面上的反射和折射现象。超声波在曲面上的反射和折射，将发生超声波的聚焦和发散现象。而究竟是发生聚焦还是发散，则取决于曲界面是凸面还是凹面以及两介质中声速的大小。

（1）超声波在曲面界面上的反射。当界面是曲面时，超声平面波入射，不同声线的入射角不同，通过圆曲面中心的声线，其入射角为 0°，根据反射定律，反射角也为 0°，声波沿原路反射的路线，称为声轴。离声轴距离越远的声线的入射角越大，因而反射角也越大。如图 2 - 25 所示，声波在凸面上发生发散现象，在凹面上发生聚焦现象。

（2）超声波在曲面界面上的折射。超声平面波入射到曲面界面时，通过曲面中心的声线，其入射角为 0°，根据折射定律，折射角也为 0°，超声波按原方向继续前进；与之平行的其他声线，则因凸面和凹面、两介质的声速大小（c_1，c_2）不同，其折射波也会发生聚焦或发散，如图 2 - 26 所示。

对于凸面，如 $c_1 > c_2$，则聚焦；如 $c_1 < c_2$，则发散。

对于凹面，如 $c_1 > c_2$，则发散；如 $c_1 < c_2$，则聚焦。

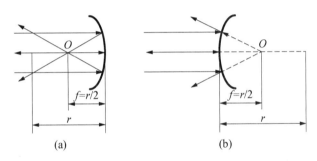

f—焦距；r—曲率半径。

图 2 - 25　平面超声波入射到球凹面和球凸面时的反射现象

(a)聚焦；(b)发散

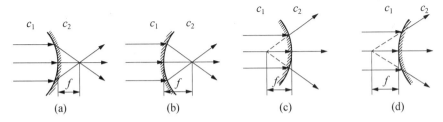

图 2 - 26　平面波在曲面上的折射

(a)$c_1 < c_2$；(b)$c_1 > c_2$；(c)$c_1 > c_2$；(d)$c_1 < c_2$

（3）声透镜。声透镜在超声检测中主要通过集中声能来提高检测灵敏度和定位精度，声透镜利用超声波在曲面界面上折射的原理，使超声波产生聚焦。水浸法超声检测中常用探头的声透镜为平凹透镜，即透镜的一面为平面，与直探头连接，另一面为凹面（多为球面或圆柱面），与液体接触。平凹型球面声透镜聚焦原理如图 2 - 27(a)所示。

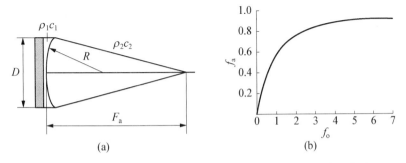

F_o—声透镜的光学焦距；F_a—球面声透镜的声焦距；f_o—归一化光焦距；f_a—归一化声焦距。

图 2 - 27　平凹声透镜聚焦原理和焦距

(a)平凹型球面声透镜聚焦原理图；(b)f_a - f_o 关系曲线

根据几何声学的原理,可推导出该球面声透镜的光学焦距 F_o 为

$$F_o = \frac{R}{1 - \dfrac{c_2}{c_1}} \qquad (2-40)$$

由式(2-40)可知,焦距与球面声透镜的曲率半径 R 成正比,同时还与透镜及液体介质的声速有关。使用有机玻璃做声透镜,以水浸法检测为例,得出: $F_o = 2.2R$,即焦距与透镜的曲率半径成正比,只要球面声透镜的曲率半径越大,其焦距也就越大;焦距的大小不存在极限,焦距与晶片的直径、探头频率无关。

实际上,球面声透镜的曲率半径越大,焦距就越大的结论是不正确的。上述焦距的计算方法是按照光学原理的近轴几何声学原理推导的,该计算公式仅在探头直径和球面的曲率都较小时才成立,当球面的曲率越大,误差相对就越大。

球面声透镜的实际焦点应是其声轴线上声压(亦即声能)最高点,即为声焦点。该点距探头表面中心的距离才是球面声透镜真正的焦距,称为声焦距,用 F_a 表示。

根据波动声学的原理,通过推导球面声透镜声轴线上的声压分布规律,可得到声压的最高点和声焦距。为方便计算,先将焦距做归一化处理。

归一化声焦距: $f_a = \dfrac{F_a}{N}$ 。归一化光焦距: $f_o = \dfrac{F_o}{N}$ 。其中, N 为直探头在液体介质中的近场长度。

通过计算并经数值拟合,两者归一化焦距之间的关系为

$$f_a = 0.025 f_o^5 - 0.207 f_o^4 + 0.66 f_o^3 - 1.163 f_o^2 + 1.324 f_o - 0.037 \quad (2-41)$$

如图2-27(b)所示,球面声透镜的声焦距除与球面的曲率半径、透镜及液体介质的声速有关外,还与直探头的直径、频率有关。声焦距的大小存在极限,该极限就是直探头在液体介质中的近场长度。探头的直径越大,声焦距 F 也越大,而且频率越高,焦距越长。

2.2.4　超声波的衰减

超声波在介质中传播时,随着距离的增加,能量逐渐减弱的现象称为超声波的衰减。引起超声波衰减的主要原因大致分为三个:波束扩散、介质吸收和晶粒散射。其中,扩散衰减是由声场本身的特性引起的;吸收和散射衰减则是由介质材料引起的,与声场特性无关。

1) 扩散衰减

扩散衰减是由于声束扩散,即随着离声源距离的增加,声束的截面不断增大,导致单位面积上的声能不断减少。扩散衰减仅取决于波阵面的形状,与介质的性质无

关。在无穷大均匀理想介质中,球面波的声压与声源距离成反比;柱面波的声压与声源距离的平方根成反比。平面波声压不随距离变化,不存在扩散衰减。

2) 吸收衰减

超声波在介质中传播时,介质中质点间内摩擦和热传导引起的超声波衰减称为吸收衰减。吸收衰减主要来自三个方面:一是介质中质点由静止到运动需要消耗能量;二是介质中的质点相互移动后必须克服内摩擦力而做功,因此产生能量损失;三是介质中的质点吸收声能转换为动能,在能量转换过程中产生了能量损失。吸收衰减用吸收衰减系数 α_a 表示,α_a 与超声波频率 f 成正比:

$$\alpha_a = C_1 f \tag{2-42}$$

式中,C_1 为常数。

3) 散射衰减

超声波在介质中传播时,遇到声阻抗不同的界面产生散乱反射引起衰减的现象称为散射衰减。超声波散射后向多个方向辐射,其中一部分被探头接收,形成杂波信号(即噪声),降低了检测信噪比。散射取决于晶粒平均尺寸与声波波长的相对比值:

$$d < \lambda, \quad \alpha_s = C_2 F d^3 f^4 \tag{2-43a}$$

$$d \approx \lambda, \quad \alpha_s = C_3 F d f^2 \tag{2-43b}$$

$$d > \lambda, \quad \alpha_s = C_4 F \frac{1}{d} \tag{2-43c}$$

式中,C_2,C_3,C_4 为常数;α_s 为散射衰减系数;f 为超声波频率;F 为介质各向异性系数;d 为介质的晶粒直径;λ 为超声波波长。

吸收衰减和散射衰减都是由材质引起的,综合两者,由材质引起的衰减系数 α 为散射衰减系数 α_s 与吸收衰减系数 α_a 之和,其表达式为

$$\alpha = \alpha_s + \alpha_a \tag{2-44}$$

对于平面波,如考虑材质衰减的因素,其声压的表达式为

$$P_x = P_0 e^{-\alpha x} \tag{2-45}$$

式中,x 为至波源的距离;P_0 为波源的起始声压;P_x 为至波源距离为 x 处的声压;α 为介质衰减系数,单位为 Np[①]/mm;e 为自然常数。

可见,超声波在介质中传播时,由于材质衰减的原因,其声压随着传播距离的增加成指数衰减。

----

① Np(奈培),1 Np=8.685 9 dB。国际单位制中,介质衰减系数的单位为 dB/m。

2.3 超声波的声场

超声换能器(探头)向被检测试件中覆盖超声波的区域称为声场,通常用声压分布来表示。超声波的声场是了解声束形状和远场规则反射体的反射回波声压计算以及利用计算法调整灵敏度和不连续性定量评定的理论基础。

2.3.1 超声纵波声场

1) 圆形声源辐射的连续纵波声场

(1) 声轴线上声压分布。圆形声源辐射的连续纵波声场是指圆形晶片被连续波信号均匀激发后,向无限大均匀理想液体介质中辐射超声波建立的声场,这是最简单、最基本的声场。晶片中心处的法线称为声轴线。声轴线上每一点的声压是晶片每个微小单元辐射的声波在该点处的叠加。声轴线上的声压的表达式为

$$P(x) = 2P_0 \sin\left[\frac{\pi}{\lambda} \left(\sqrt{\frac{D^2}{4} + x^2} - x \right) \right] \qquad (2-46)$$

式中,P_0 为声源的初始化声压;λ 为波长;D 为圆形声源的直径;x 为声轴线上某一点距声源的距离,即声程。

声轴线上声压随声源距离的变化规律如图 2-28 所示。

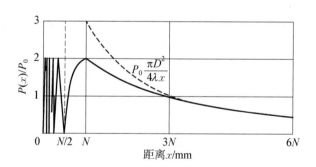

图 2-28　声轴线上声压随声源距离的变化规律

可见,声轴线的声压在极大值(2P_0)和极小值(0)间高低变化。波源轴线上最后一个声压极大值至波源的距离为近场长度,用 N 表示。经推导可得

$$N = \frac{D^2 - \lambda^2}{4\lambda} \qquad (2-47)$$

当 $D \gg \lambda$ 时,得到用于工程实际中计算近场长度的简化公式:

$$N = \frac{D^2}{4\lambda} \qquad (2-48)$$

在近场长度以内的区域称为近场区,也称为菲涅耳区。在近场区内声束不扩散,但因波源之间发生干涉,声轴线上声压起伏变化。在近场长度以外的区域称为远场区,也叫夫琅和费区。在远场区声束扩散,声压随距离增加单调减小。在足够远$(x > 3N)$处,式$(2-46)$可简化为

$$P(x) = P_0\frac{\pi D^2}{4\lambda x} = P_0\frac{A}{\lambda x} \qquad (2-49)$$

式中,A 为声源面积,$A = \frac{\pi D^2}{4}$,其中,D 为圆形声源的直径。在足够远处,声轴线上的声压与距离成反比,这是球面波的扩散衰减规律,也是规则反射体反射回波声压的计算、利用计算法进行灵敏度调整和不连续性当量评定计算的理论依据。

(2) 指向性。同样根据叠加原理,可推导出在足够远$(x > 3N)$处声场中任意一点的声压分布为

$$P(r, \theta) = \frac{P_0 A}{\lambda r}\left[\frac{\alpha J_1(KR_s\sin\theta)}{KR_s\sin\theta}\right] \qquad (2-50)$$

式中,K 为波数,$K = 2\pi/\lambda$;P_0 为声源的起始声压;J_1 为一阶贝赛尔函数。

声压分布如图 2-29 所示。可见在足够远处,在与声源等距离的圆弧上,声轴线上的声压(也反映能量)最高,声场能量主要分布在以声轴线为中心的一定角度内,即主声束,也称主瓣;随着偏离声轴线角度的增加,声压在 0 与极大值之间起伏变化,且能量很低,称为副瓣。这种声束集中向一个方向辐射的性质称为声场的指向性,用指向角或半扩散角 θ_0 表示,远场中第一个声压为零时对应的半扩散角 θ_0 为

$$\theta_0 = \arcsin\left(1.22\frac{\lambda}{D}\right) \qquad (2-51)$$

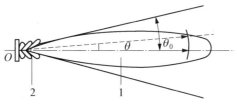

1—主声束;2—副瓣。

图 2-29　声场指向性示意图(圆形声源)

半扩散角表示声场主声束的集中程度。超声检测正是利用主声束来探测不连续性的。半扩散角越大,声束扩散越大,声场指向性越差,横向检测分辨率越低,不连续性定位误差越大;半扩散角越小,声束扩散越小,声场指向性越好,横向检测分辨率越高,不连续性定位误差越小。

从半扩散角表达式可知,使用检测频率越高,探头晶片尺寸越大,则半扩散角越小,指向性就越好。

2)脉冲纵波声场

以上是在较为简单的液体介质中,晶片在连续波的均匀激励下产生的纵波声场的理论计算结果,因而计算简单,结果清晰。但在实际超声检测中大多数应用的是脉冲波法,即激励晶片的信号是脉冲波而非连续波;激励时往往是非均匀激励,中间幅度大,边缘幅度小;被检材料大部分为固体介质,而非液体介质。经研究发现,实际的脉冲纵波声场与理论的连续波声场相比,远场情况基本相同,近场情况有差别。与连续波声场近场因干涉使声压剧烈起伏变化的情形不同,脉冲声场近场的声压分布较均匀,幅度变化较小,极大值点的数量也少。其主要原因包括:激励脉冲包含了许多频率成分,每个频率的信号激励晶片所产生的声场相互叠加,使总声压分布趋于均匀;声源的激励非均匀,中间幅度大,边缘幅度小,因干涉主要受边缘的影响大,所以非均匀激励时产生的干涉比均匀激励时的小得多。

2.3.2 超声横波声场

在超声检测中通常利用折射和波型转换原理制作探头以获得横波,即晶片在发射信号的激励下产生纵波,该纵波在探头斜楔中传播并倾斜入射到斜楔与工件的界面,产生折射和波型转换,在工件中激励出横波声场。

1)近场长度

假设晶片的直径为D,则在斜楔中纵波声场的近场长度为

$$N_{\mathrm{L}} = \frac{D^2}{4\lambda_{\mathrm{L1}}} = \frac{A}{\pi\lambda_{\mathrm{L1}}} \tag{2-52}$$

式中,λ_{L1}为斜楔中纵波波长,A为晶片面积。

由于折射造成声波传播方向的改变,工件中横波的声轴线与斜楔中的纵波声轴线不一致,可将横波声场想象成由工件中的一个虚声源产生的,此虚声源的声轴线即为横波的声轴线。如图2-30所示,根据投影关系,虚声源为椭圆,且长轴为D,短轴D'为$\frac{\cos\beta}{\cos\alpha}D$,则此椭圆形虚声源的面积$A'$为

$$A' = \frac{\cos\beta}{\cos\alpha}A \tag{2-53}$$

因此,在工件中虚声源产生的横波声场的近场长度为

$$N_S = \frac{A'}{\pi\lambda_{S2}} \qquad (2-54)$$

式中,λ_{S2} 为工件中横波波长。

根据两种不同介质声场的等效折算方法,斜楔中的纵波声程 x_1 可折算成工件中横波声程 x_2:

$$\frac{x_1}{N_1} = \frac{x_2}{N_2}, \ x_2 = x_1\frac{N_2}{N_1}x_2 = x_1\frac{\tan\alpha}{\tan\beta} \qquad (2-55)$$

假设斜楔中的纵波声程为 b,则工件中的横波近场长度应为斜楔中的纵波近场长度的剩余部分的等效折算:

$$N = (N_L - b)\frac{\tan\alpha}{\tan\beta} \qquad (2-56)$$

当然,如果声程 b 大于近场长度 N_L,则在工件中已是横波的远场了。

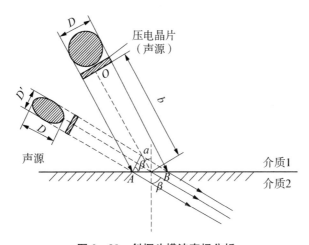

图 2 - 30　斜探头横波声场分析

2) 指向性

在图 2 - 30 所示的平面内,声束不再对称;在与之垂直且包含声束轴线的平面内声束对称于其轴线,对于圆形声源,其半扩散角为

$$\theta_0 = \arcsin\left(1.22\frac{\lambda_{t2}}{D}\right) \qquad (2-57)$$

当 $\lambda \ll D$ 时,上式可化简为

$$\theta_0 \approx 1.22 \frac{\lambda}{D}(\text{rad}) \approx 70 \frac{\lambda}{D}(°) \tag{2-58}$$

例 求频率为 2.5 MHz、直径为 20 mm 的直探头在钢中的近场长度 N 和半扩散角 θ_0。

解

$$\lambda = \frac{5.9 \times 10^6}{2.5 \times 10^6} = 2.36 \text{ mm}$$

$$N = \frac{D^2}{4\lambda} = \frac{20^2}{4 \times 2.36} = 42.4 \text{ mm}$$

$$\theta_0 = 70 \frac{\lambda}{D} = 8.26°$$

2.4 规则反射体的反射回波声压计算

实际检测中最常用的是脉冲反射法检测技术,它根据缺陷反射体的反射回波的高低来定量缺陷的大小。所以,研究反射体的回波声压对不连续性的检测和评定十分重要。尤其在大尺寸工件的检测中,在一定的条件下可以不必使用试块,只根据回波声压的计算结果便可调整检测灵敏度及评定不连续性的当量大小。

规则反射体的回波声压计算的前提是反射体所处的声程必须足够远(一般规定为声程不小于 $3N$)。其计算的理论基础是圆形晶片连续纵波声场声轴线上的声压分布规律,即在声场足够远处声轴线上的声压分布符合球面波的规律。同时不考虑试件材质引起的超声波能量衰减,假设反射体表面不粗糙,声压反射率为 1。

实际反射体的形状不定,作为理论分析,以大平底、平底孔、长横孔、短横孔、大直径圆柱体和球孔等几种规则反射体来模拟。

2.4.1 大平底回波声压

大平底是指与超声波传播方向垂直,面积远大于声束有效截面的平面,常用来模拟大的平面型的缺陷。在超声纵波检测中,与工件扫查面相对的平行表面即为典型的大平底。

如图 2-31 所示,设大平底距探头的距离为 x,且 $x \geqslant 3N$,则根据式(2-49)可知,纵波声场声轴线上在大平底处的声压为

$$P_x = P_0 \frac{A}{\lambda x} \tag{2-59}$$

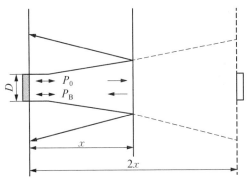

图 2 - 31　大平底对超声波的反射

式中，A 为探头晶片面积。

假设声波传播 x 距离到达大平底后被完全反射，则被探头接收的大平底的反射回波声压相当于声波传播距离 $2x$ 处的声压，由此可计算大平底的反射回波声压 P_B 为

$$P_B = P_0 \frac{A}{2\lambda x} \tag{2-60}$$

可见，大平底的反射回波声压与距离成反比。两个不同声程的大平底回波分贝差公式为

$$\Delta_{12} \mathrm{dB} = 20 \lg \frac{P_1}{P_2} = 20 \lg \frac{x_2}{x_1} \mathrm{dB} \tag{2-61}$$

当 $x_2 = 2x_1$ 时：

$$\Delta_{12} \mathrm{dB} = 20 \lg \frac{P_1}{P_2} = 20 \lg \frac{x_2}{x_1} = 20 \lg 2 = 6 \ \mathrm{dB} \tag{2-62}$$

即大平底面的声程增加一倍时，其回波降低 6 dB。

2.4.2　平底孔回波声压

平底孔通常指将孔底加工成平面的圆柱孔，且孔径小于声束的有效直径，声波的传播方向与孔底反射声波垂直。平底孔是试块中常见的人工反射体，在纵波和横波检测中用来模拟小的平面型不连续性。

如图 2 - 32 所示，设平底孔的孔底离探头的距离为 x，则声波到达孔底处的声压为

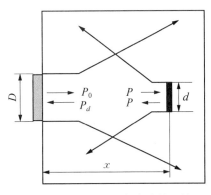

图 2 - 32　平底孔对超声波的反射

$$P_x = P_0 \frac{A}{\lambda x} \tag{2-63}$$

由于孔径很小,可以近似认为孔底上各点的声压都相同。根据惠更斯原理,孔底可看作新的声源,其表面声压即为式(2-63)计算得到的平底孔处的声压。该新声源辐射到扫查面处的声压即为平底孔的反射回波声压:

$$P_d = P_x \frac{A'}{\lambda x} = P_0 \frac{AA'}{\lambda^2 x^2} \tag{2-64}$$

式(2-63)和式(2-64)中,A 为探头晶片面积,$A = \frac{\pi D^2}{4}$;A' 为平底孔的面积,$A' = \frac{\pi d^2}{4}$;x 为平底孔与探头之间的距离。

由此可见,平底孔的反射回波声压与其面积成正比,与平底孔与探头之间距离的平方成反比。

任意两个直径(ϕ)、距离(x)不同的平底孔反射体的分贝差为

$$\Delta_{12} \mathrm{dB} = 20 \lg \frac{P_1}{P_2} = 40 \lg \frac{\phi_1 x_2}{\phi_2 x_1} \mathrm{dB} \tag{2-65}$$

当 $\phi_1 = \phi_2$,$x_2 = 2x_1$ 时:

$$\Delta_{12} \mathrm{dB} = 20 \lg \frac{P_1}{P_2} = 40 \lg \frac{\phi_1 x_2}{\phi_2 x_1} = 40 \lg 2 = 12 \mathrm{dB} \tag{2-66}$$

这说明平底孔直径相同而声程增大一倍时,平底孔回波降低 12 dB。

当 $x_2 = x_1$,$\phi_1 = 2\phi_2$ 时:

$$\Delta_{12} \mathrm{dB} = 20 \lg \frac{P_1}{P_2} = 40 \lg \frac{\phi_1 x_2}{\phi_2 x_1} = 40 \lg 2 = 12 \mathrm{dB} \tag{2-67}$$

这说明平底孔声程相同而直径增大一倍时,平底孔回波升高 12 dB。

2.4.3 长横孔回波声压

长横孔通常指长度远大于声束有效直径而孔径则远小于声束有效直径的圆柱孔,超声波的传播方向与孔的轴线垂直,以孔的圆周面反射声波。长横孔也是试块中常见的人工反射体,在横波检测中用来模拟小的线性不连续性。

如图 2-33 所示,当声波入射到长横孔后,被孔的圆柱面反射,探头接收到的反射波声压为

$$P_d = P_0 \frac{A}{\lambda x} \sqrt{\frac{d}{8x}} \tag{2-68}$$

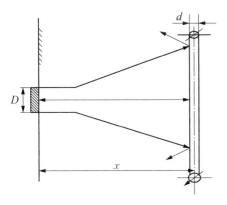

图 2-33　长横孔回波声压

式中，d 为长横孔孔径。

可见，长横孔的反射回波声压与孔径的平方根成正比，与距离的二分之三次方成反比。

任意两个直径（ϕ）、距离（x）不同的长横孔回波分贝差为

$$\Delta_{12}\mathrm{dB} = 20\lg \frac{P_1}{P_2} = 10\lg \frac{\phi_1 x_2^3}{\phi_2 x_1^3} \ \mathrm{dB} \tag{2-69}$$

当 $\phi_1 = \phi_2$，$x_2 = 2x_1$ 时：

$$\Delta_{12}\mathrm{dB} = 20\lg \frac{P_1}{P_2} = 10\lg \frac{\phi_1 x_2^3}{\phi_2 x_1^3} = 30\lg 2 = 9 \ \mathrm{dB} \tag{2-70}$$

说明长横孔直径相同而声程增大一倍时，其回波降低 9 dB。

当 $x_2 = x_1$，$\phi_1 = 2\phi_2$ 时：

$$\Delta_{12}\mathrm{dB} = 20\lg \frac{P_1}{P_2} = 10\lg \frac{\phi_1 x_2^3}{\phi_2 x_1^3} = 10\lg 2 = 3 \ \mathrm{dB} \tag{2-71}$$

说明长横孔声程相同而直径增大一倍时，其回波上升 3 dB。

2.4.4　短横孔回波声压

短横孔是指长度明显小于波束截面尺寸的横孔，设短横孔直径为 D_f，长度为 l_f，波源面积为 F_s。当 $x \geqslant 3N$ 时，超声波在短横孔上的反射回波声压为

$$P_f = \frac{P_0 F_s}{\lambda x} \frac{l_f}{2x} \sqrt{\frac{D_f}{\lambda}} \tag{2-72}$$

由式（2-72）可知，当检测条件（F_s，λ）一定时，短横孔回波声压与短横孔的长度成正比，与直径的平方根成正比，与距离的平方成反比。任意两个距离、长度和直径不同的短横孔的回波分贝差为

$$\Delta_{12}\mathrm{dB} = 20\lg \frac{P_1}{P_2} = 10\lg \frac{l_1^2}{l_2^2} \frac{x_2^4}{x_1^4} \frac{D_1}{D_2} \ \mathrm{dB} \tag{2-73}$$

（1）当 $D_1 = D_2$，$l_1 = l_2$，$x_2 = 2x_1$ 时：

$$\Delta_{12}\mathrm{dB} = 20\lg \frac{P_1}{P_2} = 40\lg \frac{x_2}{x_1} = 12 \ \mathrm{dB} \tag{2-74}$$

说明短横孔直径和长度一定，距离增加一倍，其回波下降 12 dB，与平底孔变化规律

相同。

（2）当 $D_1 = D_2$，$x_2 = x_1$，$l_1 = 2l_2$ 时：

$$\Delta_{12}\mathrm{dB} = 20\lg\frac{P_1}{P_2} = 20\lg\frac{l_1}{l_2} = 6\ \mathrm{dB} \qquad (2-75)$$

说明短横孔直径和距离一定，长度增加一倍，其回波升高 6 dB。

（3）当 $x_2 = x_1$，$l_1 = l_2$，$D_1 = 2D_2$ 时：

$$\Delta_{12}\mathrm{dB} = 20\lg\frac{P_1}{P_2} = 10\lg\frac{D_1}{D_2} = 3\ \mathrm{dB} \qquad (2-76)$$

说明短横孔长度和距离一定，直径增加一倍，其回波升高 3 dB。

2.4.5　大直径圆柱体底面回波声压

大直径圆柱体通常指长度和孔径都远大于声束有效直径的圆柱体，声波的传播方向与孔的轴线垂直。超声检测中有实心圆柱体和空心圆柱体两种情形。

1）实心圆柱体

如图 2-34（a）所示，探头稳定耦合在圆柱表面，声波沿径向入射，若圆柱体直径 $D \geqslant 3N$，则实心圆柱体的凹圆柱面的反射回波声压为

$$P_D = P_0\frac{A}{2\lambda D} \qquad (2-77)$$

与式（2-60）比较可知，实心圆柱体的圆柱面的反射回波声压与相同声程的大平底相同。

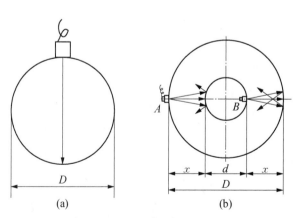

图 2-34　大直径圆柱体的反射

（a）实心圆柱体的反射；（b）空心圆柱体的反射

2) 空心圆柱体

如图 2-34(b) 所示,假设壁厚 $x > 3N$,空心圆柱体的检测有如下两种扫查位置。

(1) 探头在外圆周面扫查时,则内圆周凸面的反射回波声压为

$$P_d = P_0 \frac{A}{2\lambda x} \sqrt{\frac{d}{D}} \qquad (2-78)$$

式中,d 为空心圆柱体内径,D 为空心圆柱体外径。

(2) 探头在内圆周面扫查时,则外圆周凹面的反射回波声压为

$$P_D = P_0 \frac{A}{2\lambda x} \sqrt{\frac{D}{d}} \qquad (2-79)$$

比较式 (2-78) 和式 (2-79) 可知,探头在外圆周面扫查时,内圆周面的反射回波声压小于大平底的声压,这是凸柱面发散的结果;探头置于内圆周面扫查时,外圆周面的反射回波声压大于平底孔的声压,这是凹柱面聚焦反射信号的结果。

2.4.6　球孔回波声压

如图 2-35 所示,设球孔的直径为 D_f,垂直入射并全反射,D_f 足够小。当 $x \geqslant 3N$ 时,超声波在球孔上的反射与球面波在球面上的反射差不多,因此,其回波声压为

$$P_f = \frac{P_0 F_s}{\lambda x} \frac{D_f}{4(x + D_f/2)} \approx \frac{P_0 F_s}{\lambda x} \frac{D_f}{4\lambda} \qquad (2-80)$$

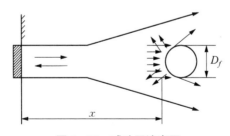

图 2-35　球孔回波声压

由式 (2-80) 可知,当检测条件 (F_s, λ) 一定时,球孔回波声压与球孔的直径成正比,与距离的平方成反比。任意两个直径、距离不同的球孔的回波分贝差为

$$\Delta_{12} \text{dB} = 20 \lg \frac{D_1 x_2^2}{D_2 x_1^2} \text{dB} \qquad (2-81)$$

(1) 当 $D_1 = D_2$，$x_2 = 2x_1$ 时：

$$\Delta_{12} = 20 \lg \frac{P_1}{P_2} = 40 \lg \frac{x_2}{x_1} = 12 \text{ dB} \tag{2-82}$$

(2) 当 $D_1 = 2D_2$，$x_2 = x_1$ 时：

$$\Delta_{12} \text{dB} = 20 \lg \frac{P_1}{P_2} = 20 \lg \frac{D_1}{D_2} = 6 \text{ dB} \tag{2-83}$$

由此可见：球孔直径一定，距离增加一倍，球孔回波降低 12 dB；球孔距离一定，孔径增加一倍，球孔回波升高 6 dB。

2.5 AVG 曲线

AVG 曲线由德国人最先提出，它是经过计算和实测得到的一组描述声程(A)、波幅(V)和当量大小(G)之间的关系曲线，英文缩写为 DGS(distance-gain-size)曲线。AVG 曲线可用于调整灵敏度和对缺陷定量。

2.5.1 纵波平底孔 AVG 曲线

1）理论 AVG 曲线

理论 AVG 曲线包含两部分：声程大于等于 $3N$ 部分由计算法推导，其依据是圆形晶片连续纵波声场远场声轴线上声压分布规律，以及平底孔的反射回波声压计算方法，同时假设材料对声能的衰减可以忽略；声程小于 $3N$ 部分则由实测得到。

在 $x \geq 3N$ 的远场区，大平底和平底孔的反射回波声压分别为

$$P_x = P_0 \frac{\pi D^2}{8\lambda x} \tag{2-84}$$

$$P_d = P_0 \frac{\pi D^2}{4\lambda x} \cdot \frac{\pi d^2}{4\lambda x} \tag{2-85}$$

将声程做归一化处理，归一化距离 X 为

$$X = \frac{x}{N} \tag{2-86}$$

将平底孔的直径做归一化处理，归一化缺陷当量大小 G 为

$$G = \frac{d}{D} \tag{2-87}$$

假设仪器的垂直线性很好,则反射体的回波波高与其声压成正比,大平底和平底孔的回波与探头表面回波的高度差分别为

大平底:

$$V_x = 20\lg \frac{P_x}{P_o} = 20\lg \frac{\pi}{2} - 20\lg X \qquad (2-88)$$

平底孔:

$$V_d = 20\lg \frac{P_d}{P_o} = 40\lg \frac{\pi G}{X} = 40\lg \pi + 40\lg G - 40\lg X \qquad (2-89)$$

以对数横坐标表示归一化声程,以算术纵坐标表示相对波幅,根据式(2-88)即可得到大平底的波幅与归一化声程间的关系,即图 2-36 中的 B 线;根据式(2-89)即可得到一组尺寸不同的归一化平底孔波幅与归一化声程之间的关系。在 $x < 3N$ 即 $A < 3$ 的区域,由于声压分布不符合球面波的规律,故不能用计算法得到,用实测的方法绘出,如图 2-36 所示。

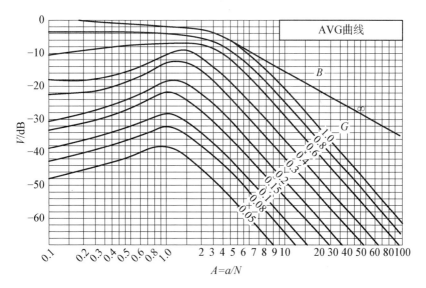

图 2-36　纵波平底孔理论 AVG 曲线

2) 实用 AVG 曲线

理论 AVG 曲线采用了归一化的声程和平底孔尺寸,适合不同的探头,具有较好的通用性,但使用时需要反复进行归一化计算,很不方便。因此,实际中多采用一种以声程为横坐标,以平底孔或长横孔的直径表示反射体大小的实用 AVG 曲线,如图 2-37 所示。

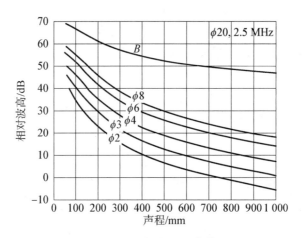

图 2-37　实用 AVG 曲线

　　通常这种 AVG 曲线用某特定的探头在试块上根据实测法绘制,与理论 AVG 曲线不同,实用 AVG 曲线只适用于特定的探头(频率和直径)和试块材料。实用 AVG 曲线简单明了,使用方便。

　　由于实用 AVG 曲线是由特定探头实测和计算得到的,因此它只适用于特定探头,故在实用 AVG 曲线中要注明探头的尺寸和频率。

2.5.2　横波平底孔 AVG 曲线

　　1) 理论 AVG 曲线

　　一般横波声场由有机玻璃中的纵波声场和工件中的横波声场两部分组成,理想情况下的波源产生的横波声场是连续的。当 $x \geqslant 3N$ 时,横波声场波束轴线上的声压分布与纵波差不多,在通过对 N、G、A 等修正后,其纵波平底孔 AVG 曲线图原则上可用于横波。

$$N = \frac{F_s}{\pi \lambda_{S2}} \frac{\cos\beta}{\cos\alpha} \qquad (2-90)$$

$$A = \frac{L_2 + x}{N} \qquad (2-91)$$

$$G = \frac{D_f}{D_s} \frac{\cos\alpha}{\cos\beta} \qquad (2-92)$$

　　横波通用 AVG 曲线通用性好,可用于不同横波探头。

　　2) 实用 AVG 曲线

　　横波的实用 AVG 曲线只适用于特定的探头,其横坐标表示声程,纵坐标表示相对波高的分贝值。在我们常用的焊缝检测中,一般是通过实测并表示为一定直径的横孔回波高与距离之间关系的波幅-距离曲线。

第3章 脉冲反射法超声检测技术

脉冲反射法超声检测技术是当前无损检测超声检测技术中最普遍、最成熟并且是使用场合最多的一种检测技术,根据显示方式可分为 A 型脉冲反射法和成像技术脉冲反射法。其中,电网设备最常用、最基本的是 A 型脉冲反射法,这也是本章介绍的重点。本章在介绍超声检测的原理、分类以及超声检测设备与器材的基础上,重点介绍脉冲反射法超声检测通用工艺及其在电网设备中的实际检测应用。

3.1 超声检测的原理及分类

3.1.1 检测原理

超声检测的原理是基于超声波在工件传播过程中与缺陷发生声学响应,通过仪器探头接收到该种声学响应进行分析检测。

为了便于分析问题,将完好的工件视为连续的、均匀的、各向同性的弹性传声介质。当超声波在这种介质中传播时,遵循既定的声学规律。当声波在传播中遇到不连续的部位时,由于其与工件本体在声学特性上的差异,声波的正常传播受到干扰,或阻碍其正常穿透,或发生反射或折射。工件或材料中超过标准规定的不连续部位就是缺陷或伤。超声检测即采用相应的测量技术,将非电量的机械缺陷转换为电信号检出,并找出二者的内在关系,据此判断和评价工件质量。

3.1.2 检测方法分类

超声检测有多种分类方法:按原理分有脉冲反射法(即本章重点讨论的方法)、穿透法、共振法、衍射时差法(TOFD);按探头数目分有单探头法、双探头法、多探头法、阵列探头法;按探头与工件的接触方式分有直接接触法、液浸法;按波型分有纵波法、横波法、表面波法、板波法、爬波法和导波法;按显示方法分有 A 型显示、超声成像显示;按人工干预的程度分有手工检测、自动检测等。

3.1.2.1 按原理分类

根据检测原理,超声检测方法可以分为脉冲反射法、穿透法、共振法和衍射时差法四种。

(1) 脉冲反射法。把脉冲超声波发射到试件中,根据反射波的情况来检测试件中缺陷的方法称为脉冲反射法,包括缺陷回波法、底波高度法和多次底波法。

① 缺陷回波法。根据仪器屏幕上显示的缺陷回波的位置、波形进行判断的方法称为缺陷回波法。缺陷回波法的基本原理如图 3-1 所示。当试件完好时,超声波可顺利传播到达试件底面,探伤图形中只有发射脉冲 T 和底面回波 B 两个信号,如图 3-1(a)所示。若试件中存在缺陷,在探伤图形中,底面回波前有表示缺陷的回波 F,如图 3-1(b)所示。

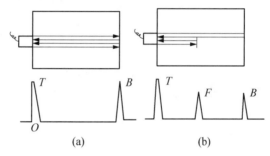

图 3-1 缺陷回波法

(a)无缺陷;(b)有缺陷

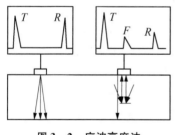

图 3-2 底波高度法

② 底波高度法。根据底面回波的高度变化来判断工件缺陷情况的检测方法称为底波高度法,即当工件的材质和厚度一定时,底面回波的高度基本不变;当工件内存在缺陷时,超声波在缺陷处产生部分或全部反射,底面回波高度会下降甚至消失,如图 3-2 所示。该方法的特点在于同样投影大小的缺陷可以得到同样的指示,且不出现盲区,但是要求被检测工件的检测面与底面平行,耦合条件一致。由于该方法检出缺陷定位定量不便,灵敏度较低,在实际应用中很少作为一种独立的检测方法,而是经常作为一种辅助手段,配合缺陷回波法来检测某些倾斜的和小而密集的缺陷。

③ 多次底波法。依据底面回波次数来判断工件有无缺陷的方法称为多次底波法,即当透入工件的超声波能量较大,而工件厚度较小时,超声波可在探测面与底面之间往复传播多次,显示屏上出现多次、高度有规律依次降低的底波 B_1、B_2、B_3…,当工件内存在缺陷时,由于缺陷的反射及散射增加了声能的损耗,底面回波次数减少,

同时也打乱了各次底面回波高度依次降低的规律,并显示出缺陷回波,如图 3-3 所示。

多次底波法主要用于厚度不大、形状简单、底面与检测面平行的工件检测,其缺陷检出灵敏度低于缺陷回波法。

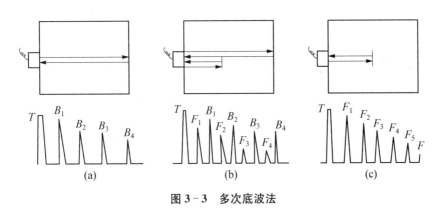

图 3-3　多次底波法

(a)无缺陷;(b)小缺陷;(c)大缺陷

(2)穿透法。穿透法指采用一发一收两个探头分别放在被检工件相对的两个端面,依据脉冲波或连续波穿透试件之后的能量变化来判断缺陷情况的一种方法。

(3)共振法。频率可调的连续波在试件中传播,当试件厚度为声波半波长的整数倍时,将引起共振。当试件中存在缺陷或厚度发生变化时,共振频率将发生变化,依据共振频率的变化情况来判断试件中缺陷或厚度变化的检测方法称为共振法。共振法主要用于测厚,测厚原理是根据以下公式:

$$\delta = \frac{\lambda}{2} = \frac{C}{2f_0} = \frac{C}{2(f_m - f_{m-1})} \qquad (3-1)$$

式中,δ 为工件厚度,λ 为波长,C 为工件中的声速,f_0 为工件的固有频率,f_m、f_{m-1} 为相邻的两个共振频率。

(4)衍射时差法(TOFD)。衍射时差法指利用缺陷部位的衍射波信号来检测和测定缺陷尺寸的一种超声检测方法。通常使用一对频率、尺寸和角度相同纵波斜探头,采用一发一收模式,检测时将探头对称分布于焊缝两侧。

与脉冲反射法超声检测相比,衍射时差法的超声波束覆盖区域大,缺陷的衍射信号与缺陷方向无关,且缺陷检出率较高,能精确测量缺陷尺寸。

3.1.2.2　按探头数目分类

根据探头数目,超声检测方法可以分为单探头法、双探头法和多探头法三种。

(1)单探头法。使用一个探头兼作发射和接收超声波的检测方法称为单探头法。其操作方便,可以检出大多数缺陷,是目前最常用的一种方法。该方法对于与波束轴线垂直的面状缺陷和立体型缺陷的检出效果最好;而与波束轴线平行的面状缺陷则难以检出;当缺陷与波束轴线倾斜时,则根据倾斜角度的大小,能够收到部分回波或者因反射波束全部反射在探头之外而无法检出。

(2)双探头法。使用两个探头(一个发射,一个接收)进行检测的方法称为双探头法,主要应用于单探头法难以检测的缺陷。根据两个探头排列方式和工作方式的不同可分为并列式、交叉式、V形串列式、K形串列式、串列式,如图3-4所示。

① 并列式:两个探头并列放置,检测时两者同步同向移动。但当直探头作并列放置时,则一个探头固定,另一个探头移动,以便发现与探测面倾斜的缺陷,如图3-4(a)所示。分割式探头将两个并列的探头组合在一起,具有较高的分辨能力和信噪比,适用于薄试件、近表面缺陷的检测。

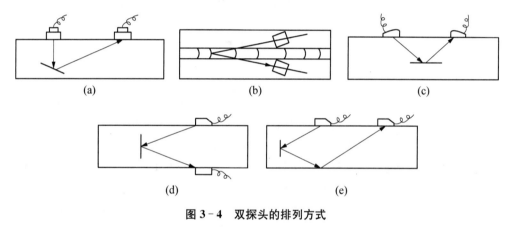

图3-4 双探头的排列方式

(a)并列式;(b)交叉式;(c)V形串列式;(d)K形串列式;(e)串列式

② 交叉式:两个斜探头的声束轴线交叉,交叉点为待检测的部位,如图3-4(b)所示。该方法可用于发现与检测面垂直的面状缺陷,在焊缝检测中,常用来检测横向缺陷。

③ V形串列式:两斜探头相对放置在同一平面上,一个探头发射超声波并被缺陷反射,其反射的回波被另外一个探头所接收,如图3-4(c)所示。该方法主要用来发现与检测面平行的面状缺陷。

④ K形串列式:两斜探头以相同的方向分别放置在被检工件的上、下表面上,一个探头发射超声波并被缺陷反射,另一个探头接收缺陷反射回来的回波,如图3-4(d)所示。该方法主要用来检测与检测面垂直的面状缺陷。

⑤ 串列式:两斜探头一前一后,以相同方向放在同一表面上,一个探头发射超声波,被缺陷反射后的回波经底面反射被另一个探头接收,如图3-4(e)所示。该方法主要用来发现与检测面垂直的面状缺陷(如厚焊缝中间的未焊透)。两个探头在一个表面上移动,操作比较方便,是一种比较常用的检测方法。

（3）多探头法。使用两个以上的探头组合在一起进行检测的方法称为多探头法。多探头法主要是通过增加声束来提高检测速度或发现各种取向的缺陷,通常与多通道仪器和自动扫描装置配合使用,如图 3-5 所示。

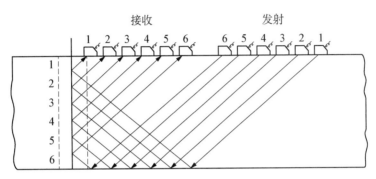

图 3-5　多探头法

3.1.2.3　按探头与工件接触方式的分类

依据检测时探头与工件的接触方式,超声检测可以分为直接接触法与液浸法。

（1）直接接触法。探头与工件检测面之间涂有一层薄薄的耦合剂,因检测时施加在探头上有一定的压力,其耦合剂层比较薄,可近似看作为直接接触,因此,这种检测方法称为直接接触法。此方法操作方便,波形简单,判断容易,缺陷检出灵敏度高,是比较常用的检测方法之一。直接接触法对检测工件的检测面光洁度要求较高。

（2）液浸法。如图 3-6 所示,液浸法检测就是在探头与工件之间设置一层一定

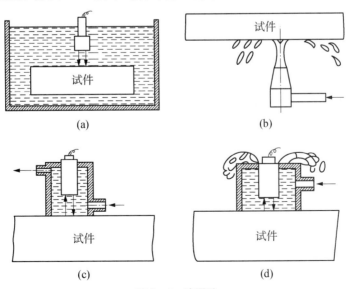

图 3-6　液浸法

(a)全浸没式;(b)喷液式;(c)通水式;(d)满溢式

厚度的液体传声层,使超声波经过液层后再进入工件的检测方法。耦合剂可以是水或油,一般用水作为耦合层,故通常又称为水浸法。根据探头与试件探测面之间液层的厚度,液浸法又可分为高液层法和低液层法;按检测方式不同,液浸法分为全浸没式和局部浸没式。

① 全浸没式。被检试件全部浸没于液体之中的方法,适用于体积不大,形状简单的工件检测,如图 3-6(a)所示。

② 局部浸没式。把被检试件的一部分浸没在液体中或被检试件与探头之间保持一定的液体层而进行检测的方法,适用于大体积试件的检测。局部浸没法又分为喷液式、通水式和满溢式三种:喷液式,超声波通过以一定压力喷射至检测表面的液体耦合方式进入被检试件的方法,如图 3-6(b)所示;通水式,借助于一个专用的有进水、出水口的液罩,使液罩内经常保持一定容量的液体,如图 3-6(c)所示;满溢式,满溢罩结构与通水式相似,但只有进水口,多余液体从罩的上部溢出,如图 3-6(d)所示。

虽然直接接触法检测具有方便灵活、耦合层薄、声能损失小等优点,但由于对探头所施压力大小、耦合层的厚薄、接触面积大小和对工作表面凹坑的填充程度等影响因素难以控制,其综合影响也难以估计,且直接接触法检测的探头容易磨损,检测速度低。

与直接接触法检测相比,液浸法检测时,由于探头与工件不发生直接的机械接触,既可减少探头的磨损,又能消除直接接触法中那些难以控制因素,使声波的发射和接收比较稳定,检测结果重复性好。同时,探头角度可以自由变动,有利于提高检测速度,也便于实现检测过程的自动化。液浸法在钢铁企业已被广泛用于对坯材和型材的自动检测。

3.1.2.4 按波型分类

根据波型,超声检测方法可分为纵波法、横波法、表面波法、板波法、爬波法和导波法等。

(1)纵波法。使用纵波进行检测的方法称为纵波法。对于同一介质,纵波传播速度大于其他波型的速度,对相同频率而言纵波波长最长,因而穿透能力强,可检测工件的厚度是所有波型中最大的;但晶界反射或散射的敏感性较差,可用于粗晶材料的检测。根据入射角的不同,纵波法分为纵波直探头法和纵波斜探头法。

① 纵波直探头法。使用纵波直探头进行检测的方法,又分为单晶直探头脉冲反射法、双晶直探头脉冲反射法和穿透法。最常用的是单晶直探头脉冲反射法和组合双晶直探头脉冲反射法。对于单晶直探头,由于盲区和分辨率的限制,只能发现试件内部离检测面一定距离以外的缺陷,且缺陷与检测面平行时检出效果最佳,主要用于铸造、锻压、轧材及其制品的检测。

② 纵波斜探头法。这是指将纵波倾斜入射到工件检测面,利用折射纵波进行检

测的方法。小角度纵波斜探头常用于探头移动范围小、检测范围较深的一些工件,如电网设备中的螺栓超声检测、瓷支柱绝缘子超声检测等。

(2) 横波法。将纵波通过楔块、水等介质倾斜入射至试件检测面,利用波型转换得到横波进行检测的方法称为横波法。由于透入试件的横波束与检测面成锐角,所以又称斜入射法,主要用于管材、焊缝的检测,用于其他试件的检测时,则作为一种有效的辅助手段,用以发现与检测面有一定角度、不易检测的缺陷。

(3) 表面波法。使用表面波进行检测的方法称为表面波法。这种方法对于近表面缺陷的检测非常有效,主要用于表面光滑的试件。表面波波长比横波波长还短,因此衰减也大于横波。同时,它仅沿表面传播,对于表面上的覆层、油污、不光洁等反应敏感,并随之大量地衰减,利用此特点可以通过手沾油在声束传播方向上进行触摸并观察缺陷回波高度的变化,对缺陷定位。

(4) 板波法。使用板波进行检测的方法,又称兰姆波法。主要用于薄板、薄壁管等形状简单的试件检测。板波充塞于整个试件,可用于发现内部和表面缺陷。检出灵敏度除取决于仪器工作条件外,还取决于波的形式。

(5) 爬波法。爬波是指表面下纵波,它是当第一介质中的纵波入射角位于第一临界角附近时在第二介质中产生的表面下纵波。这时第二介质中除了表面下纵波外,还存在折射横波。这种表面下纵波不是纯粹的纵波,还存在垂直方向的位移分量。对于检测表面较粗糙的工件的表层缺陷,如铸钢件、有堆焊层的工件等,爬波灵敏度和分辨力均比表面波高。

(6) 导波法。使用导波进行检测的方法称为导波法。在存在两个平行的边界的工件上施加激励源(横波或纵波),激励板材产生超声波,超声波在工件中传播时,遇到界面不断发生反射及横波和纵波的波型转换,经过一段时间的传播之后,因叠加而产生波包,这就是导波的模态。由于上、下界面的作用,所形成的声波沿板材延伸方向传播时具有特殊的传播特性,导波充塞于整个工件,可以发现内部缺陷和表面的缺陷;由于沿传播路径衰减很小,导波可以沿构件传播非常远的距离。

3.1.2.5　按显示方式分类

按超声信号的显示方式,超声检测可分为 A 型显示和超声成像方法,其中超声成像显示按成像方式的不同又可再分为 B、C、3D、S、P 型显示等。具体内容见本书"3.2.1 1) 超声检测仪的分类"相关部分。

3.1.2.6　按人工干预程度分类

按人工干预程度,超声检测可分为手工检测和自动检测。

手工检测是指操作人员直接用手持超声波探头进行的检测。手工检测比较方便,易于操作,但受客观因素影响比较大,检测结果的可靠性和可重复性比较难以保证。

自动检测是指使用自动化超声检测设备,在最少人工干预下进行的超声检测。

自动检测一般都采用自动扫查装置,检测过程中自动记录声束位置信息,自动采集和记录数据,检测结果受外在因素的影响比较小。

3.2 超声检测设备及器材

超声检测设备与器材包括超声检测仪、探头、试块、耦合剂和机械扫查装置等,其中超声检测仪和探头是超声检测系统中最重要的两大设备。

3.2.1 超声检测仪

超声波在材料或构件中传播时,就携带表征其性能和质量情况的信息。

利用超声换能器向被检测对象辐射超声信号,再由接收器检出被检测对象中的声场特性,如声压分布、声速、声衰减、声传播时间、声波频率或频谱的变化等声学参数,以此检测和评价被检测对象的性能和质量。以这种原理为基础的仪器,就是通常所指的超声检测仪。

超声检测仪是超声检测的主体设备,它的作用是产生电振荡并施加于换能器(探头)上,激励探头发射超声波,同时将探头送回的电信号进行放大,并通过一定方式显示出来,从而得到被检工件内部有无缺陷及缺陷位置和大小等信息。

1) 超声检测仪的分类

超声检测仪有不同的分类方法。

(1) 按指示参量分,超声检测仪有穿透式检测仪、共振测厚仪、脉冲检测仪。其中,脉冲检测仪按信号显示方式可分为 A 型显示和超声成像显示,超声成像显示又可分为 B、C、3D、S、P 型显示等类。其中,A 型脉冲反射式超声检测仪是使用范围最广、最基本的一种类型,也是本节的重点内容。

超声波 A 型显示是点扫描检测方式,其将超声信号的幅值与传播时间的关系以直角坐标的形式显示出来。在显示屏幕上,横坐标代表时间,纵坐标代表反射波幅值。当超声波在均匀介质中传播时,声速是恒定的,传播时间可转换成传播距离,从而确定缺陷位置,回波幅值可以确定缺陷当量尺寸,如图 3-7 所示。超声 A 型显示是一维数据,只能反映被检工件内缺陷位置及当量尺寸,不能显示缺陷的形状及性质等详细信息。

超声波 B 型显示是线扫描检测方式,是将探头在工件表面沿着一条线扫查时的距离与声传播时间的

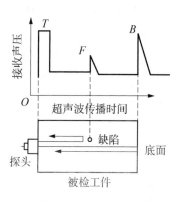

T—始波;F—缺陷波;B—底面波。

图 3-7 A 型显示原理

关系以直角坐标的形式显示出来。在信号处理过程中,将时间轴上不同深度的信号幅值记录下来,用不同颜色显示每个探头移动位置沿时间轴的信号幅值。超声 B 型显示是二维数据,可以得出工件中缺陷位置、取向与深度及幅值信息。

超声波 C 型显示是面扫描检测方式,探头在工件表面进行二维扫查,仪器显示屏的二维坐标对应探头的扫查位置,显示某一深度范围缺陷的二维形状与分布。超声 C 型显示是二维数据,它只能反应被检工件中缺陷的水平投影位置,不能给出缺陷的埋藏深度。

3D 扫描成像显示的是被检工件及内部缺陷的三维立体图像。

S 扫描成像也称为扇形扫描成像,是在入射点形成某个角度的扇形扫查范围。

P 扫描成像实际上是一种同时显示 C 扫描图像(俯视)和 B 扫描图像(侧视)的显示成像。

(2) 按照技术应用,超声检测仪分为 A 型脉冲超声检测仪、相控阵超声检测仪、TOFD 超声检测仪和超声导波检测仪等。A 型脉冲超声检测仪是最早开发的一款超声检测仪器,具有操作简单、结构小巧、适用性强等优点,广泛用于电网设备无损检测。相控阵超声检测仪通过控制探头激发超声波束的偏转和聚焦来实现工件的无损检测,它能实现工件中缺陷的 A 型显示和 C 型显示,十分直观、可靠。TOFD 超声检测仪是利用超声波衍射现象来实现工件检测,它能实现工件中缺陷的 B 型显示,主要用于裂纹、缝隙等缺陷检测。超声导波检测仪利用超声导波来实现工件检测,主要用于管道、容器等设备的长距离检测。

(3) 按照所采用的信号处理技术,超声检测仪可分为模拟式和数字式仪器。目前广泛使用的 A 型显示脉冲反射式数字超声检测仪有武汉中科的 HS‐700 型,如图 3‐8 所示。

(4) 按用途分,有非金属检测仪、超声测厚仪等。

(5) 按超声波通道分,有单通道检测仪和多通道检测仪等。

2) 脉冲反射式超声检测仪的特点

与穿透法相比,脉冲反射式超声检测仪具有许多独特的优点。主要表现为以下方面。

图 3‐8　HS‐700 型数字式超声检测仪

(1) 缺陷定位精度高。因为缺陷波在荧光屏时基轴上的位置取决于缺陷距离检测面的声程,据此可以对缺陷进行定位。对于一台合格的仪器,其水平线性误差不大于 2%,对不同声程上相邻缺陷的分辨能力也较强。

(2) 可以确定缺陷的当量尺寸。缺陷波在荧光屏垂直坐标上的高度取决于缺陷的反射面积,据此可以确定峡陷的当量大小。

（3）灵敏度高。只要缺陷回波声压达到入射波起始声压的 1%，超声检测仪就可以检测出其信号。

（4）适用范围广，操作方式灵活。配以不同的探头，能实现纵波、横波、表面波或板波的检测；改变耦合方式，能实现接触法或液浸法检测。

脉冲回波法也有它的缺点，主要表现为：存在盲区，对取向不良的缺陷易漏检，声波要走过往复声程，对高衰减材料的检测有限制。

3.2.2 探头

超声换能器是能实现超声能与其他能量相互转换的器件。以换能器为主要元件构成的具有一定特性、用于发射和接收超声波的组件称为探头。探头的作用就是发射和接收超声波，从而实现电能与声能的转换。

超声波探头是组成超声检测系统最重要组件之一，其性能直接影响超声检测能力和效果，工作方式分为压电效应、磁致伸缩效应、洛伦兹力效应三种。

压电效应是指晶体材料在交变应力（交变电场）作用下产生交变电场（交变应力）的现象。压电超声波探头采用具有压电效应的晶片（石英、硫酸锂等），在高频电脉冲作用下，将电能转换成声能，激发超声波；反之，当探头接收超声波时，会将声能转换成电能。压电超声波探头多用于常规超声检测、相控阵超声检测及 TOFD 超声检测。

磁致伸缩效应是指磁性物质在磁化过程中因外磁场条件的改变而发生几何尺寸可逆变化的现象。磁致伸缩探头的制作一般采用具有电磁能与机械能相互转换功能的材料，如镍、铁、钴、铝类合金与镍铜钴铁氧陶瓷。

洛伦兹力效应是指材料在交变电场作用下产生洛伦兹力，引起材料局部机械振动，产生超声波。洛伦兹力探头与磁致伸缩探头很相似，都属于电磁超声探头，主要用于长距离超声导波检测。

1）压电效应与压电材料

在超声检测过程中，传感器的性能将直接影响超声检测的过程与结果。基于某些材料的压电效应制作出的传感器可实现超声波的发射和接收。传感器中的核心部件是压电晶片，晶片通常是一个具有压电效应的单晶或者多晶体薄片，它的作用是将电能与声能互相转换。

将交变电压加载到压电晶片银层时，面积相同、间隔一定距离的两块金属极板会分别带上等量异种电荷，并形成电场，产生电场力。晶片在电场力的作用下会发生形变，这种在交变电压产生电场力的作用下发生形变的效应，称为逆压电效应，同时也是发射超声波的过程。由于超声波是由振动产生的机械波，当超声波传播到工件中的缺陷时会引起缺陷振动，其中一部分声波会沿着原路返回。返回超声波作用到压

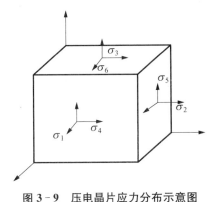

图 3 - 9　压电晶片应力分布示意图

电晶片上时,其本身具有的能量可以使压电晶片产生交变电场,将声能转化为电能,这种转化过程就称为正压电效应,也是接收超声波的过程。压电晶片应力分布如图 3 - 9 所示。压电效应通常用下式表示:

$$\begin{cases} \varepsilon_i = c_{iu}^E \sigma_u + d_{jx} E_j \\ D_i = d_{iu} \sigma_u + \varepsilon_{ij}^E E_j \end{cases} \quad (3-2)$$

式中, ε_i 为电应变, c_{iu} 为弹性柔顺系数, σ_u 为外加应力, d_{jx} 为压电应变常数, E_j 为电场强度, D_i 为电位移。

　　具有压电效应的材料称为压电材料,压电材料包括单晶材料和多晶材料。常用的单晶材料有石英(SiO_2)、硫酸锂(Li_2SO_4)、铌酸钾($KNbO_3$);多晶材料有钛酸钡($BaTiO_3$)、锆钛酸铅($PbZrTiO_3$,缩写为 PZT)、钛酸铅($PbTiO_3$)等,多晶材料又称为压电陶瓷。

　　2)探头的主要种类

　　如图 3 - 10 所示,超声波探头的种类很多,根据波型不同可分为纵波探头、横波探头、表面波探头、爬波探头等;根据原理分为压电换能器、磁致伸缩换能器、电磁超声换能器、激光换能器;根据耦合方式分为接触式探头和液(水)浸探头;根据波束分为聚焦探头和非聚焦探头;根据晶片数不同分为单晶探头、双晶探头等;根据应用不同,可分为相控阵超声探头、TOFD 超声探头、超声导波探头等;此外还有高温探头、微型探头等有特殊用途的探头等。

　　(1)纵波直探头。纵波直探头是入射角为 0°的探头,结构如图 3 - 11(a)所示。此类探头可以激发纵波或横波,以探头直接接触工件表面的方式进行垂直入射检测,主要用于检测与检测面平行或近似平行的缺陷,如板材检测、锻件检测等。纵波直探头可以做成直接接触法的直探头,也可以做成水浸法的直探头。

　　在直接接触法检测时,探头要直接与工件表面接触,并在工件上移动。为了使晶片不受到直接磨损,加上了一层由耐磨材料制成的保护膜。对于金属材料检测,由于压电陶瓷与金属材料的声阻抗值相近,因此,保护膜的厚度应为超声波在保护膜材料中半波长的整倍数,一般为半波长,因为这时的透声效果最好。在液浸法探伤时,保护膜材料的声阻抗 Z_1 应与晶片材料的声阻抗 Z_2 和工件的声阻抗 Z_3 相匹配,其最佳关系是 $Z_3 = Z_1 \times Z_2$。这时,保护膜的厚度为四分之一波长,能获得声能的最佳辐射。

　　(2)横波斜探头。利用纵波斜入射到工件界面上产生波型转换的原理来产生和

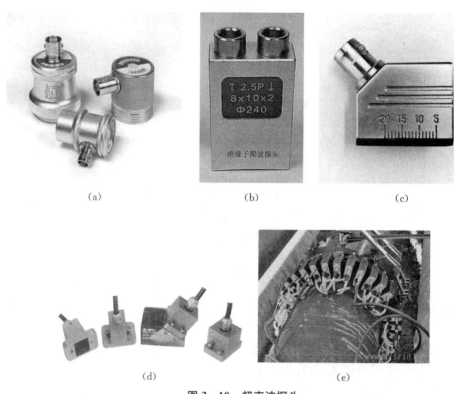

(a)　　　　　　　　　　　　(b)　　　　　　　　　　　　(c)

(d)　　　　　　　　　　　　　　　(e)

图 3 - 10　超声波探头

(a)直探头;(b)爬波探头;(c)斜探头;(d)相控阵探头;(e)超声导波探头

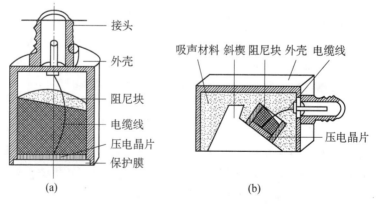

(a)　　　　　　　　　　　　　　　　(b)

图 3 - 11　压电换能器探头的基本结构

(a)直探头;(b)斜探头

接收横波的超声探头,称为横波斜探头,其结构如图 3 - 11(b)所示。其中,阻尼块及晶片的材料和功能与直探头相同,但晶片形状一般是矩形的。透声楔块的形状可以多种多样,但最基本的要求是声波在透声楔块中传播时不能返回晶片,即由透声楔块底面反射回来的声波只能由阻尼块吸收,以免出现杂波干扰。有机玻璃具有加工性好、声耦合性好、声衰减小等优点,因此,一般都用它做透声楔块材料,且将透声楔块加工成锯齿状,以发散底面反射波。

横波斜探头是入射角 α_L 为 $\alpha_I \sim \alpha_{II}$($\alpha_I$ 为第一临界角、α_{II} 为第二临界角)且折射波为纯横波的探头,横波斜探头实际上是直探头加斜楔组成的,主要用于检测与检测面成一定角度的缺陷。横波斜探头上的主要参数为工作频率、晶片尺寸和 K 值。斜探头一般以钢中折射角进行标称,常见的有 45°、56.3°、63.4°、68.2°、71.6°,对应的是 K1、K1.5、K2、K2.5、K3。

横波斜探头楔块上晶片发射纵波的声轴线与楔块底面的交点就是被测工件的声束入射点,入射点与探头前端面的距离,即常说的探头前沿距离或前沿长度,也称为探头前沿。在实际检测中,由于楔块磨损会导致斜探头原定的入射角、折射角、入射点位置发生变化,因此需定期对斜探头的相关技术参数(K 值、前沿长度 L 等)进行测定,保证检测质量。

表面波探头是横波探头的特例,与斜探头的工作原理类似,即晶片激发的纵波入射角等于或稍大于第二临界角,会在工件表面产生表面波,主要用于检测工件表面裂纹类缺陷。

小角度纵波探头也属于横波斜探头类型,与斜探头不同的是楔块内入射角小于第一临界角的 1/2,主要是在这个范围内折射的纵波分量较强而折射的横波分量较弱。小角度纵波探头常用于纵波直探头(由于结构限制)无法使用场合的超声检测,如绝缘子与底座法兰镶嵌处裂纹缺陷和连接螺栓疲劳裂纹的检测。

爬波探头的结构与横波斜探头的结构类似,是利用楔块中纵波波束以接近第一临界角入射工件界面而产生爬波。爬波探头分为单晶和双晶两种类型,双晶爬波探头比单晶爬波探头具有更好的检测效果,具有盲区小、检测灵敏度高、信噪比高等优点。爬波探头多用于绝缘子与底座法兰镶嵌处裂纹缺陷的检测。

兰姆波探头的角度根据板厚、频率和所选定的兰姆波模式而定,主要用于薄板中缺陷的检测。

可变角探头的入射角是可变的。转动压电晶片可使入射角连续变化,一般变化范围为 0°～70°,可实现纵波、横波、表面波或兰姆波检测。

(3)双晶探头(分割探头)。双晶探头是由两块分别发射和接收的压电晶片组成的,中间夹有隔声层,如图 3 - 12 所示。双晶探头采用发、收分离的两块晶片,其消除了有机玻璃与工件界面上的反射杂波;同时,由于始脉冲不能进入接收放大器,克服了阻塞现象,使得盲区大大减小,为用一次波检测和发现近表面缺陷创造了条件。

由于两块晶片对称倾斜配置,能使其主声束轴线相交于 F 点。当两者都作为发射晶片使用时,则由 a、b、c、d 四点构成的菱形区是检测灵敏度较高的部位。而且,检测灵敏度随着深度的变化而变化,由 b 到 F 逐渐升高,由 F 到 d 逐渐降低,F 点的灵敏度最高。

根据入射角 α_L 不同,分为双晶纵波探头($\alpha_L < \alpha_I$)和双晶横波探头($\alpha_L = \alpha_I \sim \alpha_{II}$)。

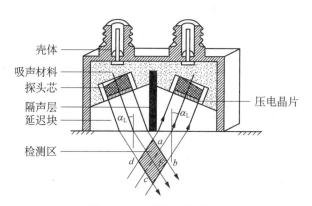

图 3-12　双晶探头结构图

(4) 其他探头。除上述提到的几种常用探头外,还有液(水)浸探头、聚焦探头、阵列探头以及专用探头如充水探头、轮式探头、微型探头和内孔探头等。由于在电网设备超声检测中,该类探头应用场合比较少,在此就不一一再做介绍。

值得一提的是,最近出现了一种很有发展前途的薄膜探头,适用于任何形状的工件,采用 PYF2 高聚合物压电薄膜制造。这种探头具有良好的宽频带特性,而且具有高压电常数、高柔顺常数、密度小、声阻抗小、加工性好、性能稳定等优点。缺点是灵敏度偏低,加工工艺难度较大。

3) 探头型号的组成及含义

探头型号组成及排列顺序为:基本频率→晶片材料→晶片尺寸→探头种类→探头特征。

基本频率:用阿拉伯数字表示,单位为 MHz。

晶片材料:用化学元素缩写符号表示,如常见的石英单晶代号 Q,碘酸锂单晶代号 I,铌酸钾单晶代号 L,钛酸钡陶瓷代号 B,锆钛酸铅陶瓷代号 P,钛酸铅陶瓷代号 T,其他压电材料代号 N 等。多晶材料又称为压电陶瓷。

晶片尺寸:用阿拉伯数字表示,单位为 mm。如常用的圆晶片用直径表示,矩形晶片用"长×宽"表示。

探头种类:用汉语拼音缩写字母表示,如直探头 Z(也可不标出)、斜探头 K(用 K 值表示)、斜探头 X(用折射角表示)、表面波探头 BM、水浸聚焦探头 SJ 等。

探头特征:斜探头在钢中折射角正切值(K 值)用阿拉伯数字表示。钢中折射角用阿拉伯数字表示,单位为度(°)。水浸聚焦探头水中焦距用阿拉伯数字表示,单位为 mm。DJ 表示点聚焦,XJ 表示线聚焦。

例 1 水浸聚焦探头铭牌"5I14SJ15DJ"中各字母、数字所代表的含义。

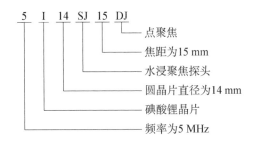

例 2 斜探头铭牌"5P13×13K2.5"各字母、数字所代表的含义。

5 代表探头的频率为 5 MHz,P 代表晶片材料为锆钛酸铅陶瓷,13×13 表示晶片为矩形晶片且"长×宽"为 13 mm×13 mm,K2.5 表示斜探头在钢中折射角的正切值为 2.5(68.2°)。值得注意和强调的是,这里的 K2.5 表示是斜探头在钢中折射角,如果用 K2.5 的斜探头去检测电网常见的 GIS 铝合金筒体对接焊缝或其他非钢材质的焊缝,则其 K 值就不是 2.5,应以实际在铝合金或其他非钢材质的标准试块中测得的 K 值为准。

例 3 直探头铭牌"2.5MHzΦ14"中各字母、数字所代表的含义。

直探头 Z 在这里没有标出,2.5 MHz 是探头的工作频率,Φ14 是晶片直径为 14 mm。

4) 探头的性能要求

圆形晶片直径一般不应大于 40 mm,方形晶片任一边长一般不应大于 40 mm,其性能指标及测试方法应符合相关标准规定的要求。

3.2.3 耦合剂

工件的表面形状和表面光洁度对检测灵敏度、速度和探头磨损快慢均有直接影响。表面凹坑会使耦合效果变坏,或使耦合不稳定。空气隙、氧化皮、附着物等会严重降低声压透过率。为改善探头与工件之间的声能传递而施加在探头和检测面之间的薄层液体称为耦合剂。

在实际检测中,探头与工件之间有一层薄薄的空气层,超声波的入射反射率几乎为100%,严重阻碍超声波入射到工件内,若在探头与工件表面之间施加耦合剂,则可使其完全填充探头与工件之间的空隙,使超声波能够顺利传入工件完成检测。另外,耦合剂还有润滑的作用,可以减小探头与工件表面之间的摩擦力,防止探头磨损过快,也便于探头的移动。

耦合剂的基本要求是具有良好的透声性能和润湿性能,并且对人体无害,不腐蚀工件,容易清洗,来源充足,价格低廉。水、甘油、化学浆糊、机油等都是检测中最常用的耦合剂。

3.2.4 试块

在超声检测中,通过显示屏上反射回波的位置、高度、波形的静态和动态特征等变量来显示被检测材料或工件的质量。然而,这些变量与缺陷之间的声学关系十分复杂,同时,还存在仪器和探头性能、材料或工件材质、耦合条件等多种影响因素,因此,不能只靠仪器和简单的计算对缺陷定性、定量和定位,还应该将仪器检出的缺陷变量与已知的人工反射体对应的信号比较,并进行评定,即利用已知人工反射体在显示屏上的信号回波作为标准来衡量被检测材料或工件中缺陷的反射回波,从而评价被检工件、材料的质量或鉴定仪器和探头的性能。这些按一定用途设计和制作的、具有简单几何形状的人工反射体或模拟缺陷的试样称为试块。

3.2.4.1 试块的分类

超声检测常用试块分为标准试块、对比试块和模拟试块三大类,另外,在实际检测中,根据不同的用途,还会在试块中加工各种各样的人工反射体。

1)标准试块

由权威机构制定的,其材质、形状、尺寸及表面状态特性与制作要求有专门的标准规定的称为标准试块。标准试块的声速与标称值误差不超过±1%;室温下声衰减也有标准要求;用超声纵波直射检测时试块不应存在超过最小人工相对平底孔反射回波幅值20%的缺陷回波。标准试块用于仪器、探头系统性能测试校准和检测校准,如电网GIS筒体对接焊缝的超声检测采用《承压设备无损检测 第3部分:超声检测》(NB/T 47013.3—2015)标准中的CSK-IA试块,如图3-13所示。

2)对比试块

对比试块是指与被检件或材料化学成分相似,含有意义明确的参考反射体(反射体应采用机加工方式制作)的试块。对比试块主要用以调节超声检测设备的幅度和声程、检测校准以及评估缺陷的当量尺寸,以及将所检出的不连续信号与试块中已知反射体产生的信号相比较,即用于检测校准的试块。如电网GIS筒体对接焊缝的超声检测所采用的NB/T 47013.3—2015标准中的CSK-IIA-1试块,如图3-14所示。

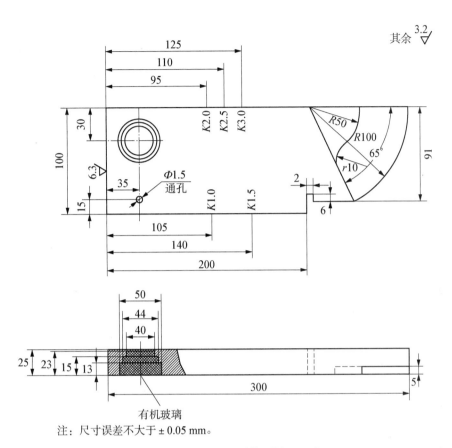

图 3 - 13　CSK - IA 试块(单位:mm)

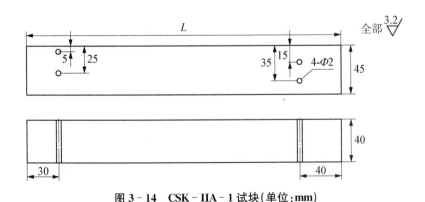

图 3 - 14　CSK - IIA - 1 试块(单位:mm)

　　对比试块的外形尺寸应能代表被检工件的特征,试块厚度应与被检工件的厚度相对应。如果涉及不同工件厚度对接接头的检测,试块厚度的选择应由较大工件厚度确定。

对比试块应采用与被检工件材料声学性能相同或相似的材料制成,两者误差一般要求不超过±1%。当采用直探头检测时,不得有大于或等于$\Phi 2\,mm$平底孔当量直径的缺陷。

3) 模拟试块

含模拟缺陷的试块称为模拟试块,可以是模拟工件中根据实际缺陷而制作的试块,也可以是之前检测中发现含有自然缺陷的样件。模拟试块主要用于检测方法的研究,无损检测人员资格考核和评定、评价,以及验证检测系统的检测能力和检测工艺等。

模拟试块材料应尽可能与被检工件相同或相近,外形尺寸应尽可能与被检工件一致,厚度应与被检工件的厚度相对应。

4) 人工反射体

试块中往往会加工各种各样的人工反射体,这些人工反射体应根据用途进行选择,尽可能与需检测的缺陷特征相似。常用的人工反射体主要有平底孔、长横孔、短横孔、横通孔、V形槽、线切割槽等。平底孔具有点状面积型反射体特征,主要用于锻件、钢板等工件超声检测,适用于直探头和双晶探头检测及校准。长横孔和横通孔反射体反射波幅比较稳定,有线性反射体特征,主要用于工件焊接接头内部裂纹、未焊透、条形夹渣等缺陷检测,适用于各种斜探头的检测及校准;短横孔在近场区为线性反射体特征,远场区为点状反射体特征,主要用于工件焊接接头各种缺陷检测,适用于各种斜探头的检测及校准;V形槽和线切割槽具有表面开口的线性反射体特征,主要用于钢板、钢管等工件裂纹缺陷检测,适用于各种斜探头的检测及校准。

3.2.4.2 试块的作用

1) 测试仪器和探头性能

测试仪器性能主要包括水平线性、垂直线性、动态范围、阻塞特性、灵敏度余量、始波宽度、远场分辨力和稳定性等。

测试探头性能主要包括回波频率、距离-波幅特性、斜探头入射点、前沿距离、K值、声束扩散特性、声束轴线偏斜、灵敏度余量和始波宽度等。

2) 调节仪器扫描速度

利用试块调节仪器水平刻度值与实际声程之间的比例关系(即扫描速度),使各种回波在显示屏幕上清晰可见,以便在检测中对缺陷进行定位。

3) 调节检测灵敏度

根据相关检测标准,确定仪器与探头组合后的检测灵敏度。

4) 评定缺陷大小

在检测中发现缺陷回波信号后,根据信号幅度等特征对缺陷进行当量评价。

3.2.4.3 试块的维护保养

试块在运输及使用时,要注意避免摔碰、擦伤,特别是不要损伤超声波入射表面及反射表面,以免影响测试精度。

为了防止锈蚀,应在试块外涂以防腐剂,或将试块表面镀镍,镀层厚度应小于 0.02 mm。为了防止试块的平底面锈蚀,应用适当的清洗液清洗后,进行干燥,然后加上铝塞,用胶合剂将孔密封。如试块已锈蚀,则可用沾油的细布将锈蚀部位抛光,或进行去锈处理。如检测面光洁度降低,应恢复其原始光洁度。

在长期使用过程中,标准试块会由于磨损、摔碰等原因改变其几何形状,从而会引起测试结果的变化。所以,最好在制作标准试块时保留一套,作为原始标准试块。必要时,将常用的标准试块与原始标准试块进行比较,以核对常用试块的准确性。

试块应在适当的部位编号,以防混淆。

3.2.5　检测仪器及探头的组合性能

检测仪器和探头的组合性能包括水平线性、垂直线性、组合频率、灵敏度余量、盲区(仅限直探头)和远场分辨力。

当新购置的超声检测仪器和(或)探头,或仪器和探头在维修或更换主要零件后,或检测人员怀疑相关检测表现时,应测定仪器和探头的组合性能。常见的 A 型脉冲反射式超声检测仪器和探头的组合性能应满足如下要求。

(1) 水平线性偏差不大于 1%,垂直线性偏差不大于 5%;仪器和探头的组合频率与探头标称频率之间偏差不得大于 ±10%;在达到所检测工件的最大检测声程时,其有效灵敏度余量应不小于 10 dB。

(2) 仪器和直探头的组合性能应满足:灵敏度余量应不小于 32 dB;在基准灵敏度下,对于标称频率为 5 MHz 的探头,盲区不大于 10 mm;对于标称频率为 2.5 MHz 的探头,盲区不大于 15 mm;直探头远场分辨力不小于 20 dB。

(3) 仪器和斜探头的组合性能应满足:灵敏度余量应不小于 42 dB;斜探头远场分辨力不小于 12 dB。

3.2.6　检测设备及器材的运维管理

检测设备及器材的运维管理包括对超声检测设备和器材进行校准、核查、运行核查和检查,并且满足相关标准规定的要求。

校准、核查和运行核查应在标准试块上进行,应使探头主声束垂直对准反射体的反射面,以获得稳定和最大的反射信号。常见的 A 型脉冲反射式超声检测设备及器材的运维管理应满足如下要求。

(1) 校准和核查:每年至少对超声仪器和探头组合性能中的水平线性、垂直线性、组合频率、盲区(仅限直探头)、灵敏度余量、分辨力以及仪器的衰减器精度进行一次校准并记录;每年至少对标准试块与对比试块的表面腐蚀与机械损伤进行一次核查。

（2）运行核查：模拟超声检测仪每 3 个月、数字超声检测仪每 6 个月至少对仪器和探头的组合性能中的水平线性和垂直线性进行一次运行核查并记录；每 3 个月至少对盲区（仅限直探头）、灵敏度余量和分辨力进行一次运行核查并记录。

（3）检查：每次检测前应检查仪器设备器材外观、线缆连接和开机信号等情况是否正常；使用斜探头时，检测前应测定入射点（前沿距离）和折射角（K 值）。

校准、运行核查和检查时，应将影响仪器线性的控制器（如抑制或滤波开关等）均置于"关"的位置或处于最低水平。

3.3 脉冲反射法超声检测通用工艺

脉冲反射法超声检测通用工艺是根据检测对象、检测要求及相关检测标准进行制定的，其主要检测步骤包括检测面选择、仪器和探头选择、耦合和补偿、仪器设备的调节、扫查、缺陷评定、记录与报告等。

1）检测面的选择

选择检测面之前，必须了解被检工件材质、规格、结构及需检测缺陷等详细信息，确保工件被检部位被超声波全覆盖，检测面的表面质量应经外观检查合格，检测面（探头经过的区域）上所有影响检测的油漆、锈蚀、飞溅和污物等均应予以清除，表面粗糙度应符合检测要求，表面的不规则状态不应影响检测结果的有效性。

检测面的选择需考虑待检缺陷的性质及特征，尽可能使缺陷取向与主声束轴线接近垂直，从而获得最大回波波幅；缺陷性质和特征应根据被检工件材质、结构特点及制造工艺等综合判断；另外，检测面的选择应与检测技术方法相结合，方便现场检测技术的实施。

2）仪器和探头的选择

关于仪器的选择，目前国内外超声检测仪种类繁多，性能差异也比较大，检测前应根据工件、检测要求及现场条件选择仪器。从原则上说，应该选用水平线性和垂直线性好、动态范围大、灵敏度余量高、组合分辨力强、性能稳定、盲区小、重复性好的仪器，对于便携式检测仪，应具备轻量化、蓄电池续航能力强等便携化特点。

探头的选择应根据被检工件结构尺寸、声学特性和检测要求来决定，选择内容包括探头形式、晶片尺寸、频率、斜探头 K 值和前沿距离等。

（1）探头形式的选择。常用探头形式有纵波直探头、横波斜探头、双晶探头、表面波探头、爬波探头等，一般根据工件形状和可能出现的缺陷部位、方向等条件来选择探头，使声束轴线尽量与缺陷垂直。

一般说来，检测板材、铸件、锻件，宜选择直探头；检测对接焊缝中夹渣、气孔等缺陷,宜选择斜探头;检测薄工件或表面、近表面缺陷,宜选择双晶探头或表面波探头;检测管材或钢坯,宜选用聚焦液浸探头。

（2）探头频率的选择。超声波探头的常规制作频率为 $0.5 \sim 10$ MHz,有特殊要求还可定制特殊频率的探头。选择频率时一般应考虑以下因素。

① 超声波的检测灵敏度约为 $\lambda/2$,在检测时提高频率、减小波长,能够帮助发现更小的缺陷。

② 频率高、脉冲宽度小、分辨力高,有利于区分相邻缺陷且定位精度高。

③ 由 $\theta = \arcsin(1.22\lambda/D)$ 可知,频率高、波长短,则半扩散角小,声束指向性好,能量集中,有利于发现缺陷并对缺陷定位。

④ 由 $N = D^2/4\lambda$ 可知,频率高、波长短,近场长度大,对检测不利。

⑤ 由散射衰减系数 $\alpha_s = c_2 F d^3 f^4$ 可知,频率 f 增加,声波衰减急剧增加。

实际检测中应全面分析和考虑各方面的因素,合理选择探头频率。一般在保证满足检测要求（即检测灵敏度）的前提下,选用较低的频率,以便能够获得更强的声波能量和更远的传播距离。对于细晶材料,其衰减系数较低,可选用较高探头频率,提高检测分辨率和检测能力,常用频率为 $2.5 \sim 5.0$ MHz。对于粗晶材料,晶粒对超声波散射较大,若频率过高,衰减严重,会产生林状回波,降低检测信噪比,严重时可能无法检测,宜选用较低的探头频率,常用 $0.5 \sim 2.5$ MHz。

（3）探头晶片尺寸的选择。探头晶片的尺寸也是检测时的重要参数,直接关系到检测分辨率,总的来说,探头的晶片尺寸一般不宜大于 500 mm²,圆形晶片尺寸一般不宜大于 $\Phi25$ mm。选择晶片尺寸时要考虑以下因素。

① 根据 $\theta = \arcsin(1.22\lambda/D)$,晶片尺寸增加,半扩散角减少,波束指向性变好,超声波能量集中,对检测有利。

② $N = D^2/4\lambda$,晶片尺寸增加,近场区长度迅速增加,对检测不利。

③ 晶片尺寸大,辐射的超声波能量大,探头未扩散区扫查范围大,远距离扫查范围相对变小（但能量集中）,发现远距离缺陷能力增强。

对大面积工件进行检测时,宜选用晶片尺寸大的探头,可提高检测效率。检测较厚工件时宜选用大晶片探头,可有效地发现远距离缺陷。对小型工件检测时,宜选用小尺寸晶片探头来提高缺陷定位、定量精度。对表面不平整、曲率较大的工件进行检测时,宜选用小晶片探头来帮助更好地耦合。

（4）横波探头 K 值的选择。K 值是横波斜探头的折射角 β 的正切值,即 $K = \tan\beta$。在横波检测中,探头的 K 值对缺陷检出率、检测灵敏度、声束轴线的方向、一次波的声程（入射点至底面反射点的距离）有较大的影响。在实际检测中,在保证主声束完全覆盖被检区域的前提下,尽可能使声束轴线与缺陷垂直。

斜探头主要用于焊缝和管材的检测。在对厚焊缝检测时,为了保证足够的灵敏度,宜选用 K 值较小的探头。对于薄板焊缝检测,为了减小扫查死区和由于焊缝加强高引起的干扰,宜选用 K 值较大的探头。对于单面焊接根部未焊透的检测,应选择 K 值在 $0.7\sim1.5$ 范围内的探头,提高端角反射率,从而提高缺陷检出率。

管材检测时,需按壁厚 t 与外径 D 之比 (t/D) 来选择 K 值。比值小时,选大 K 值的探头;比值大时,选小 K 值的探头。若 K 值选择不当,就会有一部分区域扫查不到。

3）耦合和补偿

超声波在探头与工件之间传播时,需施加一层耦合剂。影响耦合效果的主要因素有耦合层的厚度、耦合剂的声阻抗、工件表面粗糙度和工件表面形状等。

（1）耦合层厚度的影响。当耦合层厚度为 $\lambda/2$ 的整数倍或非常薄时,透声效果好,反射回波高;当耦合层厚度为 $\lambda/4$ 的奇数倍时,透声效果差,耦合效果不好。

（2）耦合剂声阻抗的影响。对于相同检测面,耦合剂声阻抗越大,耦合效果越好,反射回波就越高。

（3）表面粗糙度的影响。对于同一耦合剂,表面粗糙度大,耦合效果差,反射回波低。声阻抗低的耦合剂,粗糙度增大,耦合效果降低越快。

（4）工件表面形状的影响。工件表面形状不同,耦合效果也不同,平面耦合效果最好,凸面次之,凹面最差。曲率半径越大,耦合效果越好。

因此,在实际检测时,根据上述情况,按相关标准进行耦合测定,一般耦合补偿为 $2\sim6$ dB。

4）仪器设备的调节

检测设备的调节主要是对仪器进行扫描速度的调节和检测灵敏度的调节,从而保证在检测范围内发现规定大小的缺陷,并确定缺陷的位置和大小。对于横波斜探头检测技术,在入射点和折射角测定完成后再进行检测设备的调节。

（1）扫描速度的调节。

仪器示波屏上时基扫描线的水平刻度值与实际声程的比例关系称为扫描速度或时基扫描线比例。对于数字式检测仪,缺陷位置参数是根据超声波传播时间、材料声速、探头折射角由仪器计算并显示出来的,仪器调节主要内容包括零位调节、声速调节和探头延迟、斜探头 K 值及斜探头前沿距离等参数调节。

通常利用已知声程的参考反射体的回波来调节仪器。首先,根据参考反射体的声程选择合适的扫描范围,一般选择 100 mm（即示波屏满刻度代表声程 100 mm）,并大致设定声速;其次,利用具有不同声程的两个参考反射体回波,反复调节仪器的声速和零位,使两个回波的前沿分别位于示波屏上与其声程相对应的水平刻度处;最后,根据实测结果设定探头折射角,并根据实际检测范围调整合适的扫描范围。注意:对于数字式检测仪,扫描范围（时基扫描线比例）只是影响示波屏的显示范围,在检测中可以根据需要任意调节,并不影响缺陷位置参数的正确显示。

纵波检测一般利用具有不同厚度的试块的底面反射来调节仪器,如图 3 - 15(a)所示。表面波检测采用不同声程的端角反射来调节仪器,如图 3 - 15(b)所示。爬波检测常采用表面加工有线切割槽的试块进行调节仪器,如图 3 - 15(c)所示。而横波检测则通常利用校准试块上不同半径的圆弧面反射来调节,如图 3 - 15(d)所示。

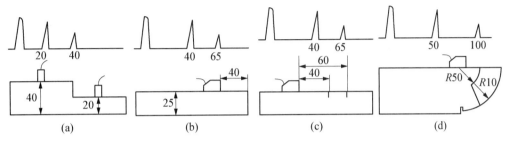

图 3 - 15　扫描速度的调节(单位:mm)

(a)纵波检测;(b)表面波检测;(c)爬波检测;(d)横波检测

(2) 检测灵敏度的调整。

检测灵敏度是指在确定的声程范围内发现规定大小缺陷的能力,一般根据产品技术要求或有关标准确定。调整检测灵敏度的目的在于发现工件中规定大小的缺陷,并对缺陷定量。检测灵敏度太高或太低都对检测不利。灵敏度太高,示波屏上杂波多,判断困难。灵敏度太低,容易引起漏检。实际检测过程中,为了提高扫查速度且不漏检,常将检测灵敏度适当提高,提高后的灵敏度就称为扫查灵敏度。

① 纵波直探头检测技术。纵波直探头调整检测灵敏度的方式有两种:试块调整法和工件底波调整法。

试块调整法即根据工件对灵敏度的要求选择相应的试块,将探头对准试块上的人工缺陷,调整仪器上的有关灵敏度旋钮,使示波屏上人工缺陷的最高反射回波达基准高,则灵敏度调整完成。试块调整法要考虑对工件与试块因耦合和衰减不同而引起的声能传输损耗差进行补偿。

工件底波调整法即超声检测灵敏度通常以规则反射体的回波高度表示,对于具有平行底面或圆柱曲底面的工件的纵波检测,当声程不低于 3N 时,由于底面回波高度与规则反射体的回波高度存在一定关系,因此可以利用工件底波来调整检测灵敏度。

例如,对于具有平行底面的工件的纵波检测,要求检测灵敏度不低于最大检测距离处平底孔当量直径 Φ,由于底面与平底孔回波幅度的分贝差为

$$\Delta = 20\lg \frac{2\lambda X}{\pi \Phi^2} (\text{dB}) \qquad (3-3)$$

式中,λ 表示波长;X 表示最大检测距离。因此,利用工件底波调整检测灵敏度的方

法为:将工件底波高度调整为基准高,再增益 Δ 即可。

利用工件底波调整检测灵敏度不需要加工任何试块,也不需要进行补偿。但该方法一般只适用于纵波检测,而且要求工件厚度不低于 3N 并具有平行底面或圆柱曲底面,底面应光洁干净。若底面粗糙或有水、油时,由于底面反射率降低,这样调整的灵敏度将会偏高。

② 横波斜探头检测技术。横波斜探头检测是利用距离-波幅曲线的制作和灵敏度调整来实现的。距离-波幅曲线是相同大小的反射体的反射波高随距探头的距离的变化曲线。用现场检测用的探头,在含不同深度人工反射体的试块(如电网 GIS 筒体对接环焊缝检测用的 CSK-ⅡA-1 铝合金试块)上实测横波距离-波幅曲线。距离-波幅曲线可按声程、水平距离和深度来绘制。

5)扫查

扫查是指移动超声波探头使声束覆盖被检工件上需要检测的所有体积的过程,包括扫查速度、扫查覆盖的范围、扫查方式。一般为了更好地检出缺陷,将检测灵敏度增加 4～6 dB 作为扫查灵敏度。

(1)扫查速度。探头在检测面上移动的相对速度称为扫查速度。扫查速度一般不应超过 150 mm/s。当采用自动报警装置扫查时,扫查速度应通过对比试验进行确定。

(2)扫查覆盖。为确保检测时超声声束能扫查到工件的整个被检区域,探头的每次扫查覆盖应大于探头直径或宽度的 15%。

(3)扫查方式。确定探头扫查方式时,注意两点:一是要保证工件的全部被检测区域都能为超声声束所覆盖;二是应尽可能使主声束轴线与缺陷反射面相垂直,以获得最大的回波高度。

对于纵波直探头检测,扫查方式有全面扫查、局部扫查、分区扫查等。注意:双晶直探头移动方向要与隔声层垂直。

对于横波斜探头检测,扫查方式有前后、左右、转角、环绕四种扫查方式,如图 3-16 所示。前后扫查确定缺陷水平距离和深度;左右扫查测定缺陷指示长度;转角扫查确定缺陷取向;环绕扫查确定缺陷形状。

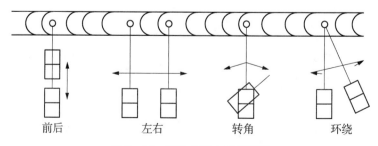

前后　　　　左右　　　　转角　　　　环绕

图 3-16　四种扫查方式示意图

6）缺陷评定

（1）缺陷的定位。超声检测中,缺陷位置的确定是指确定缺陷在工件中的位置,简称定位,一般根据发现缺陷时探头位置及仪器显示的缺陷位置参数(声程、深度和水平距离)来进行缺陷定位。

① 纵波(直探头)检测时缺陷定位。纵波直探头检测时,若探头波束轴线无偏离,则发现缺陷时缺陷位于中心轴线上,可根据缺陷反射波最高时探头位置及仪器显示的缺陷反射波声程 X_f,按图 3-17 所示方法确定缺陷位置。

② 表面波及爬波检测时缺陷定位。表面波及爬波检测时缺陷定位方法与纵波检测基本相同,只是缺陷位于工件表面,并正对探头中心轴线,如图 3-18 所示。

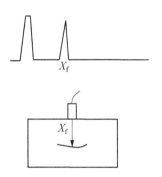

图 3-17　纵波检测缺陷定位

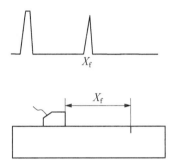

图 3-18　表面波及爬波检测缺陷定位

③ 横波检测平面工件时缺陷定位。横波斜探头检测平面时,缺陷的位置一般根据发现缺陷时探头位置、缺陷与入射点的水平距离 l_f(简称水平距离)及缺陷埋藏深度 d_f(即缺陷至检测面的距离)确定,如图 3-19 所示。

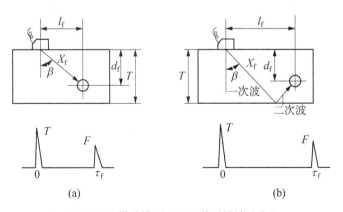

图 3-19　横波检测平面工件时的缺陷定位

(a)一次波;(b)二次波

对于数字式超声检测仪,仪器可同时显示缺陷反射波的声程 X_f、水平距离 l_f 和深度 h_f 三个参数。仪器显示的水平距离即缺陷与入射点的水平距离,缺陷埋藏深度与仪器显示的缺陷反射波深度关系如下:

$$\begin{cases} d_f = h_f & (一次波检测) \\ d_f = 2T - h_f & (二次波检测) \end{cases} \quad (3-4)$$

④ 横波周向检测圆柱曲面工件时缺陷定位。其包括外圆周向检测、内壁周向检测和最大检测壁厚。

外圆周向检测 如图 3-20 所示,缺陷的位置由深度 H 和弧长 L 确定,而 H、L 与平板工件中缺陷的深度 d 和水平距离 l 存在比较大的差异。

图 3-20 中,$|AC| = d$(平板工件中缺陷深度),$|BC| = d\tan\beta = Kd = l$(平板工件中缺陷水平距离),$|AO| = R$,$|CO| = R - d$,于是可得

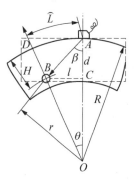

图 3-20 外圆周向检测定位法

$$\tan\theta = \frac{|BC|}{|OC|} = \frac{Kd}{R-d}, \quad \theta = \tan^{-1}\left(\frac{Kd}{R-d}\right) \quad (3-5)$$

$$|BO| = \sqrt{(Kd)^2 + (R-d)^2} \quad (3-6)$$

由此可得

$$H = |OD| - |OB| = R - \sqrt{(Kd)^2 + (R-d)^2} \quad (3-7)$$

$$\bar{L} = \frac{R\pi\theta}{180} = \frac{R\pi}{180}\tan^{-1}\left(\frac{Kd}{R-d}\right) \quad (3-8)$$

因此,当探头从圆柱曲面外壁做周向检测时,弧长 L 总比水平距离 l 值大,但深度 H 却总比 d 值小,且差值随 d 值增加而增大。

内壁周向检测 如图 3-21 所示,缺陷的位置同样由深度 h 和弧长 l 确定,且 h 和弧长 l 与平板工件中缺陷深度 d 和水平距离 l 仍然有比较大的差异。

图 3-21 中,$|AC| = d$(平板工件中缺陷的深度),$BC = d\tan\beta = Kd = l$(平板工件中缺陷的水平距离),$|AO| = r$,$|CO| = r + d$,于是可得

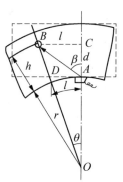

$$\tan\theta = \frac{|BC|}{|OC|} = \frac{Kd}{r+d}, \quad \theta = \tan^{-1}\left(\frac{Kd}{r+d}\right) \quad (3-9)$$

$$|BO| = \sqrt{(Kd)^2 + (r+d)^2} \quad (3-10)$$

图 3-21 内圆周向检测定位法

从而可得

$$h = |OB| - |OD| = \sqrt{(Kd)^2 + (r+d)^2} - r \qquad (3-11)$$

$$\bar{l} = \frac{r\pi\theta}{180} = \frac{r\pi}{180}\tan^{-1}\left(\frac{Kd}{r+d}\right) \qquad (3-12)$$

因此,当探头从圆柱曲面内壁做周向检测时,弧长 $\bar{l}$ 总比水平距离 l 小,但深度 h 却总比 d 值大。

最大检测壁厚　横波探头做外圆周向检测(见图 3-22)时,每个探头都有一个确定的 K 值,且都有一个对应的最大检测厚度。当波束轴线与筒体内壁相切时,对应的壁厚为最大检测厚度 T_m。当工件厚度大于 T_m 时,波束轴线将扫查不到内壁。不同 K 值探头最大检测壁厚 T_m 与工件外径 D 之比 T_m/D 可由下述公式推出:

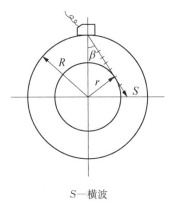

$$\sin\beta = \frac{r}{R} = \frac{R - T_m}{R} = \frac{D - 2T_m}{D} \qquad (3-13)$$

$$\frac{T_m}{D} \leqslant \frac{1}{2}(1 - \sin\beta) = \frac{1}{2}\left(1 - \frac{K}{\sqrt{1 + K^2}}\right) \qquad (3-14)$$

S—横波

图 3-22　斜探头 K 值范围的确定

根据不同 K 值探头对应的 T_m/D,可以得出结论:探头的 K 值越小,可检测的最大壁厚就越大,K 值越大,可检测的最大壁厚就越小。

(2)缺陷的定量。分为纵波直探头检测法缺陷定量和横波斜探头检测法缺陷定量两种。

① 纵波直探头检测法缺陷定量　包括确定缺陷的大小(即缺陷面积和长度)和数量。常用的定量方法有当量法、回波高度法和测长法三种。缺陷尺寸小于声束截面时采用当量法和回波高度法,缺陷尺寸大于声束截面时采用测长法。

a. 当量法。采用当量法确定的缺陷尺寸是缺陷的当量尺寸,不是缺陷的真实尺寸,通常情况下实际缺陷尺寸要大于当量尺寸。常用的当量法有试块比较法、当量计算法和 AVG 曲线法。

试块比较法:将工件中的自然缺陷回波与试块上的人工缺陷回波进行比较来对缺陷定量的方法。采用试块对比法给缺陷定量时,要保持检测条件相同,即试块材质、表面粗糙度和形状都要与被检工件相同或相近,所用仪器、探头及施加在探头上的压力等也要相同,并且需制作大量试块。该方法成本高、操作烦琐、不方便(现场检测携带很多试块),因此,仅在 $x < 3N$ 的情况下或特别重要零件的精确定量时应用。

当量计算法:当量计算法的前提是缺陷位于 3 倍近场长度以外,即 $x \geqslant 3N$。当量计算法就是根据检测中测得的缺陷波波高的分贝值,利用各种规则反射体的理论回波声压公式进行计算来确定缺陷当量尺寸的定量方法,具体见 2.4 节规则反射体的反射回波声压计算。

AVG 曲线法:指利用通用 AVG 曲线或实用 AVG 曲线来确定工件中缺陷的当量尺寸。AVG 曲线法也需要制作超声试块,操作较烦琐,但是一种非常实用的定量方法。

b. 回波高度法。回波高度法一般也称为波高法,是指根据回波高度给缺陷定量的方法,有缺陷回波高度法和底面回波高度法两种。

缺陷回波高度法:指缺陷的大小用缺陷回波高度来表示。实际检测时,用规定的反射体调好检测灵敏度后,以缺陷回波高度是否高于基准回波高度作为判定工件是否合格的依据。

底面回波高度法:利用缺陷波与底面波的相对波高来衡量缺陷尺寸相对大小的方法。底波高度法主要利用缺陷对超声波主声束的遮挡,导致底波回波幅度降低的现象来进行评定,可用于密集缺陷、工件材质晶粒等相关技术参数评定。其常用方法有如下三种。

(a) F/B_F 法:在一定的灵敏度条件下,以缺陷波高 F 与缺陷处底波高 B_F 之比来衡量缺陷的相对大小。

(b) F/B 法:在一定的灵敏度条件下,以缺陷波高 F 与无缺陷处底波高 B 之比来衡量缺陷的相对大小。

(c) B/B_F 法:在一定的灵敏度条件下,以无缺陷处底波 B 与缺陷处底波 B_F 之比来衡量缺陷的相对大小。

底波回波高度法操作方便,无需试块就可以完成缺陷定量,但无法测定缺陷的当量尺寸,不适用于形状复杂而无底面回波的工件,只适用于具有平行底面的工件。

c. 测长法。当工件中缺陷尺寸大于声束截面时,一般采用测长法来确定缺陷的长度。测长法是根据缺陷波高与探头移动距离来确定缺陷尺寸。按规定方法测定的缺陷长度称为缺陷的指示长度。缺陷的指示长度总是小于或等于缺陷的实际长度。根据测定缺陷长度时的灵敏度基准不同将测长法分为相对灵敏度法、绝对灵敏度法和端点峰值法。

相对灵敏度法:以缺陷最高回波为相对基准,沿缺陷长度方向移动探头,降低一定的分贝值来测定缺陷的长度。常用的是 6 dB 法和端点 6 dB 法(见图 3-23)。

(a) 6 dB 法(半波高度法),由于波高降低 6 dB 后正好为原来的一半,因此 6 dB 法又称为半波高度法。当缺陷反射波只有一个高点时,可用 6 dB 法测量缺陷的指示长度。具体做法:移动探头找到缺陷最大波高,然后沿缺陷方向左右移动探头,当缺陷波高降低 50%时,探头中心线之间的距离就是缺陷的指示长度。

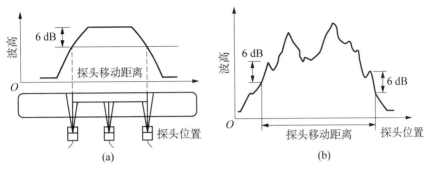

图 3‑23　6 dB 测长法

(a)6 dB 法；(b)端点 6 dB 法

（b）端点 6 dB 法（端点半波高度法），当缺陷反射波有多个高点时，用端点 6 dB 法测量缺陷的指示长度。具体做法：发现缺陷后，沿缺陷方向左右移动探头，找到缺陷两端的最大波高，分别以这两个端点最大波高为基准，继续向左右移动探头，当端点最大波高降低 50% 时，探头中心线之间的距离为缺陷的指示长度。

绝对灵敏度法：在仪器灵敏度一定的条件下，探头沿缺陷长度方向平行移动，当缺陷波高降到规定位置时，探头移动的距离即为缺陷的指示长度。

绝对灵敏度测长法测得的缺陷指示长度与测长灵敏度有关。测长灵敏度高，缺陷长度大。在自动检测中常用绝对灵敏度法测长，如图 3‑24 所示。

端点峰值法：探头在测长扫查过程中，如发现缺陷反射波峰值起伏变化，有多个高点时，则以缺陷两端最大反射波之间的探头移动距离来确定缺陷指示长度（见图 3‑25）。端点峰值法是另一类测长方法，它比端点 6 dB 法测得的指示长度要小一些。

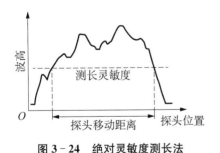

图 3‑24　绝对灵敏度测长法

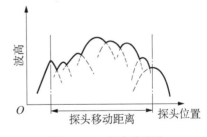

图 3‑25　端点峰值法

② 横波斜探头检测法缺陷定量　包括缺陷回波幅度和缺陷指示长度两个参数。

缺陷回波幅度依据规则反射体的回波幅度与缺陷尺寸的关系，常用距离‑波幅曲线来测定。

缺陷指示长度的测定同纵波直探头检测技术，其测长方法也可分为相对灵敏度法、绝对灵敏度法和端点峰值法。

（3）影响缺陷定位、定量的主要因素。

脉冲反射式超声检测仪主要是依据缺陷波在屏幕上的位置和高度来评价被检测工件内的缺陷位置和大小，而影响缺陷波位置和高度的因素有很多，主要有以下几个方面。

① 操作人员的影响。操作人员的技术水平和精神状态对仪器的时基线比例调节、探头入射点、K 值测定以及定位方法的选择等都有非常大的影响，这是所有影响因素中最为关键的因素。

② 仪器设备及探头的影响。对于仪器的垂直线性、水平线性，目前基本上所有仪器都能满足相关标准要求，但不同仪器在发射脉冲频带宽度、接收系统频宽、电噪声、分辨率等方面存在较大差异，比如信噪比和分辨率的差异会影响小缺陷的检测，衰减器精度低，则定量误差就比较大。

探头的频率、晶片尺寸、K 值的选择以及探头本身的质量（声束偏离、探头双峰等）对发现缺陷后的定位、定量有重大的影响。尤其注意，由于长期使用，探头斜楔前面、后面磨损比较大，造成 K 值变化，并且，每次检测时，加在探头上力的不均匀会造成缺陷的定位、定量差异比较大。

③ 被检工件的影响。被检工件对缺陷定位、定量的影响主要表现在以下几个方面。

工件表面形状及粗糙度　被检工件表面形状（平面或者曲面）会影响实际检测中探头的 K 值，反射波的发散、聚焦等使得回波高度不能真实反映缺陷大小等；被检表面粗糙会使耦合不良及声波进入工件的时间差异从而产生定位误差。

工件材质均匀性的差异　当工件材质不均匀时，在声阻抗有差异的微小界面上，会引起声波反射。即使工件没有明显的缺陷，但在某一声程范围内，会出现许多杂乱回波，其变化无规律可循，产生"草状回波"，衰减系数较大的材料，频率越高，上述现象越严重；另外，由于材料组织不均匀，导致材料的弹性模量和密度的差别，从而引起声速变化，此时如继续按常用声速值计算声程来定位，必然引起缺陷定位的误差。

工件内残余应力的影响　当工件内有较大的残余内应力时，会使声波的声速和传播方向发生变化。若内应力的方向与声波的传播方向一致，且内应力为压缩应力时，则应力的作用使工件的弹性模量增大，声速提高；拉伸应力的作用则相反，使声速降低。当应力方向与声波的传播方向不一致时，波动过程中质点的振动轨迹将受到应力的干扰，两种力合成的结果使波的传播方向发生改变。

工件温度的影响　工件温度的影响会造成工件中的声速以及耦合层中声速发生改变，从而引起折射角变化，如 K2 的斜探头在 50℃时会变为 K2.4。

④ 耦合和衰减的影响。由于探头、试块和被检工件表面耦合情况差异，如果不按相关标准要求进行耦合补偿，则其定量误差增加，精度下降。

在超声检测中，不同工件衰减系数不同，当衰减系数较大或检测缺陷距离较大时,衰减也大,此时应考虑介质衰减的影响,减小定量误差。

　　⑤ 缺陷的影响。在脉冲反射法超声探伤中,当量法是用于缺陷定量的主要方法。当量法的根本依据是缺陷回波声压(或波高)的大小。当排除了仪器和探头性能、耦合损失、材质衰减等因素对缺陷回波声压的影响后,缺陷自身的特点,如缺陷形状、方位、取向、表面粗糙度和性质等,也是影响缺陷回波声压的重要因素。

　　缺陷形状对回波声压的影响　　实际的缺陷形状多种多样,无法用数学形式和方法加以规范。它们取决于工件和材料的生产工艺和运行服役状态。

　　在第 2 章中已将实际缺陷简化为平底孔、长横孔、短横孔等几种基本类型,且将这些规则反射体的声压反射规律以公式的形式表示出来。只要实际缺陷与上述规则反射体类似,所得出的规律性结果是具有普遍适用意义的。值得一提的是,对于各种几何形状的小的点状缺陷,回波声压受形状因素的影响较小,如缺陷直径 $D_f < 1\ mm$ 时,不同类型的缺陷回波声压只相差几个分贝。但缺陷大小的变化对回波声压的影响十分巨大,缺陷变小时,缺陷波高急剧下降,甚至到不能辨认的程度,因而容易引起对小缺陷的漏检。

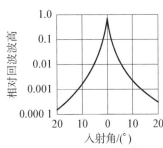

图 3 - 26　光滑平面的反射波高与入射角的关系曲线

　　缺陷反射面与声束轴线的相对位置关系　　当声束轴线与缺陷反射面不垂直时,缺陷当量会偏小很多。声束轴线垂直于缺陷反射面时,缺陷回波声压最高。而随着声束轴线与缺陷反射面的法线的夹角增大,缺陷回波声压急剧降低。如图 3 - 26 所示,它给出了一个光滑平面的回波波高与入射角之间的关系。当垂直入射时,回波高度达到 100%;入射角为 2.5°时,回波高度降为 10%;入射角为 12°时,回波高度就只有垂直入射时高度的 0.1% 了,此时仪器已不能检出缺陷信号。

　　当用斜探头或直探头检测时,有时缺陷反射面不仅不垂直于声束轴线,而且当获得最大缺陷回波声压时,缺陷并不处在声束轴线上。这时探头收到的声压信号受到入射波的指向性和反射波的指向性的综合影响。

　　缺陷回波的指向性　　无论声束相对于缺陷反射面是垂直入射还是倾斜入射,回波声压的指向性都与缺陷大小有关,并随缺陷大小不同而有很大差别。当 $2 \leqslant D_f/\lambda \leqslant 3$ 时,具有较好的指向性,回波声压较强;否则,缺陷回波的指向性变差,直至缺陷回波的能量成球状分布,强度也较低。这时,无论是垂直入射还是倾斜入射,缺陷回波的指向性大致相同,即使倾斜入射也能发现缺陷。当 $D_f/\lambda > 3$ 时,无论是倾斜入射还是垂直入射,均可将缺陷对入射波的反射视为镜面反射。当倾斜角较大时就不易收到缺陷回波。

　　缺陷表面粗糙度对回波声压的影响　　缺陷表面粗糙度是以其凸凹不平的平均高

度与波长之比来衡量的。当声束垂直入射到粗糙表面的缺陷上时,声波发生散乱反射,由于不同位置上的反射波有相位差而产生干涉,回波高度随缺陷表面粗糙度的增大而降低。

当声束倾斜入射时,缺陷回波随着凹凸程度与波长的比值增大而增高。当凹凸程度接近波长时,即使入射声束的倾斜角较大也能收到缺陷信号。

缺陷性质对回波声压的影响 由声压反射率的计算公式可知,入射波在界面上的反射率取决于界面两侧介质的声阻抗。声阻抗的差异越大,声压反射率越高,即缺陷回波声压越高。反之亦然。可见,缺陷回波声压要受到缺陷性质的影响。

一般含有气体的缺陷,如气孔、钢中白点(氢裂纹)、焊缝中的裂纹、未焊透等,原则上可按"钢/空气"界面处理,可以近似地认为声束在这类缺陷表面上全反射。而对于含有非金属夹杂物的缺陷,如焊缝和铸件中的夹渣等,它们与工件材质的声阻抗差异较小,这时声压透射率较高,反射率较低,缺陷回波声压也较低。

缺陷位置的影响 缺陷位于近场区时,同样大小的缺陷会随位置的不同而变化,定量误差大。实际检测中应避免在近场区检测定量。

(4)非缺陷回波的判断。

在实际检测过程中,我们经常会碰到除始波、底面波及缺陷波以外的其他非缺陷回波,对于非缺陷回波的正确判断及排除是直接决定检测过程、检测结果正确与否的关键,因此,非常有必要对在检测过程可能出现的一些非缺陷回波,如迟到波、61°反射波、三角反射波等做一个简单介绍。

① 迟到波。一般出现在细长工件的轴向纵波检测,其产生原因是纵波扩散束在侧壁间发生反射和波型转换。转换的横波声程长、波速小,传播时间较直接从底面反射的纵波长,因此,转换后的波总是出现在第一次底面波 B_1 之后,故称为迟到波。又因为变形横波可能在两侧壁产生多次反射,每反射一次就出现一个迟到波,因此迟到波会有多个,如图 3-27 中 H_1、H_2 等。

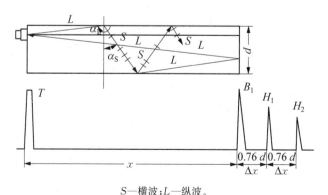

S—横波;L—纵波。

图 3-27 迟到波

② 61°反射波。如图 3-28 所示,一般出现在直角三角形钢试件直角边纵波检测,钢中纵波入射角为 61°时,横波反射角为 29°,它正好垂直于另一直角边,反射回探头后,在示波屏上出现位置特定的反射波。

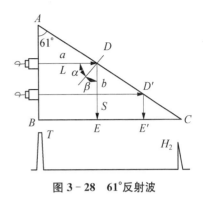

图 3-28　61°反射波

③ 三角反射波。纵波直探头径向检测实心圆柱体(如锻件、棒材)时,由于探头与圆柱面接触面小,使得声束扩散角变大,扩散的声束在圆柱面上形成三角反射路径,从而在显示屏上特定位置出现反射波,即三角反射波。三角反射波一般出现 2 次:一次是纵波扩散声束在圆柱面上不发生波型转换,形成等边三角形反射,假设圆柱体直径为 d,则该反射波声程为 $1.3d$;另外一次是纵波扩散声束在圆柱面上发生波型转换,形成等腰三角形反射,则声程为 $1.67d$。缺陷波一般位于一次底面波 B_1 之前,而三角反射波出现在一次底面波 B_1 之后,且位置固定,不会对正常情况下的缺陷检测与辨别产生干扰,如图 3-29 所示。

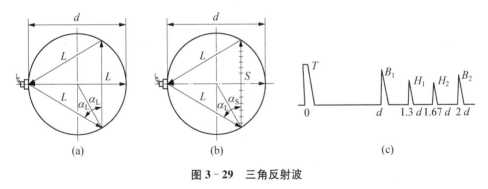

图 3-29　三角反射波

(a)等边三角形反射;(b)等腰三角形反射;(c)反射波声程

④ 其他非缺陷回波。其包括工件轮廓回波、探头杂波、草状回波等。

工件轮廓回波:当超声波入射到工件台阶、凹凸部位、螺纹等轮廓的时候在显示屏出现的回波,如图 3-30 所示。在条件允许的情况下,可以通过用手指沾耦合剂触摸来鉴别回波是否由工件轮廓引起。

探头杂波:由于探头本身质量问题引起的回波。比如,探头吸收块吸收不良时会在始波后出现杂波;当斜探头有机玻璃斜楔设计不合理时,声波在有机玻璃内反射回到晶片会引起一些杂波。一般可以通过更换探头的方法来鉴别探头杂波。

草状回波:也称为林状回波。当选用较高频率探头检测粗晶材料时,声波在粗晶

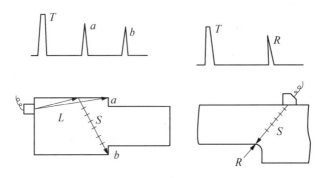

图 3‑30　工件轮廓回波

之间的界面上会产生散乱反射,在显示屏上形成草状回波,影响对缺陷的辨别。因此,在检测前,如果确定是粗晶材料,应选较低的探头频率,这样可降低草状回波,提高信噪比。

耦合剂反射波:工件表面存在的耦合剂引起的回波。在回波出现的位置用手指触摸,在显示屏上波幅变化比较明显甚至消失,通过这一现象可判别耦合剂反射波。

变型波:横波和表面波检测时会产生变型波,如图 3‑31 所示。

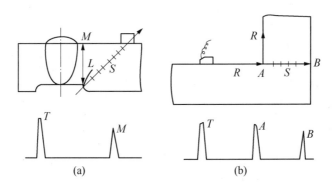

图 3‑31　横波和表面波检测时产生的变型波

(a)横波检测;(b)表面波检测

侧壁干涉波:纵波扩散束在侧壁反射纵波或波型转换后的横波与直接传播的纵波相遇产生干涉,使缺陷定位和定量产生偏差。一般脉冲持续的时间所对应的声程小于或等于 4λ,因此,只要侧壁反射波波束与直接传播的波束声程差大于 4λ 就可以避免侧壁干涉。

7) 记录与报告

按相关技术标准要求,做好原始检测记录及检测报告编制审批。

3.4　脉冲反射法超声检测技术在电网设备中的应用

3.4.1　GIS 断路器壳体焊缝脉冲反射法超声检测

某 110 kV GIS 断路器壳体,该壳体为铝合金板卷制而成,规格为 $\Phi508$ mm(外径)×8 mm,材质为 5083 铝合金,纵焊缝坡口为 V 形坡口,如图 3-32 所示。检测标准:NB/T 47013.3—2015,B 级检测;评判标准:《铝制焊接容器》(JB/T 4734—2002),Ⅱ级合格。采用 A 型脉冲反射超声对该 GIS 组合电器壳体对接纵焊缝进行检测。

现有仪器设备及器材:武汉中科 HS-700 型数字式超声检测仪;5P6×6K2.5 前沿 5 mm、5P8×8K3 前沿 6 mm 的探头;CSK-ⅠA(5083 铝合金)标准试块及 1 号对比试块(5083 铝合金);化学浆糊耦合剂。

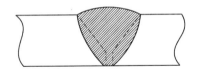

图 3-32　某 110 kV GIS 断路器纵焊缝及焊缝结构示意图

1) 根据要求编制某 110 kV GIS 断路器壳体焊缝的脉冲反射法超声检测工艺卡

某 110 kV GIS 断路器壳体对接焊缝脉冲法超声检测工艺卡如表 3-1 所示。

表 3-1　某 110 kV GIS 断路器壳体对接焊缝脉冲法超声检测工艺卡

工件	部件名称	GIS 断路器	厚度	8 mm
	部件编号	—	规格	$\Phi508$ mm(外径)×8 mm
	材料牌号	5083 铝合金	检测时机	现场组合安装后
	检测项目	纵焊缝	坡口形式	V 形
	表面状态	原始	焊接方法	自动焊

(续表)

仪器探头参数	仪器型号	HS-700	仪器编号	—
	探头型号	5P6×6K2.5、5P8×8K3	试块种类	CSK-ⅠA(5083)
	检测面	单面双侧	扫查方式	锯齿形扫查
	耦合剂	化学浆糊	表面耦合	4 dB
	灵敏度设定	Φ2 mm×40 mm−18 dB	参考试块	1号试块(5083)
	合同要求	NB/T 47013.3—2015	检测比例	100%
	检测标准	NB/T 47013.3—2015 B级	验收标准	JB/T 4734—2002 Ⅱ级

检测位置示意图及缺陷评定:

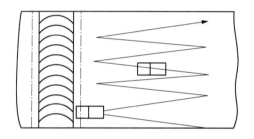

1. 不允许存在裂纹、未熔合和未焊透等缺陷。
2. 不允许存在波幅在Ⅰ区、单个缺陷指示长度大于30 mm缺陷。
3. 不允许存在波幅在Ⅱ区、单个缺陷指示长度大于15 mm缺陷。
4. 不允许存在波幅在Ⅲ区的缺陷。

编制/资格		审核/资格	
日期		日期	

2) 按照表3-1的要求进行检测、操作

(1) 仪器与探头。

仪器:武汉中科HS-700型数字式超声检测仪。

探头:一般情况下,当GIS壳体厚度为≤12 mm时,探头选择为5P8×8K2.5、5P8×8K3;当GIS壳体厚度为>12 mm时,探头选择为5P8×8K2、5P8×8K3。

(2) 试块与耦合剂。

标准试块:CSK-ⅠA(5083铝合金),用于测量仪器性能及探头参数。对比试块:1号试块(5083铝合金),用于设定检测灵敏度。

耦合剂:化学浆糊。

(3) 参数测量与仪器设定。

用标准试块CSK-ⅠA(5083铝合金)校验探头的入射点、K值、校正时间轴、修正原点,依据检测工件的材质声速、厚度以及探头的相关技术参数对仪器进行设定。

(4) 距离-波幅曲线的绘制。

利用 1 号对比试块(5083 铝合金,$\Phi 2$ 横通孔)绘制距离-波幅曲线(由评定线、定量线和判废线组成),工件厚度 T 为 8 mm,其灵敏度等级列于表 3-2 中。

表 3-2　距离-波幅曲线灵敏度

评定线	定量线	判废线
$\Phi 2$ mm-18 dB	$\Phi 2$ mm-12 dB	$\Phi 2$ mm-4 dB

(5) 扫查灵敏度设定。

扫查灵敏度应不低于评定线灵敏度,并保证在检测范围内最大声程处评定线高度不低于荧光屏满刻度的 20%。扫查灵敏度为 $\Phi 2 \times 40 - 18$ dB(耦合补偿 4 dB)。

(6) 检测。

在罐体外壁使用一、二次波对焊缝进行检测。以锯齿形扫查方式在壳体焊缝的单面双侧进行初探,发现可疑缺陷信号后,再辅以前后、左右、转角、环绕等扫查方式对其进行确定。

注意:检测前,先对焊缝进行外观检查,在外观合格基础上,对检测面(探头经过的区域)上所有影响检测的油漆、锈蚀、飞溅和污物等均应予以清除,保证其不影响检测结果的有效性。

检测焊接接头纵向缺陷时,斜探头应垂直于焊缝中心线放置在检测面上,做锯齿形扫查,探头前后移动范围应保证扫查到全部焊接接头界面。在保持探头垂直焊缝做前后移动的同时,扫查时还应做 $10°\sim15°$ 的左右转动。为观察缺陷动态波形和区分缺陷信号或伪缺陷信号,确定缺陷位置、方向和形状,可采用前后、左右、转角、环绕四种基本扫查方式。

检测焊接接头横向缺陷时,可在焊接接头两侧边缘使斜探头与焊缝中心线成不大于 10° 做两个方向斜平行扫查。如焊接接头余高磨平,可在焊接接头及热影响区上做两个方向的平行扫查。

(7) 缺陷定量。

图 3-33 所示为 110 kV GIS 断路器壳体纵焊缝存在一处缺陷信号,闸门锁定的回波显示深度为 9.8 mm(二次波),长度为 15 mm,最高波幅为 SL$+10.5$ dB。

注意:标出缺陷距探测 0 点(环缝与壳体纵缝的交叉点)、偏离焊缝轴线及距探测面的三向位置。缺陷位置应以获得缺陷最大反射波幅的位置为准。

当缺陷反射波只有一个高点,且位于Ⅱ区或Ⅱ区以上时,用-6 dB 法测量指示长度。当缺陷反射波峰值起伏变化,有多个高点,且均位于Ⅱ区或Ⅱ区以上时,应以端

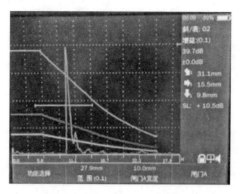

图 3-33　某 110 kV GIS 断路器壳体对接焊缝缺陷波形图

点-6 dB 法测量指示长度。当缺陷最大反射波幅位于Ⅰ区,将探头左右移动,使波幅降到评定线,用评定线绝对灵敏度法测量缺陷指示长度。

(8) 缺陷评定。

依据 NB/T 47013.3—2015,该缺陷评定为Ⅲ级,根据 JB/T 4734—2002 要求,B类焊接接头超声检测不低于Ⅱ级合格,故判定该焊缝为不合格焊缝。

3.4.2　输电线路钢管塔结构环向对接接头脉冲反射法超声检测

某 500 kV 输变电钢管塔线路工程,该钢结构主体有钢管与带颈法兰环向对接接头,钢管的规格为 Φ529 mm(外径)×12 mm,材质为 Q345B,钢管塔如图 3-34 所示,其结构形式如图 3-35 所示。要求采用 A 型脉冲反射超声对该焊缝进行检测。评判标准:《焊缝无损检测　超声检测　技术、检测等级和评定》(GB/T 11345—2013)、《焊缝无损检测　超声检测　验收等级》(GB/T 29712—2013),B 级检测,验收等级 2 级。

图 3-34　筒型铁塔的钢管结构

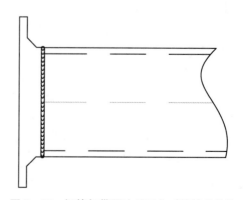

图 3-35　钢管与带颈法兰环向对接接头结构

现有仪器设备及器材:汕超 CTS－1002GT 型数字式超声检测仪;2.5P9×9K2.5 前沿 10 mm、5P6×6K2.5 前沿 5 mm 探头;CSK－ⅠA(钢)标准试块,RB－1(钢)、RB－2(钢)对比试块;化学浆糊、机油。

1)根据要求编制某 500 kV 输变电钢管塔环向对接接头的脉冲反射法超声检测工艺卡

某 500 kV 输变电钢管塔环向对接接头的脉冲反射法超声检测工艺卡如表 3－3 所示。

表 3－3　某 500 kV 输变电钢管塔环向对接接头脉冲法超声检测工艺卡

工件	部件名称	钢管塔环向对接焊缝	厚度	12 mm
	材料牌号	Q345B	检测时机	焊接冷却后
	检测项目	对接环焊缝	坡口形式	Y 形
	表面状态	打磨	焊接方法	埋弧焊
仪器探头参数	仪器型号	CTS－1002GT	仪器编号	—
	探头型号	2.5P9×9 K2.5	试块种类	CSK－ⅠA
	检测面	钢管侧单侧双面	扫查方式	锯齿形扫查
	耦合剂	化学浆糊	表面耦合	4 dB
	灵敏度设定	$H_0 - 14$ dB	参考试块	RB－2
	合同要求	GB/T 11345—2013	检测比例	100%
	技术等级	GB/T 11345—2013 技术 1	检测等级	GB/T 11345—2013 B 级
	参考等级	GB/T 29712—2013 H_0	验收等级	GB/T 29712—2013 2 级

检测位置示意图及缺欠评定:

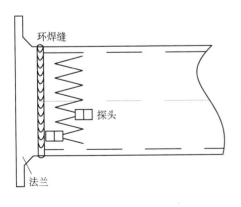

环焊缝

探头

法兰

1. 单个缺欠长度小于等于 T 时,缺欠当量不得大于 $H_0 - 4$ dB;

2. 单个缺欠长度大于 T 时,缺欠当量不得大于 $H_0 - 10$ dB;

3. 评定等级为 $H_0 - 14$ dB,记录等级为验收等级降低 4 dB;

4. $6T$ 焊缝长度范围内,超过记录等级的所有单个合格缺欠显示的最大累计指示长度不得超出该长度(验收等级 2)的 20%;

5. 当相邻指示符合 dy≤5 mm,dz≤5 mm 时,可作线状连续指示;

6. 当线状连续指示间距小于两倍较长指示长度时,作单一指示处理。

注:T 为工件厚度。

编制/资格		审核/资格	
日期		日期	

2）按照表 3-3 的要求进行具体检测工作操作步骤

（1）仪器与探头。

仪器：汕超 CTS-1002GT 型数字式超声检测仪。

探头：2.5P9×9K2.5。

（2）试块与耦合剂。

标准试块：CSK-ⅠA（钢）；对比试块：RB-2（钢）。

耦合剂：化学浆糊。

（3）参数测量与仪器设定。

用标准试块 CSK-ⅠA（钢）校验探头的入射点、K 值、校正时间轴、修正原点，依据检测工件的材质声速、厚度以及探头的相关技术参数对仪器进行设定。

（4）距离-波幅曲线的绘制。

利用 RB-2（钢）对比试块（$\Phi3$ 横通孔）绘制距离-波幅曲线，工件厚度 T 为 12 mm，验收等级为 2 级，其灵敏度等级如表 3-4 所示。

表 3-4　灵敏度等级

缺欠长度 l/mm	验收等级	记录等级	评定等级
l≤T	$\Phi3-4$ dB	$\Phi3-8$ dB	$\Phi3-14$ dB
l>T	$\Phi3-10$ dB	$\Phi3-14$ dB	

（5）扫查灵敏度设定。

扫查灵敏度应不低于评定线灵敏度，并保证在检测范围内最大声程处评定线高度不低于荧光屏满刻度的 20%。扫查灵敏度为 $\Phi3\times40-14$ dB（耦合补偿 4 dB）。

（6）检测。

以锯齿形扫查方式在钢管的双面单侧进行初探，发现可疑缺陷信号后，再辅以前后、左右、转角、环绕等扫查方式对其进行确定。

（7）缺欠定位。

标出缺欠距探测 0 点（环缝与钢管纵缝的交叉点）、偏离焊缝轴线及距探测面的三向位置。

（8）缺欠定量。

图 3-36 所示为检测 529 mm（外径）×12 mm 钢管与带颈法兰环向对接接头中出现的一典型缺欠波形，闸门锁定的回波显示有一深度为 8.1 mm（一次波）的缺欠，缺欠波幅为 $[H_0$（母线）-6.3 dB]，用绝对灵敏度法测定缺陷指示长度，将探头向左右两个方向移，且均移至波高降到评定线（H_0-14 dB）上，此两点间即为缺欠指示长度，测出长度为 15 mm。

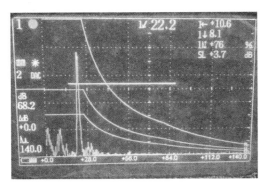

注:图中三条曲线自上而下分别为 H_0-4 dB、H_0-10 dB、H_0-14 dB。

图 3 - 36　某 500 kV 输变电钢管塔环向对接接头缺欠波形图

（9）缺欠评定。

依据 GB/T 29712—2013 对该缺欠进行评定:因缺欠长度为 15 mm,最高波幅为 $H_0-6.3$ dB,根据表 3 - 4 判断,该焊缝为不合格焊缝。

3.4.3　交流滤波器场管母支柱绝缘子脉冲反射法超声检测

某±800 kV 新建变电站交流滤波器场管母支柱绝缘子,直径为 120 mm,数量为 120 支(见图 3 - 37)。依据《电网设备金属技术监督导则》(Q/GDW 11717—2017)、《高压支柱瓷绝缘子技术规范》(Q/GDW 11307—2014)、《高压支柱瓷绝缘子技术监督导则》(Q/GDW 11083—2013),采用 A 型脉冲反射超声对该支柱绝缘子进行检测。

图 3 - 37　某±800 kV 新建变电站交流滤波器场管母支柱绝缘子

现有仪器设备及器材:武汉中科 HS-700 型数字式超声检测仪;5P8×10 9°探头;JYZ-BXⅠ(铝)标准试块、JYZ-G(瓷)对比试块;化学浆糊、机油。

1)根据要求编制脉冲法超声检测工艺卡

某±800 kV 新建变电站交流滤波器场管母支柱绝缘子脉冲法超声检测工艺卡如表 3-5 所示。

表 3-5 某±800 kV 新建变电站交流滤波器场管母支柱绝缘子的脉冲反射法超声检测工艺卡

工件	部件名称	支柱绝缘子	部件编号	—
	规格	Φ120 mm	材料	瓷
	表面状态	光滑	检测时机	安装后
仪器探头参数	仪器型号	HS-700	探头型号	5P8×10 9°
	试块种类	JYZ-BXⅠ(铝)、JYZ-G(瓷)	扫查方式	锯齿形扫查
	耦合剂	化学浆糊	表面耦合	4 dB
	检测灵敏度	5 mm 深人工切槽回波 50%增益 6 dB	参考试块	JYZ-G(瓷)
	合同要求	Q/GDW 11717—2017	检测比例	100%
	检测标准	Q/GDW 11307—2014	验收标准	Q/GDW 11717—2017

检测位置示意图及缺欠评定:

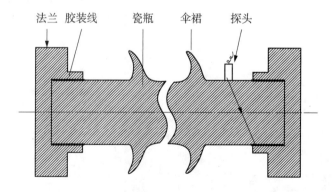

1. 反射波幅达到或超过 5 mm 深人工切槽的缺陷。
2. 反射波幅大于 5 mm 深人工切槽−6 dB 的表面缺陷,且缺陷指示长度超过 10 mm 的缺陷。
3. 反射波幅大于 5 mm 深人工切槽−6 dB 的内部缺陷,且缺陷指示长度超过 20 mm 的缺陷。
4. 缺陷处底波与正常底波比较有明显降低。

编制/资格		审核/资格	
日期		日期	

2）按照表 3-5 要求进行具体检测工作操作步骤

（1）仪器与探头。

仪器：HS-700 型数字式超声检测仪。

探头：5P8×10 9°。

（2）试块与耦合剂。

标准试块：JYZ-BXⅠ（铝）；对比试块：JYZ-G（瓷）。

耦合剂：化学浆糊。

（3）仪器设定。

用标准试块 JYZ-BXⅠ（铝）对检测系统性能校准，依据检测工件的材质声速、直径以及探头的相关技术参数对仪器进行设定。

（4）扫描速度的调节。

利用 JYZ-G（瓷）试块按 1∶1 声程进行调节，将小角度纵波探头紧贴专用试块，调节旋钮使底波 120 mm 和一次反射波 240 mm 分别对准相应水平刻度即可。

（5）灵敏度的选择。

利用 JYZ-G（瓷）试块的 5 mm 深人工切槽回波调整检测灵敏度。调整支柱瓷绝缘子直径相应声程的 5 mm 深人工切槽回波达到满屏的 50%，此时作为基准灵敏度。

扫查灵敏度至少比基准灵敏度提高 6 dB。

（6）检测。

将纵波小角度探头放置在法兰与第一伞裙之间，沿支柱瓷绝缘子周向移动进行检测。

（7）缺陷定量。

图 3-38 为某±800 kV 新建变电站 Z21 交流滤波器场 003 支柱绝缘子、Z23 交流滤波器场 002 支柱绝缘子现场检测缺陷波形图。其中，Z21 交流滤波器场 003 支柱绝缘子缺陷深度为 53.6 mm，长度为 5 mm，最高波幅为 5 mm 深人工切槽-10 dB，

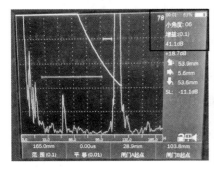
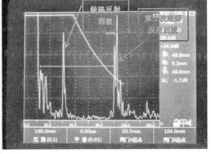

图 3-38　某±800 kV 新建变电站交流滤波器场管母支柱绝缘子检测缺陷图

底波下降幅度为 10%;Z23 交流滤波器场 002 支柱绝缘子缺陷深度为 49.6 mm,长度为 21 mm,最高波幅为 5 mm 深人工切槽－2 dB,底波下降幅度为 55%。

注意:指示长度的测量,用 6 dB 法或端点 6 dB 法进行测长,并且注意缺陷实际深度、水平距离与检测面弧长的差异,必要时进行修正。相邻两缺陷在一条直线上,其间距小于其中较小的缺陷长度时,应作为一条缺陷处理,以两缺陷长度之和作为其指示长度(间距不计入缺陷长度)。缺陷反射波幅大于 5 mm 深人工切槽－6 dB 的反射波幅均应记录。

(8) 缺欠评定。

依据 Q/GDW 11307—2014 对该 2 只支柱绝缘子进行评定。

Z21 交流滤波器场 003 支柱绝缘子缺陷:长度 5 mm 小于 20 mm,最高波幅为 5 mm 深人工切槽－10 dB 小于 5 mm 深人工切槽－6 dB,底波下降幅度 10% 不明显,该支柱绝缘子缺陷允许。

Z23 交流滤波器场 002 支柱绝缘子缺陷:长度为 21 mm 大于 20 mm,最高波幅为 5 mm 深人工切槽－2 dB 大于 5 mm 深人工切槽－6 dB,底波下降幅度 55% 非常明显,该支柱绝缘子缺陷不允许。

3.4.4 钎焊型铜铝过渡线夹脉冲反射法超声检测

某供电公司新采购的钎焊型铜铝过渡线夹,线夹型号为 SYG - 400A - 100×100,如图 3 - 39 所示。采用 A 型脉冲反射法对铜铝过渡线夹钎焊结合面缺陷进行超声检测,检测及评定标准:《钎焊型铜铝过渡设备线夹超声波检测导则》(DL/T 1622—2016),缺陷面积与检测面积的比值大于 25% 判定为不合格。

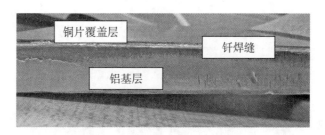

图 3 - 39 钎焊型铜铝过渡线夹

现有仪器设备及器材:武汉中科 HS - 700 数字式超声检测仪,频率为 15 MHz,晶片尺寸为 Φ4 mm,单晶高频窄脉冲直探头;XJ - CuⅠ和 XJ - CuⅡ对比试块;无腐蚀的水基耦合剂。

(1) 仪器与探头。

仪器:武汉中科 HS - 700 数字式超声检测仪。

探头:由于线夹整体厚度相对较薄,铜片及钎焊层的厚度更薄,采用普通直探头时,始波宽度较大,检测盲区较大;而组合双晶直探头在该区域不能聚焦,难以识别该处缺陷信号。采用增加延迟技术的高频窄脉冲直探头能提供较高的近表面分辨力,使得铜铝界面钎焊层产生的界面波和工件底波易于分辨。推荐选用带延迟块的单晶高频窄脉冲直探头,且探头工作频率选择 15 MHz,晶片尺寸应不大于 $\Phi 5$ mm。本案例选用的探头工作频率为 15 MHz,晶片尺寸为 $\Phi 4$ mm。

(2)试块。

本案例选择由铜侧表面进行检测,因此选用 XJ - Cu Ⅰ 和 XJ - Cu Ⅱ 对比试块,如图 3 - 40 所示。该系列对比试块为 DL/T 1622—2016 规定的对比试块,由材质为 T2 铜薄片和材质为 1050A 铝板块经钎焊制成,在铝块上开有不同直径的平底孔。

图 3 - 40 XJ - Cu Ⅰ 和 XJ - Cu Ⅱ 对比试块

(3)灵敏度设定。

探头置于试块铜覆层钎缝完好部位,调节第一次底波高度为显示屏满刻度的 80% 作为基准灵敏度。扫查灵敏度不低于基准灵敏度。

(4)检测准备。

线夹外表面目视检查:钎缝焊口不得有开口缺陷。

检测表面要求:检测表面不得有影响检测的氧化皮、油污及锈蚀等其他影响检测的异物,保证探头与检测面耦合良好。

耦合剂:本案例采用无腐蚀、透声性能好、润湿能力强的水基耦合剂。检测完毕立即去除。油脂类耦合剂不易清除,易粘灰尘,不建议使用。

测量线夹尺寸:用游标卡尺测量线夹超声检测区域的相关尺寸,包括长度、宽度、检测区部分厚度和铝材部分的厚度。

划网格线:用铅笔在检测区按一定间隔尺寸划分网格线,一般以 5 mm 间隔为宜。

(5)扫描速度调整。

扫描速度的调整分如下两步进行。

① 测定铝试块的声速。将探头置于试块无铜覆层的表面,调整数字式超声检测仪,将探头延迟块的界面波调到显示屏水平刻度的"0"位,再将铝试块的第一次反射波调整到水平时基线满刻度的 50% 处,将第二次反射底波调整到水平时基线满刻度的 100% 处,此时仪器显示的声速就是铝试块的声速。

② 将探头置于试件铜覆层钎焊完好部位表面,调整仪器将探头延迟块的界面波调整到显示屏水平刻度"0"位,再将试件的第一次反射底波调整到时基线满刻度的70%~80%处或按1:1调整扫描速度。

(6)检测范围及扫查方式。

检测范围:整个铜覆层的所有钎焊区域,边缘部分应重点检测。

扫查方式:手动扫查,先沿线夹边缘和螺孔边缘扫查,再沿网格水平线逐行扫查。

扫查速度:由于探头直径较小,为保证探头与检测面耦合良好,扫查速度不大于40 mm/s。当发现钎焊层界面波异常时,做边界测定,并做记录和记号。

(7)典型缺陷波形识别。

① 钎缝完好区波形,如图3-41所示。钎缝完好区指钎料完全填充、铜铝钎焊良好的区域。超声波直接穿透钎焊层,底面回波信号强,波形尖锐铜铝界面回波信号小。其中,图3-41(a)所示为探头在铜侧检测面检测钎缝完好区的回波波形,始脉冲与钎缝处界面波有可能粘连或被湮没,界面波信号较弱,波幅低于满屏的40%;铝材侧底波信号强烈,波幅高于或等于满屏的80%;图3-41(b)所示为探头在铝侧检测面检测钎缝完好区的回波波形,钎缝处界面波很弱,波幅低于满屏的20%,位于铜侧底波的前部;铜侧底波信号强烈,波幅高于或者等于满屏的80%。

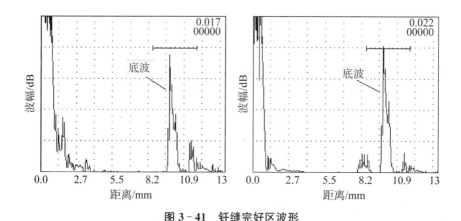

图3-41 钎缝完好区波形

(a)基板(铜)侧检测时钎缝完好区波形;(b)基板(铝)侧检测时钎缝完好区波形

② 钎缝脱焊区波形,如图3-42所示。钎缝脱焊区指钎料稀少、中间存在空气层的钎焊区域。超声波无法穿透钎缝,在钎缝处发生全反射,铜铝界面回波信号强烈。因为钎缝后无超声波,所以底波完全消失。其中,图3-42(a)所示为探头在铜侧检测面检测钎缝脱焊区的回波波形,超声波穿过铜片在钎焊处发生全反射,第一个界面波波幅一般高于或等于满屏的80%,显示在钎焊处出现多次界面反射波,波高呈依次递

减的特征,铝材底波消失;图 3 - 42(b)所示为探头在铝侧检测面检测钎缝脱焊区的回波波形,超声波穿过铝材,在钎缝处发生全反射,显示在钎缝处有强烈的一次界面回波信号,波幅高达满屏的 80%,铜材底波彻底消失。

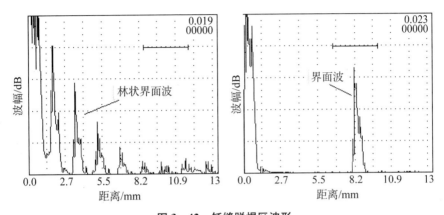

图 3 - 42　钎缝脱焊区波形

(a)基板(铜)侧检测时钎缝脱焊区波形;(b)基板(铝)侧检测时钎缝脱焊区波形

③ 钎缝不良区波形,如图 3 - 43 所示。钎缝不良区指铜铝界面间隙未被钎料填满的呈现不连续分布的区域。超声波部分穿透钎缝,钎焊处界面回波和底面回波同时存在。其中,图 3 - 43(a)所示为探头在铜侧检测面检测钎缝不良区的回波波形,既有呈林状指数衰减的钎缝处界面波,又有铝侧底波,底波高度为满屏的 30%～40%;图 3 - 43(b)所示为探头在铝侧检测面检测钎缝不良区的回波波形,钎焊处界面波和铜侧底波同时出现,波幅高度较接近,底波高度为满屏的 30%～40%。

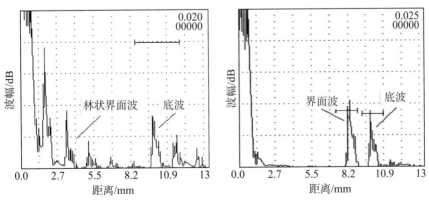

图 3 - 43　钎缝不良区波形

(a)基板(铜)侧检测时钎缝不良区波形;(b)基板(铝)侧检测时钎缝不良区波形

（8）缺陷的评定及验收。

① 缺陷面积的测定方法。以缺陷延伸方向探头中心为边界点,连线围成的面积为缺陷面积。

从铜侧检测时,采用多次反射法检测缺陷,根据图 3-42(a)及图 3-43(a)的波形,移动探头以多次界面回波即将消失时探头中心点为缺陷分界点,众多探头中心点围成的面积即为缺陷面积。

从铝侧检测时,采用一次底波法检测缺陷,根据图 3-42(b)及图 3-43(b)的波形,采用绝对灵敏度法进行测量,移动探头使铜铝界面回波幅度降至检测灵敏度下满屏高度 20%时的探头中心点为缺陷的分界点,众多探头中心点围成的面积即为缺陷面积。

② 缺陷面积的计算。根据 DL/T 1622—2016 附录 C 的规定,测定检测面中的缺陷总面积。具体步骤如下。

a. 确定线夹的检测面积（S_j）。线夹铜铝结合面的面积为检测面积,即线夹铜铝结合面的长边（a）和短边（b）之积。线夹如果有开孔,应减去开孔面积（S_K）。

b. 确定单个缺陷的面积。

c. 在线夹坐标系中标出各个缺陷占据的网格面积。

d. 计算缺陷总面积。

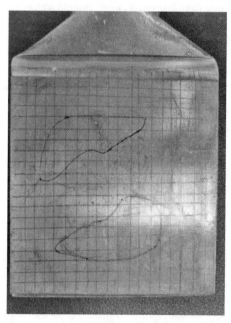

图 3-44　线夹钎缝缺陷检测实物图（不规则黑圈部分）

③ 评定。根据 DL/T 1622—2016 第五条的规定进行评定:铜铝结合面边缘存在开口性缺陷的线夹判定为不合格。检测中发现线夹周围边缘及开孔孔缘的任一钎焊处存在开口缺陷判为不合格;缺陷总面积大于 25%的线夹判定为不合格。

④ 结论。经检测,本案例中的 SYG-400A-100×100 铜铝过渡线夹的缺陷面积 $S=1\,925\ mm^2$（见图 3-44）,$S/S_j=1\,925\div10\,000=19.25\%<25\%$,即缺陷总面积小于 25%的线夹,故检测判定合格。

3.4.5　输电线路耐张线夹脉冲反射法超声检测

某公司 110 kV 输电线路耐张线夹（见图 3-45）,规格为 NY400/35BG。各参数代表的含义如下:N—耐张线夹;Y—压接型;

400/35—铝截面/钢截面;*BG*—铝包钢,即钢芯铝绞线。耐张线夹主要用来将导线或避雷线固定在非直线杆塔耐张绝缘子串,起锚作用,也用来固定拉线杆塔的拉线,长期承受着较大的机械载荷,尤其是在受到风力、雨雪等恶劣条件时,容易发生断裂,造成电力的中断,甚至引发事故,从而造成较大的损失。因此,耐张线夹压接质量如何,直接影响电网设备的安全,传统的线夹质量检测采用 X 射线检测,存在诸多不利因素,目前在电网金属检测中,B 型脉冲反射超声法对耐张线夹压接质量的检测也非常成熟。

现有仪器设备及器材:武汉中科 HSXJ - Ⅰ型电力行业耐张线夹专用检测仪(具有 B 扫描成像功能);直径为 Φ5 mm、10 MHz 的窄脉冲纵波探头;CSK - ⅠA(铝)标准试块及参考试样;耐张线夹定制拉线编码器及卡扣;化学浆糊、水基耦合剂。

图 3 - 45　某公司 110 kV 输电线路耐张线夹

(1) 仪器与探头。

仪器:武汉中科 HSXJ - Ⅰ型电力行业耐张线夹专用检测仪,仪器具有 B 扫描成像功能。

探头:高频率窄脉冲探头,应根据被检耐张线夹套管的厚度选择探头的频率、晶片尺寸。本案例中使用直径 Φ5 mm、10 MHz 的窄脉冲纵波探头。

定制拉线编码器、卡扣(固定编码器)应用的范围:15～55 mm。卡扣可以根据现场输电线耐张线夹的尺寸来调节松紧,如图 3 - 46 所示。

(2) 试块与耦合剂。

标准试块:CSK - ⅠA(铝),用于测量仪器性能及探头参数;参考试样:用于确定检测灵敏度和检测范围,参考试样应选取与检测对象具有相同制作工艺及流程的耐张线夹,且规格应基本相同,参考试样如图 3 - 47 所示。

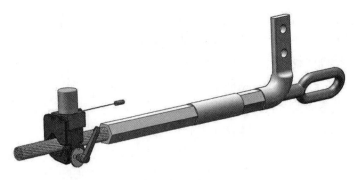

图 3-46 卡扣放置示意图

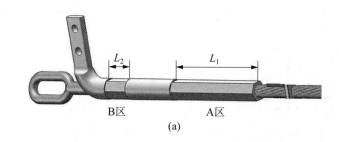

(a)

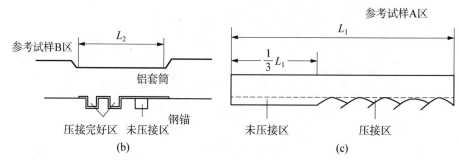

(b)   (c)

图 3-47 耐张线夹参考试样

(a)耐张线夹参考试样整体示意图;(b)参考试样 B 区;(c)参考试样 A 区

耦合剂:化学浆糊。

(3) 参数测量与仪器设定。

用标准试块 CSK-ⅠA(铝)调节仪器的扫查速度,测量探头的前沿与 K 值,依据检测工件的材质声速、厚度以及探头的相关技术参数对仪器进行设定。

(4) 扫描时基线比例的调整。

应将耐张线夹套管与导线、钢锚材料结合部位第一次界面反射波调整为时基线满刻度的 20%～30%。

(5) 扫查灵敏度设定。

探头应置于参考试块耐张线夹套管与导线、钢锚材料未压结合部位,将底波调整至满屏的 80%。

（6）检测。

图 3-48 中耐张线夹 A 侧是铝套管与钢芯铝绞线通过压接方式连接，B 侧是铝套管与钢锚通过压接方式连接。由于两侧压接部位为六边形，表面较为平整，适合超声波入射，因此采用任意一面作为检测面均可。检测应在耐张线夹压接平面上进行，将探头与拉线编码器连接，探头应与检测面耦合良好，沿耐张线夹轴向方向进行直线扫查，扫查速度应不超过 100 mm/s。

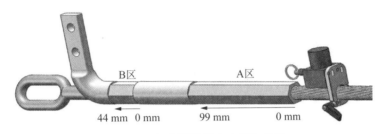

图 3-48　扫查耐张线夹 A 侧和 B 侧

（7）缺陷评定。

① 判断标准。

A 区检测 B 扫描图像上一次底波出现平直线型显示的区域［见图 3-49(a)］为导线与铝合金套管未压接完好的区域 L_0，一次底波出现曲线显示且曲线波动范围大于 1/3 周期的区域［见图 3-49(a)］为压接完好区域 L_1。L_1 应大于耐张线夹安装工艺要求，否则判为不合格。

B 区检测 B 扫描图像上一次底波出现平直线型显示，铝合金套管凹陷数量与钢锚凹槽数量不符或凹陷尺寸小于凹槽深度 80% 时［见图 3-49(b)］为钢锚与铝合金

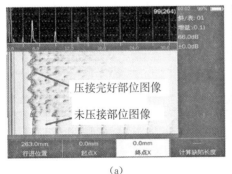

（a）

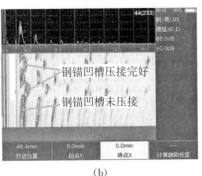

（b）

图 3-49　耐张线夹典型的反射回波和扫描图像

(a)A 区超声 B 扫描图像；(b)B 区超声 B 扫描图像

套管未压接完好的区域 L_0；一次底波出现凹槽形状，铝合金套管凹陷数量与钢锚凹槽数量相符，并且凹陷尺寸大于凹槽深度 80%时[见图 3-49(b)]为钢锚与铝合金套管压接完好的区域 L_1。L_1 应大于耐张线夹安装工艺要求，否则判为不合格。

② 检测结果。

图 3-50(a)是耐张线夹 A 侧超声检测 B 扫描图，因铝套管底部与钢芯铝绞线接触部分通过压接会发生形变，形变部分正好充分填充钢芯铝绞线两铝丝之间的缝隙，检测结果是反映铝套管底部反射信号，B 扫描图呈现"波浪"形状；图 3-50(b)所示是铝套管与钢锚连接部分的检测结果，钢锚圆柱形中间有两处凹槽，B 扫描图靠左部分是工装压接后，铝套管与钢锚圆柱压接形变相对减薄反射信号，右部分是铝套管形变填充钢锚两处凹槽，铝套管厚度未变。图 3-50(b)可看成两段滞后的信号并与邻近反射信号断开产生一定距离，达到上述要求说明压接良好且合格。

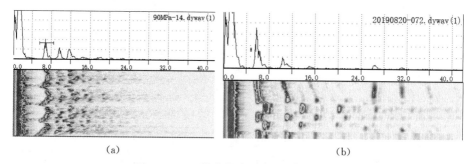

(a)   (b)

图 3-50　压接合格的耐张线夹检测结果

(a)A 侧检测结果图；(b)B 侧检测结果图

图 3-51(a)中上方是耐张线夹铝管的 A 扫描信号，图下方的 B 扫描图成一条直线，说明耐张线夹 A 侧铝管未与钢芯铝绞线接触，铝管底部较为平整。图 3-51(b)中是耐张线夹 B 侧压接检测结果，钢锚中有两个凹槽，压接后铝管会将钢锚的凹槽填

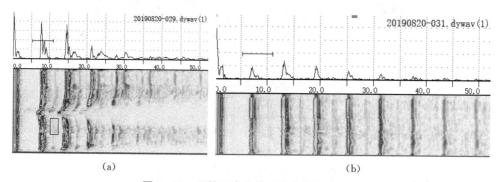

(a)   (b)

图 3-51　压接不合格的耐张线夹检测结果

(a)A 侧检测结果图；(b)B 侧检测结果图

充,图中呈现一条直线,说明 B 侧的铝管未填充钢锚凹槽。综上所述,该耐张线夹压接不合格。

3.4.6　变压器端子箱体脉冲反射法超声测厚

超声测厚仪按工作原理分为共振法、干涉法及脉冲反射法等,其中,脉冲反射法由于不涉及共振机理,与被测物表面的光洁度关系不密切,所以超声波脉冲反射法测厚仪是目前使用最为广泛的仪器。

其工作原理如下:脉冲发生器以一个窄电脉冲激励专用高阻尼压电换能器,此脉冲为始脉冲,一部分由始脉冲激励产生的超声信号在材料界面反射,这信号称为始波。其余部分透入材料,并从平行对面反射回来,这一返回信号称为背面回波。始波与背面回波之间的时间间隔代表了超声信号穿过被测工件的声程时间。如测得声程时间,则可由式(3-15)确定被测工件厚度,测厚时声速是确定的。

$$d = \frac{C \cdot t}{2} \tag{3-15}$$

式中,d 为被测件厚度(mm);C 为超声波在被测工件中的传播速度,即声速(m/s);t 为声程时间(s)。

根据式(3-15)可知,需要知道材料中的声速,常用材料的声速列于表 3-6 中。

表 3-6　常用材料中的声速

材料	声速/(m/s)	材料	声速/(m/s)
铝	6 400	铜	4 700
锌	4 170	不锈钢	5 790
银	3 600	黄铜	4 640
金	3 240	锡	3 230
钢铁	5 900	有机玻璃	2 730
水	1 473	石英	5 639
陶瓷	5 842	碳钢	5 920

根据国网金属专项技术监督工作通知要求,2020 年 6 月 18 日对某公司 220 kV 某变电站新建工程的变压器端子箱体开展金属专项技术监督的超声测厚。变压器端子箱材质为 304 不锈钢,如图 3-52 所示。

检测仪器及器材:奥林巴斯 38DL 超声测厚仪,校准试块为 304 不锈钢 7B 阶梯试块,耦合剂为超声测厚专用耦合剂。

检测标准:《无损检测 接触式超声脉冲回波法测厚方法》(GB/T 11344—2008)。

图3-52 变压器端子箱

质量判定依据:《电网设备金属技术监督导则》(Q/GDW 11717—2017)。

变压器端子箱箱体超声测厚主要操作步骤如下:

(1)查阅资料。按照国网金属专项技术监督工作通知要求以及 Q/GDW 11717—2017 标准规定,变压器端子箱体厚度不应小于 2.0 mm。

(2)检测前的准备。检测前对端子箱待测点用干净的布进行表面清理,确保符合检测要求。

(3)根据仪器操作规程,在 7B 阶梯标准试块上,对奥林巴斯 38DL 超声测厚仪进行两点法校准。

(4)在待测点上涂上耦合剂,擦干净探头表面,把探头垂直放在涂有耦合剂的待测点上,进行检测。检测结果列于表 3-7 中。

值得指出的是,由于现场客观条件所限,箱体背面无法进行检测,因此,只能对箱体的顶部、正面、左侧面、右侧面进行检测。各检测面上选择至少不少于 3 个点进行超声厚度测量并记录。

表 3-7 变压器端子箱体各点测厚

测点位置	箱体顶面	箱体顶面	箱体顶面
厚度/mm	1.36	1.28	1.30
测点位置	箱体正面	箱体正面	箱体正面
厚度/mm	1.52	1.53	1.50
测点位置	箱体右侧面	箱体右侧面	箱体右侧面
厚度/mm	1.22	1.26	1.30
测点位置	箱体左侧面	箱体左侧面	箱体左侧面
厚度/mm	1.31	1.36	1.2

(5)结果评定。依据 Q/GDW 11717—2017 规定,户外密闭箱体其公称厚度不应小于 2.0 mm。该变压器端子箱最大厚度为 1.53 mm,未达到标准规定的公称厚度最小值不小于 2.0 mm 的要求,不合格。

第4章 衍射时差法超声检测技术

衍射时差法(TOFD)超声检测技术是一种依靠从被检试件中缺陷的"端角"和"端点"处得到衍射能量来检测缺陷的方法,可以用于缺陷的检测、定量和定位。随着超声检测技术的发展,TOFD超声检测可以精准测量缺陷埋深和自身高度,为工件质量安全评估提供可靠的依据。跟其他超声检测技术相比,TOFD超声检测技术具有以下特点:

(1) 检测效率高,一次扫查能覆盖整个焊缝区域(上下表面盲区除外)。

(2) 可靠性好。TOFD超声检测接收的是衍射波,衍射波信号不受声束影响,具有很高的缺陷检出率。

(3) 精度高。一般情况下,对于线性缺陷或面积型缺陷,TOFD超声检测误差小于1 mm;对于裂纹和未熔合缺陷,TOFD超声检测误差只有零点几毫米。

(4) 无法检测工件上、下表面缺陷,存在一定的检测盲区,需与常规超声检测相结合才能实现工件100%检测。

(5) 无法检测粗晶材料工件,且横向缺陷检出率低。

(6) 对缺陷进行定性存在较大困难。

4.1 衍射时差法超声检测原理

4.1.1 衍射过程

当超声波在传播过程中遇到裂纹等缺陷时,声波会在裂纹的两端产生衍射现象,波朝着四周传播,同时还会在裂纹表面产生超声波反射。衍射波比裂纹镜面反射回波要弱得多,在常规脉冲回波法中不容易被探头接收到。超声波产生衍射波的过程如图4-1中所示。

无论是机械波还是电磁波都可以产生衍射现象,比如光波和水波。当光波通过裂隙或经过边缘时,人们通过光学仪器(如光学显微镜)可以观测到光波经过衍射后的波束。1690年,荷兰物理学家惠更斯提出理论:当波穿过障碍物时,波动所到达的

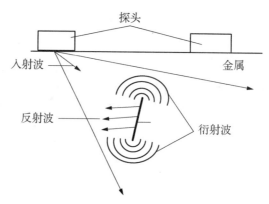

图4-1　裂纹产生衍射波示意图

面上每一个点可以充当一个新的波源。如图4-2所示,波在传播过程中遇到障碍物,会产生若干现象,一部分声波会在界面产生反射,界面上每一个小于波长的点都可以作为子波源向前发射球面波。这些子波与子波的包络面互相干涉叠加,最后形成一个平波阵面。端点处的子波源向四周发射声波,改变了波的传播方向,产生衍射现象。

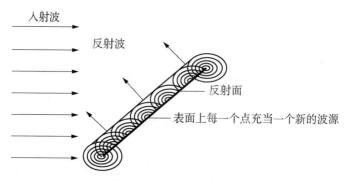

图4-2　衍射现象的解释

常规超声的衍射现象属于端点衍射。端点衍射信号通常用于脉冲回波方法的尺寸检测中,因为这种衍射可以提高信号强度。该方法称为最大波幅技术或逆分散尖端衍射技术,常用于探头声束与缺陷反射面角度不理想的情况。

衍射波波幅随入射波角度的变化情况如图4-3所示。图4-3中的缺陷与工件(材质为钢)表面垂直,同时也位于两个TOFD探头中间,曲线图表示了该缺陷的上、下端点信号变化与入射波角度间的函数关系。入射波角度为65°时回波信号最强,裂纹下端点的信号略大于上端点的信号,但整个波幅基本相似。入射波角度为45°～80°,波幅变化小于6 dB。入射波角度为38°时,裂纹下端点的信号很低,而入射角为20°时波幅又有所回升。常用的检测角度为45°、60°和70°。

横波在钢中,在上尖端的最佳角度是 45°,在下尖端的最佳角度是 57°。对于缺陷与平板不垂直的情况,两个探头的计算方法更复杂。1989 年,Charlesworth 和 Temple 对这种情况进行了研究分析,发现相对大的角度对波幅影响很小。

TOFD 超声检测最大的优势是衍射信号与入射波的角度和缺陷方向无关,不以信号幅值判定缺陷大小,与脉冲回波法截然不同。

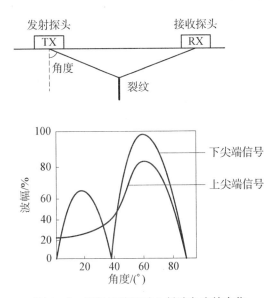

图 4-3　衍射波波幅随入射波角度的变化

4.1.2　检测原理

4.1.2.1　基本波型

TOFD 超声检测技术的原理是通过计算超声波衍射的传播时间来确定缺陷的位置。TOFD 超声检测包括两个探头,一个探头起发射作用,另一个探头起接收作用。这种设计可进行大尺寸材料的检测,而且能够得到反射体确定的位置和深度。

采用一个探头也可以进行缺陷检测,但不推荐,因为这种方法降低了缺陷定位的准确度。常见的 TOFD 探头结构如图 4-4 所示,一个压电传感器安装在有机玻璃或其他相似材料的楔块上,组成了一个探头。探头需要选择合适的窄脉冲长度以便于检测深度具有较高的分辨率。为了在金属中产生一定的压缩波,楔块常用角度是 45°、60° 和 70°。探头一般都有螺纹,便于和不同的楔块连接。为了使超声波能够在探头和楔块中进行传播,需要在二者间添加耦合剂,这种设计的缺点是耦合剂变干后需要重新添加。

在金属材料中采用纵波检测的原因是纵波的传播速度几乎是横波的两倍,能够

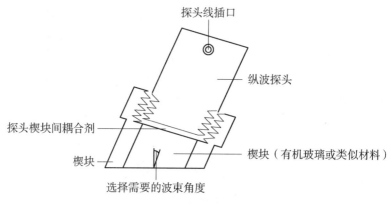

图 4-4 典型探头的横截面

最先到达接收探头。知道了波速就能计算出缺陷的深度,如果信号具有纵波的波速,那么深度的计算将更简单。任意一种波都可以通过一部分波型转换成为其他种类的波型。如果一束横波通过裂纹等缺陷进行衍射后可能产生纵波,那么这束纵波将先到达接收探头,这种情况下(即使横波的波速是正确的),将得到错误的缺陷深度。

纵波通过楔块后,在合适的角度,一部分能量转换成需要的纵波,另一部分在纵波角度的一半处转换成横波。因此,横波也存在于金属材料中,只是其信号产生在纵波信号之后。所以,TOFD 超声检测的波型信号包括自始至终的纵波和横波。

经过波型转换的波束,一半声程是纵波,另一半声程是横波。

图 4-5 所示为 TOFD 超声检测技术的整体设计。无缺陷的 A 扫描(A-Scan)信号显示如图 4-6 所示,有缺陷的 A 扫描信号显示如图 4-7 所示。主要的波型种类如下。

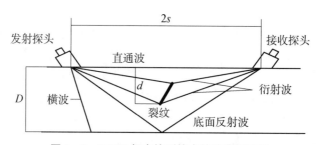

图 4-5 TOFD 超声检测技术的波传播路径

1)直通波

一般情况下最先发现的是在工件表面下传播的纵波,这种波在两个探头之间以纵波速度进行传播。它遵循了两点之间波束直线传播最快的费马原理(Fermat's Principle)。曲面工件直通波仍然是在两探头之间进行直线传播。如果材料表面有涂层,则绝大部分波束都在涂层下面的材料中传播。其实直通波并不是表面波,而是由发射探头发出的大扩散角边缘产生的,并且直通波的频率低于中心波束的频率,并随着探头中心间距的增加而降低(波束频率与其扩散范围有关,具有越低的频率成分,其波束扩散得越宽)。真正的表面波会随着扫查距离的变化,其波幅呈指数衰减。

探头中心间距(probe center separation,PCS)如果很大,则直通波的信号比较微弱,甚至识别不到。

由于探头按照发射-接收的形式布置,使得近表面区域的信号产生较大的压缩,因此这些信号可能隐藏在直通波信号下。

2) 底面反射波

还有一部分声束能量到达工件底面,并遵循反射定律发射到另一端被探头接收到,这个信号称为"底面反射波"或"底面回波"。值得注意的是,如果探头只能发射到工件的上部或者没有合适的底面进行反射和衍射,则底面波可能不存在。

3) 缺陷信号波

声波遇到缺陷后,由于缺陷自身振动而在上、下端点处各产生一个衍射信号,这些信号由于向四面八方发散,因此会比底面反射信号弱得多,但比直通波信号强,这两束衍射信号在直通波和底面反射波之间出现。如果缺陷高度较小,则上端点信号和下端点信号可能互相重叠。这种情况下减少信号的周期可以提高上端点信号和下端点信号的分辨率。

因为衍射信号非常微弱,且比发射信号能量低很多,所以单从 A 扫描显示图上很难识别出来,而且 A 扫描只是 B 扫描的连续显示图,因此还需要采用清晰显示衍射信号的 B 扫描。这时,信号平均很重要,这样能提高信噪比。这也是为什么用只有 A 扫描的一般模拟检测仪做 TOFD 超声检测很困难的原因。

4) 横波信号或波型转换信号

探头发射的纵波在进入工件时,其中一部分能量转换为折射纵波,一部分能量转换成折射横波,在纵波底波和横波底波之间还会产生各种波型转换的衍射信号。缺陷的波型转换横波到达接收探头的时间比纵波底波长,但比波型转换横波底波短。

这个区域所收集到的信号有时很有价值,因为对真实存在的较大缺陷,其在出现纵波衍射信号的同时出现波型转换信号,而且经过横波的扩散后,近表面的缺陷信号可能会变得更加清晰。

为了更好地展示出衍射波的传播路径,图 4-5 中只是简单地用实线将探头与裂纹连接了起来。这不代表只有在特定的角度才能产生波束衍射。衍射现象和缺陷的角度无关,如果波束遇到裂纹,则会产生衍射波,并被探头接收。

4.1.2.2　相位关系

A 扫描产生的直通波和底面反射波(底面回波)如图 4-6 所示。超声检测中有一个很重要的现象:当声束由高阻抗材料传播到低阻抗材料时,相位会发生 180°改变(例如从钢中到水或从钢中进入空气)。因此,如果一个波束在碰到界面之前是以正向周期开始传播的,那么在通过界面反射后改变相位以负向周期开始传播。

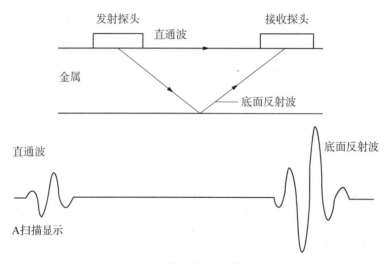

图 4-6 无缺陷的 A 扫描信号显示

图 4-7 所示为有缺陷的 A 扫描显示。缺陷上端点的信号就像底面反射波一样,相位转变 180°,从负周期开始。下端点的信号就像声波绕射过底部一样,未发生相位转换。其相位与直通波信号的相似,相位都是从正向周期开始。有理论表明:如果得到两个衍射信号的相位相反,则可能是一个缺陷,只有几种特殊的情况是上、下端点

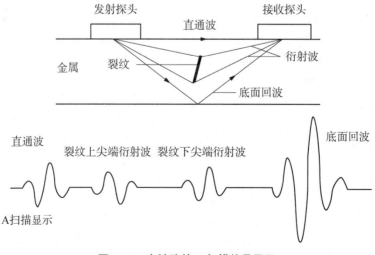

图 4-7 有缺陷的 A 扫描信号显示

的衍射信号相同。因此,如果两个比较接近的信号在一起,可以通过识别相位的变化来进行判断,比如工件中的缺陷是两个夹渣而不是一个裂纹,则这时信号没有相位变化。夹渣和气孔由于太薄,很难区分上、下端点。

由于信号可观察到的周期数很大程度上取决于信号的波幅,但信号的相位往往难以识别。当波幅较低时,第 1.5 个周期容易和噪声混淆,把噪声错当信号。当波幅饱和时也无法测出其相位,比如底面回波。在这种情况下,需要先将探头放置在试样或校准试块上,调低增益,使底面回波和其他难识别相位的信号都像缺陷信号一样具有相同的波高,然后增加增益并记录信号相位随着波幅的变化。一般这种变化最易集中在某两个或三个周期内进行。信号的相位对于 TOFD 超声检测来说非常重要,因此必须采集不检波信号。

4.1.2.3　深度计算

根据信号的到达时间并结合简单的三角函数关系可以计算出反射体的深度,无须像常规超声一样寻找最高波,再根据最高波的位置计算缺陷尺寸、高度及距扫查面的深度,如图 4-8 所示。

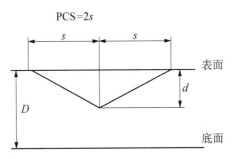

图 4-8　TOFD 超声检测深度计算示意图

由于两探头的信号是对称的,则超声信号传播距离可以用下式计算:

$$距离 = 2\sqrt{s^2 + d^2} \tag{4-1}$$

式中,s 为两探头中心距的一半(mm),d 为反射体的深度(mm)。

计算出时间为

$$t = 2\sqrt{s^2 + d^2}/c \tag{4-2}$$

式中,c 为波的传播速度(mm/μs)。

这样,通过式(4-2)可以计算出反射体的深度:

$$d = \sqrt{(ct/2)^2 - s^2} \tag{4-3}$$

式(4-3)表明,如果裂纹在两探头之间对称的位置上,则通过观察到的信号可以计算出缺陷的深度。但是通常情况下裂纹并不在两探头对称位置上,这样算出的深度可能有误差(对沿着焊缝进行非平行扫查而言)。在大多数情况下,V形坡口的焊缝里面偏离轴线的缺陷深度误差很小,因此对上、下尖端信号的定位可以忽略偏离轴带来的误差影响。在平行扫查中,不存在偏离轴线的误差。

误差的范围一般为 $-1 \sim 1$ mm,但采用相同的探头和其他装置时,监测裂纹扩展情况的误差为 $-0.3 \sim 0.3$ mm。

由于在 TOFD 超声检测技术中,深度和时间的关系并不是线性关系,而是呈平方关系,不同深度的信号不能通过肉眼或者尺子直接测量,所以软件需要经过线性化处理得出 B 扫描和 D 扫描的线性深度图。B 扫描和 D 扫描在深度方向上是线性的,这对于分析十分有用。在进行原始数据的分析时,时间轴上显示的数据对分析十分有利。在近表面区域中,反射信号在时间上的微小变化转化成深度可能变化较大,这样,线性深度可以覆盖到近表面的信号,而直通波的信号则可能在比例范围之外。进行深度测量时可以将分析指针放在需要测量的位置,即可读出曲线所在位置的深度。

深度方向的非线性变化产生的主要影响是在上侧近表面深度测量的误差变化更大,这是由于表面存在直通波和不断增大的深度误差。因此,TOFD 超声检测很难检测到近表面的缺陷,如果只做一种扫查,甚至会使得 10 mm 深度范围内的缺陷都难以检测。但是,减小 PCS 或采用高频探头能够减少近表面的影响范围,但覆盖面会减小,例如采用 15 MHz 的探头和较小的 PCS,可以检测到工件表面 1 mm 深左右的缺陷。

4.1.2.4 时间测量和初始化 PCS

1) 深度校准

实际应用中,深度的计算需要考虑其他的延时时间,包括在楔块中的延时,该延时表示为 $2t_0(\mu s)$,总的传播时间可以用公式表示:

$$t = 2\sqrt{s^2 + d^2}/c + 2t_0 \tag{4-4}$$

深度的公式为

$$d = \sqrt{\left[\frac{c(t - 2t_0)}{2}\right]^2 - s^2} \tag{4-5}$$

已知波速、PCS 和探头的延时,就可以算出从反射体得到的信号传播时间。这个过程有助于减小任何因系统引起的误差,包括 PCS 误差。

直通波出现的时间公式表示为

$$t_l = 2s/c + 2t_0 \tag{4-6}$$

底波出现的时间公式可以表示为

$$t_b = 2\sqrt{s^2 + D^2}/c + 2t_0 \tag{4-7}$$

式中，D 代表工件厚度。

式(4-7)减去式(4-6)就可得出波的传播速度：

$$c = (2\sqrt{s^2 + D^2} - 2s)/(t_b - t_l) \tag{4-8}$$

探头的延时时间可表示为

$$2t_0 = t_b - 2\sqrt{s_2 + D_2}/c \tag{4-9}$$

因此，建议在扫查前，将测得的 PCS 和工件厚度值作为参数输入，以便于计算深度。采用 B 扫描和 D 扫描测量深度时，首先用相关的软件计算出直通波和底面反射波出现的时间，计算机将自动算出探头延时和波速，则每一点的深度都能计算得出。显然，如果直通波或底面反射波的信号中只有一个可以利用，波速或探头延时就必须输入到程序中。

需要注意的是，PCS 的测量是指测量两个探头入射点之间的距离。

2）测量各种信号的到达时间

由于不同信号的相位不同，为了得到最准确的深度值，必须考虑各种信号出现位置的相位。要关注几个参数的测量值：信号的峰值，由于底面反射波通常处于饱和，其峰值较难测量；测量时间点建议选在周期从正变成负的过程中；B 扫描和 D 扫描的曲线指针可以显示数值，因而从正到负的点可以读出其数值，反之亦然。一般选择的点是幅值最接近零点的一点。

图 4-9 所示为各种信号的相应测量时间。如果直通波从正相位开始，那么选择起始点作为测量位置。而相位与直通波相反的底波，也应当选择从第一个负相位起始点开始测量。但是在图中，底面反射波(底面波)从第二个负周期开始测量，因为第二个周期的波幅更高，周期更多。第二个负周期在这点的时间被认为与直通波的时间相对应。对于裂纹的衍射信号，上尖端信号从第一个负周期开始测量，下尖端信号从第一个正周期开始测量。

上面介绍的是理想状态下或以前老式仪器中的测量方式。现在的实际应用中，由于噪声等因素的影响，很难准确找到信号开始的零点位置。所以一般测量第一个峰或谷的位置。图 4-9 展示了直通波的第一个波峰、底面波的第一个波谷及裂纹上端点的第一个波谷、下端点的第一个波峰。

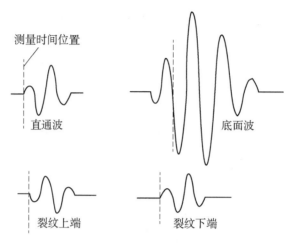

图 4 - 9　各种信号的相应测量时间

3）检测时 PCS 的初始化

为了能够覆盖焊缝的大部分区域，一般 PCS 的设置原则：发射和接收探头的中心声束的交叉点在工件厚度的三分之二处。如果波束在金属中的中心角度为 θ，则

$$\tan\theta = s/d \tag{4-10}$$

聚焦深度 s 在三分之二处，则 PCS 为 $2s = (4/3)D\tan\theta$，其中 D 是工件的厚度。聚焦在某一个特定的深度 d 的情况可根据检测需要进行计算。例如，平行扫查的 PCS 为

$$2s = 2d\tan\theta \tag{4-11}$$

4）检查并正确采集 A 扫描信号

直通波的信号非常弱，而横波的底面反射波比纵波的底面反射波还要强，因此 TOFD 超声检测信号里应该含有直通波、底面波、波型转换后的横波。通常情况下，需要计算信号中直通波和底面反射波出现的时间来核查采集的信号是否准确，例如

$$直通波：t_l = 2s/c + 2t_0 \tag{4-12}$$

$$底面反射波：t_b = 2\sqrt{s^2 + D^2}/c + 2t_0 \tag{4-13}$$

4.1.2.5　表面开口缺陷的显示

表面开口的缺陷将改变 TOFD 超声检测的 B 扫描和 D 扫描。如果缺陷破坏了上表面，则对应的直通波信号会消失（见图 4 - 10）或波幅有明显的减小。如果缺陷的长度不是很长，直通波的信号将在缺陷的部分产生圆形显示。

底面开口裂纹的 D 扫描如图 4 - 11 所示。裂纹对底面的影响取决于裂纹的高度和探头覆盖的区域。

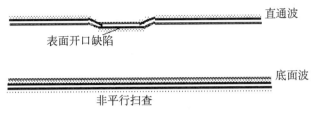

图 4 - 10　非平行扫查所得的表面开口裂纹缺陷

　　在底面的缺陷如果深度方向尺寸较小,则底面波的信号几乎不发生变化。因为大部分的超声波束都从裂纹附近通过,如果裂纹离底面较远,该处底面波信号的波幅将减小,并产生下沉。下沉的原因是波束的末端产生较长的反射路径并被接收探头所接收。裂纹足够高,则该处底面反射波断开。

　　在扫查过程中,探头容易和表面接触不良,导致信号丢失。如果 A 扫描中有两种信号丢失,则需删除信号重新检测(包括直通波和底面反射波),但是如果只是丢失一部分信号,则可以继续进行分析检测。没有直通波,只有底面反射波,代表表面有开口裂纹;同样,没有底面反射波而有直通波,代表工件背面有开口缺陷。

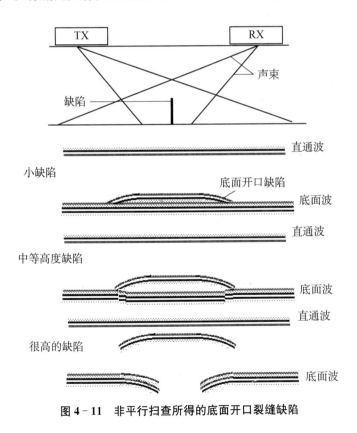

图 4 - 11　非平行扫查所得的底面开口裂缝缺陷

4.2 衍射时差法超声检测设备及器材

TOFD 超声检测设备和器材主要包括主机设备、探头、楔块、扫查装置、附件和试块等,这些构成了 TOFD 检测系统的基本单元,其主要功能就是完成对检测对象内部缺陷的扫查、记录及分析功能。

4.2.1 主机设备

主机设备包含 TOFD 超声检测系统中的发射系统、接收系统、从模拟到数字的信号转换系统、数字信号处理系统等。主机设备主要完成激发脉冲使探头进行工作,并依靠编码器顺序记录探头上返回的超声波信号,并对其进行放大、滤波后转换为 D 扫描图像,并且可完成存储、分析、打印、输出等功能。

超声波信号的发射和接收系统与传统的模拟式超声检测仪一样,包括发射电路和接收电路两部分。发射电路触发电脉冲,激励探头晶片振动,发出超声波。接收电路接收来自探头的电信号,为了消除电噪声同时提高有用信号的强度,接收电路需要加入滤波器和信号放大装置。由于 TOFD 超声检测多采用衍射信号,与反射信号相比,衍射信号很微弱,所以必要时,还可以在接收信号的电缆上另外加装一个前置放大器,其连接位置应尽可能地靠近接收探头。为了减少电噪声的影响,前置放大器一般采用电池供电,而不采用与数据采集系统相同的外接电源。一般前置放大器能够提高 30~40 dB 的系统增益。

TOFD 超声检测系统的数字信号的处理、显示和储存系统比传统的数字式超声检测仪复杂得多。TOFD 检测不仅要显示 A 扫描信号,还要结合编码器的行程显示 B 扫描(或 D 扫描)图像,而且 B 扫描(或 D 扫描)图像上的任一像素点都对应一个非检波的 A 扫描信号。所以,其数据处理量比传统的数字式超声检测仪要大得多。一般单片机的数据处理能力已无法满足要求,TOFD 超声检测设备多采用内置的微型计算机进行数据处理。该微型计算机的通信接口和操作系统(如 Windows),可连接和控制常用的计算机辅助设备,如键盘、显示器、鼠标、存储器、打印机等。

4.2.2 探头及楔块

TOFD 超声检测采用纵波法检测。纵波探头需要配置一定角度的楔块,以改变纵波入射角,从而实现对焊缝的扫查。连接探头和楔块时,在探头和楔块之间的接触面需要添加耦合剂。图 4-12 所示为一组典型的 TOFD 检测探头和楔块,最右侧为探头和楔块连接的示意图。

TOFD 超声检测时,一般采用两个探头,同时配备两个楔块,组成探头组,采用一发一收模式。一般要求,单个探头实测中心频率与公称频率差值应不大于±10%。一个探头组中的两个探头应具有相同的晶片尺寸和公称频率,两个探头中心频率误差应在±10%以内。一个探头组中的两个楔块也应具有相同的规格和参数。

图 4‑12　典型 TOFD 检测探头和楔块

TOFD 超声检测的最大优势在于缺陷的精确定量,所以要求检测探头应当能够发射宽频带、窄脉冲且具有较高频率的超声信号,以提高检测分辨力。对于 TOFD 检测探头的一般要求:工件表面的直通波波幅达到峰值10%以上的部分,其周期数应不超过 2 个。常用的 TOFD 检测探头,其标称频率一般在 5 MHz 以上,高于常规脉冲反射法超声检测。另外,由于衍射信号相对较弱,所以要求探头晶片应具有较高的发射和接收性能,以保证所需的检测灵敏度。

常规脉冲反射法超声检测探头所采用的压电材料已无法满足 TOFD 检测所需的宽频带、窄脉冲、高频率、高灵敏度的基本要求。TOFD 检测探头的压电晶片采用了一种特殊的压电材料,即压电复合材料。

压电复合材料于 20 世纪末期研制成功,由压电陶瓷材料和高分子聚合物以一定的方式复合而成的。常用的高分子聚合物有聚偏二氟乙烯(PVDF)、橡胶、硅橡胶、环氧树脂等。聚偏二氟乙烯(PVDF)本身具有压电效应。压电复合材料本身具有高阻尼特性,因此不需要像普通陶瓷材料那样,在晶片背部填充大量的阻尼材料,以减少晶片的持续振动时间,提高超声脉冲的带宽。

在结构方面,TOFD 检测探头和常规脉冲反射法超声检测探头的主要差异在于对探头阻尼的配置上。另外,为了增加扫查覆盖范围,TOFD 超声检测所采用的探头晶片尺寸一般较小,以增加超声波的声束扩散角,常用的晶片尺寸在 6 mm 左右。

为了实现对焊缝的检测,需要根据被检工件的厚度,配备相应角度的楔块。TOFD 检测探头所采用的楔块与常规脉冲反射法超声检测所采用的楔块并无实质区别。

目前国内常规脉冲反射法超声检测采用斜探头,一般把探头和楔块固定在一起,若楔块损伤,则探头随之报废。但是,在目前的技术条件下,TOFD检测探头的制作成本相对较高,而楔块的制作成本要低得多。所以,探头和楔块一般都是单独供应,以便降低成本。

检测时,应尽量保证楔块与被检工件表面紧密贴合。一般要求楔块与被检测面正常接触时,间隙应不大于0.5 mm。

4.2.3 试块

目前,TOFD超声检测中使用的试块包括标准试块、对比试块、模拟试块。标准试块是指用于仪器探头性能校准的试块,主要有CSK-ⅠA试块和DB-P试块。DB-P试块的具体形状和尺寸参照《无损检测 A型脉冲反射式超声检测系统工作性能测试方法》(JB/T 9214—2010)中的附录A部分要求。对比试块是指用于检测校准的试块,其声学性能应与工件相同或相似,外形尺寸应能代表工件的特征和满足扫查装置的扫查要求;对比试块中的反射体采用机加工方式;对比试块材料中超声波声束可能通过的区域用直探头检测时,不得有大于或等于Φ2 mm平底孔当量直径的缺陷。模拟试块是指含有模拟缺陷的试块,用于TOFD超声检测技术等级为C级时的检测工艺验证;模拟试块的材质应与被检工件声学特点相同或相似,外形尺寸应能代表工件的特征且满足扫查装置的扫查要求,其厚度与工件厚度比值为0.9~1.3,且两者间最大差值不大于25 mm;模拟试块中的模拟缺陷应采用焊接工艺制备或使用以往检测中发现的真实缺陷;模拟试块中缺陷至少应包括纵向缺陷、横向缺陷、体积型缺陷、面积型缺陷各一处,如果一块模拟试块中不能完全包含这些缺陷,则可由多块同范围的模拟试块共同组成。根据检测对象厚度的不同,主要有TOFD-A试块、TOFD-B试块、TOFD-C试块、盲区试块、声束扩散角测定试块等,如图4-13所示。

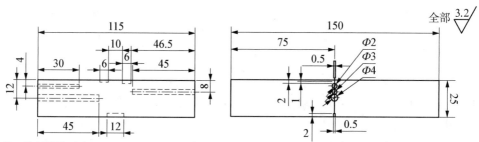

注:孔径误差不大于±0.02 mm,开孔垂直度偏差不大于±0.1°,其他尺寸误差不大于±0.05 mm。

(a)

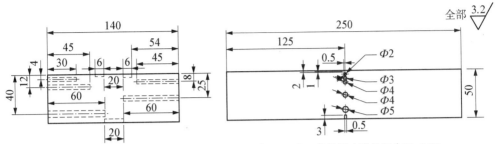

注：孔径误差不大于±0.02 mm，开孔垂直度偏差不大于±0.1°，其他尺寸误差不大于±0.05 mm。

(b)

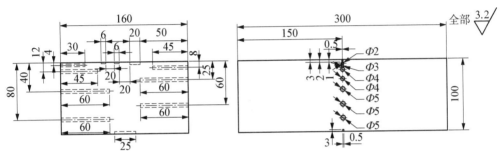

注：孔径误差不大于±0.02 mm，开孔垂直度偏差不大于±0.1°，其他尺寸误差不大于±0.05 mm。

(c)

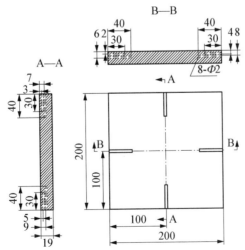

注：孔径误差不大于±0.02 mm，开孔垂直度偏差
不大于±0.1°，其他尺寸误差不大于±0.05 mm。

(d)

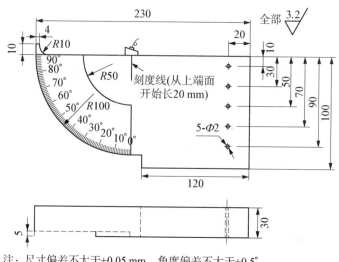

注：尺寸偏差不大于±0.05 mm，角度偏差不大于±0.5°。

（e）

图 4 - 13　各类 TOFD 试块（单位：mm）

（a）TOFD - A 试块；（b）TOFD - B 试块；（c）TOFD - C 试块；（d）盲区试块；（e）声束扩散角测定试块

4.2.4　扫查装置

为了获得稳定的扫查图像，TOFD 超声检测时应配备扫查装置。

扫查装置至少应包括探头夹持装置和编码器固定装置等。探头夹持装置用于固定和调整探头的相对位置，以获得所需的探头中心间距。编码器固定装置用于固定和调整编码器的位置，以保证编码器的滚轮在滚动时，始终处在一个比较平整的平面上，滚动方向与被检焊缝平行，并且编码器与被检焊缝之间的距离相对固定。扫查器作为 TOFD 主机的延伸部分主要负责夹持探头传输信号，一般还配有前置放大器，对信号进行放大、滤波处理。

图 4 - 14 所示为一种典型的扫查装置；特殊的还有适用于厚板及大曲率管道的工字形扫查器及适用于小曲率管道的 T10 铝合金扫查器，如图 4 - 15 所示；无线控制的自动爬行扫查器如图 4 - 16 所示。

4.2.5　其他附件

衍射信号较弱，特别是探头连接线较长时，可以使用前置放大器。前置放大器应能对所使用的频率范围具有平滑的响应。前置放大器连接在接收探头后，放大器与接收探头的连线应尽可能地短。图 4 - 17（a）所示为某公司为简化作业现场所研制的

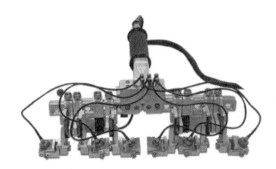

图 4 - 14　一种典型的扫查装置

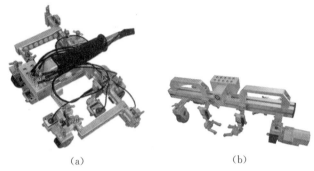

(a)　　　　　　　　　　　　　(b)

图 4 - 15　特殊适用的扫查装置

(a)工字形扫查器;(b)T10 铝合金扫查器

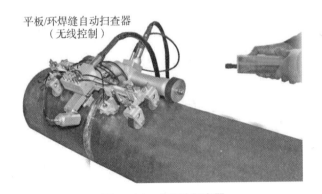

图 4 - 16　全自动扫查器

(a)　　　　　　　　　　　　　(b)

图 4 - 17　各类连接线

(a)复合电缆线;(b)探头连接线

117

复合电缆线,该复合电缆线集成了编码器线、数据传输线缆等多种数据线。图 4 - 17
(b)所示为探头连接线,用来连接探头及前置放大器,线缆接头设计成了弯头的形式,
可防止因多次弯曲或来回拉扯导致连接线失效。

4.2.6 检测仪器及探头的组合性能

检测仪器及探头的组合性能包括水平线性、垂直线性、组合频率、灵敏度余量、
−12 dB 声束扩散角和信噪比。

当新购置 TOFD 仪器和(或)探头,或 TOFD 仪器和探头在维修或更换主要部件
后,或检测人员有怀疑时,均应测定仪器和探头的组合性能。

水平线性偏差不大于 1%,垂直线性偏差不大于 5%,灵敏度余量不小于
42 dB。

超声检测仪器和探头的组合频率与探头标称频率之间偏差不得超过±10%。

4.2.7 检测设备及器材的运维管理

检测设备及器材的运维管理包括对超声检测设备和器材进行校准、核查、运行核
查和检查,并且满足相关标准规定的要求。

校准、核查和运行核查应在标准试块上进行,测试时应使探头主声束垂直对准反
射体的反射面,以获得稳定和最大的反射信号。

校准和核查:每年至少对超声仪器和探头组合性能中的水平线性、垂直线性、组
合频率和灵敏度余量以及仪器的衰减器精度进行一次校准并记录。每年至少对标准
试块与对比试块的表面腐蚀与机械损伤进行一次核查。

运行核查:每隔 6 个月至少对仪器和探头的组合性能中的水平线性和垂直线性
进行一次运行核查并记录;在合适的检测设置下采用对比试块进行检测时,设备应能
够清楚地显示和测量其中的反射体,每隔 6 个月进行一次测定和记录。

检查:每次检测前应测定和记录探头前沿、超声波在探头楔块中的传播时间及
−12 dB 声束扩散角。每次检测前应对位置传感器进行检查和记录,检查方式为使带
位置传感器的扫查装置至少移动 500 mm,将检测设备所显示的位移与实际位移进行
比较,其误差应小于 1%。

4.3 衍射时差法超声检测通用工艺

TOFD 超声检测通常需要根据被测材料厚度来选择探头角度、频率、晶片尺寸和
通道数。如果想减少表面盲区,保证近表面高分辨率,就要求探头频率更高,晶片直
径更小,声束角度越大。如果要保证底面缺陷的高信噪比,就要使发射和接收探头的

声束交点在根部,因此需要更低频率和更大的晶片尺寸探头,提高其穿透能力和信噪比。在检测更厚的工件时需要多个 TOFD 检测探头组,此时可能看不到表面波或底面回波,需要通过计算对壁厚进行合理分区,不同区域分别采用 TOFD 检测探头组扫查。因此,如何根据检测对象对 TOFD 检测的工艺参数进行正确的选择是确定 TOFD 检测工艺的重要内容。

4.3.1　探头声束扩散角

4.3.1.1　声束扩散角的计算

在 TOFD 超声检测中,为了提高检测效率,增大扫查覆盖面,扫查时一般选用大扩散角探头,因此探头声束的扩散角是一个重要的影响因素。在进行检测工艺制定时,应该在保证灵敏度的前提下,力求使用尽可能少的扫查次数来检测待检区域,计算声束的覆盖范围非常重要。探头晶片发出的声束半扩散角 γ 可根据下式计算:

$$\sin\gamma = F\lambda/D \qquad (4-14)$$

式中,λ 为介质中的波长;D 为晶片直径;因子 F,根据不同的扩散声束截面范围,取不同的值(通常,计算 6 dB 声束范围扩散角时,$F=0.51$;计算 20 dB 声束范围扩散角时,$F=1.08$)。

图 4-18 为探头晶片声束扩散示意图。声束在近场区的声压分布比较复杂,因此下面所做的计算均假定在远场区域,即 3 倍近场区以外。这是由于在近场区,处于声压极小值的较大缺陷回波可能较低,而处于声压极大值处的较小缺陷回波可能较高,容易引起漏检;远场区轴线上的声压随距离增加单调减少。当 $X > 3N$ 时,声压与距离成正比,近似于球面波的规律。

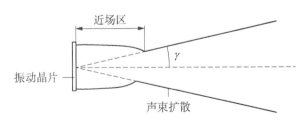

近场区

γ

振动晶片

声束扩散

图 4-18　探头晶片声束扩散示意图

表 4-1 给出了声波在几种不同频率下,探头楔块中的波长和波束半扩散角的计算数据。其中,声束在楔块中的传播速度为 2.4 mm/μs(即 2 400m/s),F 取 0.7。

表 4 - 1　探头楔块中的波长和波束半扩散角

探头频率/MHz	楔块中波长 λ/mm	楔块中的半扩散角γ/(°)		
		$D = 15$ mm	$D = 10$ mm	$D = 6$ mm
3	0.8	2.14	3.21	5.35
5	0.4	1.28	1.92	3.21
10	0.24	0.64	0.96	1.6

由表 4 - 1 可知,获得较大声束扩散角的途径有两个:选择较低的探头频率;选择较小的晶片尺寸。

在金属材料的 TOFD 超声检测中,为了得到 45°、60°、70°的纵波折射角,通常需要在探头晶片的前端附加楔块材料(有机玻璃或聚苯乙烯)。声束在异质界面上的折射角满足斯涅耳定律,折射角按以下公式计算:

$$c_1/c_2 = \sin\theta_1/\sin\theta_2 \tag{4-15}$$

如果钢中声速是 5 950 m/s,楔块中的声速是 2 400 m/s,当钢中纵波折射角为45°、60°、70°时,有机玻璃楔块中的声束入射角如表 4 - 2 所示。

表 4 - 2　钢中声束角度和有机玻璃楔块中的声束角度

楔块中的角度/(°)	钢中的角度/(°)
16.57	45
20.44	60
22.27	70

由上述公式,可以计算声束在钢中的扩散角:

(1) 通过声束在钢中的折射角计算楔块中纵波的入射角;

(2) 计算楔块中的纵波声束半扩散角;

(3) 计算上扩散角和下扩散角;

(4) 通过楔块中的上、下扩散角运用斯涅耳定律计算声束在钢中的扩散角。

4.3.1.2　确定探头声束覆盖范围

TOFD 超声检测中,要求声束的覆盖范围要大,其计算可通过斯涅耳定律得到。表 4 - 3 所示为当钢中声束折射角度为 60°时探头的声束覆盖范围。

表 4 - 3　声束折射角度为 60°时不同探头的声束扩散角

频率/MHz	钢中折射角为 60°的声束扩散角/(°)		
	$D = 6$ mm	$D = 10$ mm	$D = 15$ mm
3	40.2～90	47.3～84.0	51.1～72.2
5	47.3～84	51.9～70.6	54.5～66.5
10	53.2～68.5	55.8～64.8	57.1～63.1

从上表可以看出,声束覆盖范围最大时,探头频率为 3 MHz,晶片直径为 6 mm。其最大声束正好沿上表面传播,即扩散角为 90°。根据斯涅耳定律,随着频率和晶片尺寸的增大,声束的扩散角变小,导致声束覆盖范围有效减小,探头声束的扩散并不是以声束轴线中心对称的。钢中纵波折射角为 60°的两组 TOFD 检测探头,其中一组 $f = 10$ MHz、Φ15 mm,另一组 $f = 3$ MHz、Φ6 mm,将 PCS(两探头入射点间的距离)设定为 2/3 声束聚焦深度的工件壁厚时的声束覆盖示意图如图 4 - 19 所示。

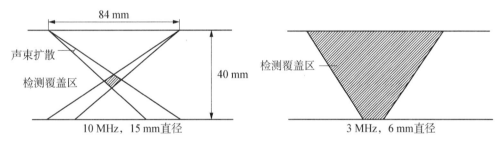

图 4 - 19　钢中纵波折射角 60°,声束聚焦 2T/3 深度时不同探头的声束覆盖

从图 4 - 19 中可以看出,选择频率高、晶片尺寸大的探头,则声束扩散较小,声束窄,有利于提高系统的分辨力和声束强度;但是,其声束的覆盖范围较小,不能对工件截面进行有效的声束覆盖。在缺陷检测过程中,应当优先考虑声束对被检工件的覆盖,想要获得更大的声束覆盖范围,需要选择低频和小直径的探头。实际检测过程中,探头的选择需要平衡各种因素作用,在满足检测灵敏度的前提下,尽量选择声束覆盖范围大的探头。此外,对于已经发现并确定了位置的缺陷,还可以通过优化设置,针对性地选择探头,进行进一步扫查以确定缺陷的精确尺寸。

受几何尺寸及衍射振幅与折射角的关系影响,折射角变化导致衍射信号幅度也随之变化,但在 45°～80°范围内,衍射信号幅度与折射角关系不大,因此,通常钢中的有效声束角度范围为 45°～80°。该角度范围的定义:在通过声束轴的垂直平面中,声束交叉所形成的一个四边形区域。45°～80°的角度范围是基于一个对称平面的垂直条状裂纹计算的修正衍射范围确定的。它没有考虑探头的实际声束特征所产生的声束与轴线间的夹角和有限大小的辐射面。同时,它也忽略了探头的入射点随着对称平面变化的影响。图 4-20 所示为一对直径为 15 mm,钢中折射角为 60°,两探头入射点间距为 100 mm 的探头声束分布函数。该图可以看作一个来自衍射源的信号振幅的分布图,假设衍射系数为常数,则信号振幅的最大允许范围为 24 dB 时,在四边形所包含范围内的一些部位幅值较低,尤其是在近表面区域。在 45°~74°之间的声束范围,满足合理的计算精度。覆盖面积减少的主要原因是受探头声束宽度的限制。这种情况下可以选用小晶片的探头来扩大有效的声场覆盖范围。同样,也可以采用更大角度的探头,使声束的上扩散角更加偏向于工件的近表面区域。例如,采用折射角为 70°的探头来代替 60°的探头。

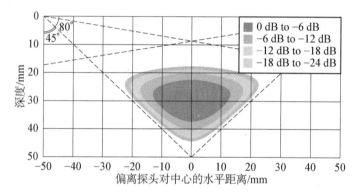

图 4-20 $f = 3.5$ MHz、直径为 15 mm、折射角为 60°、间距为 100 mm 探头的声束分布(虚线区域为 45°~80°)

图 4-21 所示为平直裂纹缺陷边缘的衍射信号强度校正后的角度范围,该计算忽略了吸收作用的影响。由此可以推断:

(1) 在声束覆盖范围的计算时,假设一个不变的衍射系数是不合理的;

(2) 当缺陷倾斜 45°或更大倾斜时,没有较大的信号强度损失;

(3) 当折射角为 68°的探头被应用时,能达到最佳的灵敏度。

4.3.1.3   扫查次数的选择

由图 4-19 可以看出,用一次扫查很难实现对整个焊缝的全覆盖检测。一旦一对已知探头的覆盖区被确定后,覆盖设计的下一步就是确定整个检测区域怎样才能被一对或更多的探头扫查到。对于 TOFD 超声检测来说,扫查次数取决于要检测工件的厚度和检测需要覆盖的范围。显然,用一组探头进行一次扫查完成检测的效率最高。但是,一次扫查有时无法对近表面区域进行有效覆盖。因此,确定几组不同距离的探头对覆盖不同深度区域非常必要。较小间距的探头用于检测近表面区域,较小的声束覆盖宽度意味着需要沿检测区域放置更多的不同距离的探头组。有的缺陷

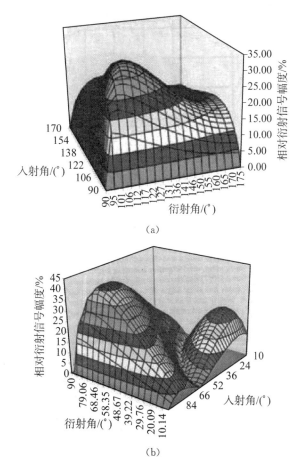

图 4-21　远场条件下忽略吸收的平直裂纹边缘的校正后角度范围

(a)缺陷的上边缘；(b)缺陷底部

可能非常靠近底面,但是却偏移中心线,则其缺陷回波有可能被误认为底面的反射回波,这就需要增加一个横向位移的探头组。在进行扫查布置时,既要考虑探头组的数量,还要考虑扫查的次数,所选择的布置取决于数据采集通道、扫查仪器的性能以及检测周期。

　　以一个工件的焊缝检测为例。该工件厚度为 40 mm,焊缝检测总宽度为中心线两侧各 40 mm。假定探头频率为 5 MHz,F 值取 0.7,声束焦点设在 $2/3T$ 处。图 4-22(a)所示是折射角为 45°的探头(简称 45°探头)的声束覆盖情况,图 4-22(b)所示是折射角为 60°的探头(简称 60°探头)的声束覆盖情况。从图中对比可以看出,45°探头的声束扩散较小,没有实现对检测区域的全覆盖,但在检测中能够获得较好的分辨力。表 4-4 列出了中心频率为 5 MHz 的探头在不同晶片尺寸及不同折射角下的声束扩散角范围(在钢中)。

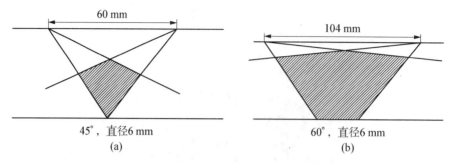

图 4-22　45°探头和 60°探头的声束覆盖范围

(a)折射角为 45°；(b)折射角为 60°

表 4-4　5 MHz 探头在钢中的声束扩散角

折射角/(°)	钢中声束扩散角范围/(°)		
	$D = 6$ mm	$D = 10$ mm	$D = 15$ mm
45	34.0～57	38.8～51.8	40.8～49.9
60	47.3～84	51.9～70.6	54.5～66.5
70	54.0～90	59.6～90.0	62.6～82.1

折射角为 45°的探头，即使晶片直径为 6 mm，它的覆盖范围也很小[见图 4-22(a)]。而折射角为 60°，晶片尺寸为 6 mm 的探头可以覆盖 2/3 焊缝区域[见图 4-22(b)]。折射角为 70°，探头声程太长，且分辨率低，不如 60°探头。

图 4-22(b)中 60°探头扫查遗漏的区域需要一对聚焦深度在这个区域的探头进行扫查，如图 4-23 所示。

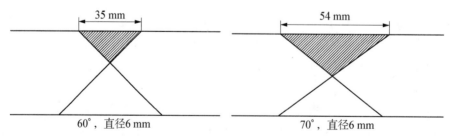

图 4-23　波束覆盖——图 4-22(b)中近表面区域的扫查(60°探头、70°探头)

由图 4-23 可知，70°探头能覆盖更多的近表面区域。在实际应用中，这两种探头的扩散角度基本相同，60°探头可以获得较好的分辨力，而 70°探头有更大的覆盖范围，应综合考虑实际情况选用。

最后,每对探头需要进行三次扫查才能完全覆盖焊缝中心两侧 40 mm 范围,其中 60°探头聚焦(2/3)T 深度,60°或 70°探头聚焦(1/4)T 深度。这就需要进行 6 次扫查或 2 对探头同时采集数据,扫查 3 次,如图 4 − 24 所示。

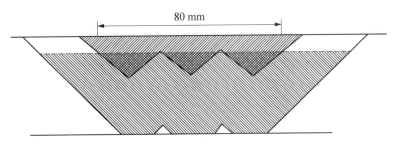

图 4 − 24　焊缝扫查 3 次检测示意图

因此,扫查一次是不够的,应仔细选择适宜的探头和扫查次数。如有可能,应在试块上进行试验。试块材料应与被测工件厚度相同且内部有反射体。

另外,对于不同的工件结构应采用不同的扫查布置。对于简单的工件结构,如板材的对接焊缝或圆柱容器的环焊缝,满足对焊缝的全覆盖检测,很容易计算出所需的探头布置和扫查方法。对于复杂的工件结构,如喷嘴外壳焊缝、K 型节点焊缝等情况,需要充分考虑探头和扫查方式的选择,否则会因探头在复杂接触面上的倾斜导致声束覆盖不足及灵敏度降低的问题。可以采用数学仿真工件的几何形状以证明所有的检查部位已被覆盖,或者采用带有人工缺陷的工件试样进行模拟验证。

4.3.2　被检材料的检查

在实施检测前,应更多地了解工件的一些信息,包括:

(1)熟悉焊缝结构形式、焊接方法、现场条件,了解相关历史数据和可能出现的裂纹类型;

(2)检查焊缝两边的母材,确定是否有分层和撕裂,这有助于解释 D 扫描或 B 扫描中面状信号;

(3)检查焊缝两边母材的厚度突变,这能引起多个底面波;

(4)检查材料衰减和粗糙度的影响。高频波在通过金属材料时能引起剧烈衰减,当长距离传播时衰减则更大。

4.3.3　探头的选择

在 TOFD 超声检测中,通常选用纵波直探头,其目的是避免产生两种回波导致缺陷信号难以识别。直通波和底面反射波均为纵波,由于纵波声速最大,它们在时间轴上的情况为:直通波(纵波)和底面反射波之间只存在缺陷波(纵波入射时缺陷引起的衍射纵波);按照信号的传播速度,探头发射纵波通过楔块进入工件,其中一部分折射横波入射到底面引起反射纵横波,一部分折射纵波入射到底面引起反射纵横波,都在纵波反射波(缺陷反射波)之后,折射横波在遇到缺陷两端引起的衍射波和变型波通常也在缺陷反射波之后。

1) 探头角度的选择

首先考虑重点记录区域直通波与底面波的时间范围。两者之间的时间间隔计算见式(4-6)和式(4-7),时间范围为$2(s^2+D^2)^{1/2}/c-2s/c$。

以壁厚40 mm工件为例,探头聚焦深度为$(2/3)T$,表4-5中,45°探头的时间差最大,分辨力最好。然而,大角度探头PCS值更大,能够覆盖更多的扫查区域,单从这方面考虑,应选用大角度探头。

表4-5 直通波与底面波的时间范围

参数	金属中的角度/(°)		
	45	60	70
PCS/mm	48	83.2	132.0
直通波/μs	8.1	13.0	22.2
底面波/μs	15.7	19.4	25.9
时间间隔/μs	7.6	5.42	3.8

在进行探头角度选择时,有两个因素必须考虑:第一,最优的衍射角度为60°~70°;第二,探头角度大,同时PCS角度也大,对厚工件来说,这会引起信号的幅度衰减,使检测变得困难。因此,通常在检测薄板工件时采用大角度探头,可使声束覆盖范围变大。而检测厚板工件时采用小角度探头,提高分辨力。在检测更厚的工件时需要多个TOFD检测探头组分层扫查,此时可能看不到表面波或底面回波,应通过计算对壁厚进行合理分区,不同区域分别采用TOFD检测探头组扫查。在检测奥氏体或高衰减的材料时,选择低探头频率、大晶片尺寸。探头角度对各种参数的影响如表4-6所示。

表4-6 探头角度对检测参数的影响

减小探头角度	增大探头角度
分辨率提高	分辨率降低
深度误差减小	深度误差加大

（续表）

减小探头角度	增大探头角度
波束扩散减小	波束扩散角增大
PCS 减小	PCS 增大
衍射信号波幅增大	衍射信号波幅减小

2）探头频率的选择

要想识别出直通波和底面波之间的缺陷信号，则每个缺陷信号必须要有几个周期的时间，此时如果直通波和底面波的时间间隔远大于缺陷信号的周期，能很好地将缺陷信号分辨出来。表 4-5 中，以 60°探头检测 40 mm 厚的工件为例，直通波和底波的时间差为 5.42 μs。对于 1 MHz 的探头，一周期的时间是 1 μs，则直通波和底面波的间隔时间有 5 个信号周期，这是远远不够的。而对于 5 MHz 的探头，一周期的时间为 0.2 μs，在该 5.42 μs 间隔内有 27 个周期，可以获得满意的检测效果。

直通波和底面波的时间间隔里包含的信号周期越多，深度分辨率就越高，当周期数达到 30 周期时，就可以获得高分辨率。在实际检测中，周期一般要求达到 20，周期数越多，获得的分辨率越好。通过增加探头的频率也可以增加周期数，但衰减和散射也随之而来，且激发能量随之减小，声束扩散也减小，所以不能一味地增加频率。

表 4-7 为不同频率的探头对不同板厚进行检测，聚焦深度为 $(2/3)T$ 时得到的不同时间间隔。表 4-8 检测不同厚度工件时推荐的探头参数。当母材或焊缝中衰减高于正常值时，选择的探头频率可能需要降低。

表 4-7　直通波与底面波之间的周期数

板厚/mm	直通波-底面波/μs	1 MHz	3 MHz	5 MHz	10 MHz	20 MHz
10	1.25	1.3	3.8	6.3	12.5	25.1
25	3.13	3.1	9.4	15.7	31.3	62.7
50	6.265	6.3	18.8	31.3	62.7	125.3
100	12.53	12.5	37.6	62.7	125.3	250.7

在实际应用中，6 mm 厚工件可以选用 15 MHz 频率的探头，25 mm 厚度以上工件可以选用 5 MHz 频率的探头。发射探头和接收探头的频率误差应控制在 20% 内。

在实际检测中，要兼顾分辨力和噪声，当工件中的衰减高于或低于正常值时，表 4-8 里的推荐参数应适当修正。特殊情况下，可以减小。探头频率对检测的影响如表 4-9 所示。

表 4-8 不同厚度工件推荐探头频率

壁厚/mm	中心频率/MHz	名义探头角/(°)	晶片单元尺寸/mm
0<10	10～15	50～70	2～6
10～30	5～10	50～60	2～6
30～70	2～5	45～60	6～12

表 4-9 探头频率对检测的影响

提高探头频率	降低探头频率
波长变短	波长变长
分辨率提高	分辨率降低
波束扩散角减小	波束扩散角增大
晶粒噪声增大	晶粒噪声减小
穿透能力降低（衰减加大）	穿透能力增加（衰减变小）
近场长度增加	近场长度减小

3）探头晶片尺寸的选择

对于非平行扫查，一般需要选用小尺寸的探头以便获得最大的扫查覆盖范围。晶片尺寸小，与工件表面耦合好，在一些大曲率薄壁工件上，小晶片探头的使用效果更好。但是晶片小，发出的超声脉冲能量会随之变小，因此，在检测厚壁工件焊缝时需要使用大晶片探头，小晶片探头只能应用在扫查薄板焊缝或者厚壁焊缝的最上一层扫查区。探头晶片尺寸变化产生的影响如表 4-10 所示。

表 4-10 探头晶片尺寸变化产生的影响

减小探头晶片尺寸	增加探头晶片尺寸
输出能量降低	输出能量增加
波束扩散角度增加	波束扩散角度减小
近场长度降低	近场长度增加
与工件接触面积减小	与工件接触面积增加

4.3.4 PCS 的选择

TOFD 超声检测探头中心距（PCS）的选择遵循以下 3 个原则：①声波能够充分覆盖被检区，即保证超声波以最佳角度入射；②确保有充足的衍射能量可以从裂纹端部接收;③同时需要确保在被检区超声波束具有一定的分辨力。

一般而言,增加 PCS 可在一定程度上扩大超声波声束的覆盖范围,如果想要改善声束分辨力则需要减小 PCS。

PCS 的选择一般遵循 $2T/3$ 原则,即收、发探头超声波波束中心的直线交汇于被检工件的壁厚 2/3 处,其计算方法为

$$\mathrm{PCS} = 2S = 2 \times 2d/3 \times \tan\theta = 4d/3\tan\theta \tag{4-16}$$

如果不能完全覆盖待检工件,需要多组探头扫查时,PCS 要根据每一组探头来调整,从而达到最佳效果。在实际检测中,如需要扫查类似焊缝根部等特定区域时,可以通过把 PCS 设置为预先计算的某一数值来达到使焦点位于指定深度的目的。假设深度是 d,探头角度是 θ,则

$$2S = \mathrm{PCS} = 2d\tan\theta \tag{4-17}$$

4.3.5　检测校准和增益设置

由于 TOFD 超声检测的衍射信号产生于缺陷尖端,缺陷大小并不对应一定的波幅,因此,TOFD 超声检测与常规脉冲回波法检测有区别,无法采用标准反射体(平底孔、横孔或开槽等)来确定检测灵敏度。

如果对一标准横通孔进行 TOFD 扫查,假设横通孔的直径足够大。B 扫描图像中会出现两个能相互区分的信号。这两个信号中,位于上边的信号主要是声波在孔的上端点经过反射后被接收探头接收的反射信号,信号幅度很强;而位于下边的信号主要是声波沿孔的底部传播所形成的爬波。

一般而言,衍射信号的波幅通常较弱,只有底面反射波的 1/5。但无法参考底面反射波来进行增益设置,因为它是多种因素形成的反射波。通常增益设置有以下几种方法:

(1) 根据一端开口槽的衍射信号来进行调节;

(2) 根据晶粒噪声和草状回波来进行调节;

(3) 如以上两种方法均不适用,则可把底面反射波调到满屏高度,再增加 10 dB,也可将直通波调到 60%～80% 波高,再根据耦合情况适量增加增益。

1) 用开槽的衍射波来设置增益

采用一系列窄槽底部的信号来设置增益。这种槽必须是上表面开口,而不是底面开口。这是因为底部开槽信号的幅值非常类似于疲劳裂纹的衍射信号,而上表面开口槽的上端点信号主要是反射波。在与被检测工件厚度相近的校准试块上的 1/3 厚度处和 2/3 厚度处开槽,试块的材质尽可能与被检测工件相同或相近。或者,也可

以选用能够满足扫描范围需求的带开槽的试块。设置增益时,在信噪比满足要求的情况下把最深处槽的信号波高调到满屏的 60%(FSH)。此时,底面反射波信号通常都会饱和。在 A 扫描中,如果 PCS 不是太宽,可以看到幅值很低的直通波 LW 信号能够超过噪声信号。

2) 用晶粒噪声或草波来设置增益

此外,还可以采用晶粒噪声或草状回波来设置增益。在这种方法中,需要从校准试块上得到 TOFD 信号,然后调节增益,使晶粒噪声可见,并超过满屏的 5%,在直通波之前的电噪声要低于晶粒噪声。一般情况下,要扫查的焊缝中的噪声可能比试块中的噪声弱很多,这时,采用待测工件中的典型噪声来调节增益则更为合适。这种设置增益的方法将会确保缺陷信号能够检测到。如果增益设置过高,在 B 扫描或 D 扫描图像中的信号就会很亮,会使得数据分析比较困难。如果采用这种方法,就必须要保证所有 A 扫描的参数都是正确的,例如,能从被测试件或试块的底面反射波中得出材料的厚度,与实际厚度的误差要在 0.25 mm 之内。

3) 增益设置中衰减和粗晶噪声的影响

在 TOFD 检测中,如果能够观察到直通波和底面反射波信号,人们通常会忽略超过正常范围的衰减所造成的影响。但是,为了确保所有焊缝都得到有效扫查,就要考虑衰减和晶粒散射的影响。在采用试块开槽来设置检测灵敏度的情况下,如果被检试件中的衰减大于等于 2 dB,那么扫查时应增加补偿。

无论采用哪种方法,我们通常都应该把扫描增益设置到在 D 扫描和 B 扫描图像中呈现灰色背景。这种灰色背景的强度应该在焦点深度处比较强(声束中心通过这一点)。为了确保能够有效扫查被检工件的所有检测区域,扫查区域边界处的晶粒噪声或背景灰度的波幅与焦点处晶粒噪声相比不要少于 12 dB。检测区域的边界通常刚好是在直通波之下到底面反射波之上。如果噪声差大于 12 dB,那么就应该把工件在厚度上分成几个区域扫查,或者采用不同角度的探头扫查,也可以两者同时进行,从而使扫查区域的晶粒噪声保持在合理的水平。另外,选择较低的扫查频率也可能解决这个问题。如果把工件在深度上分成不同区域来扫查,则可以考虑选用大晶片直径的探头,因为这样可以减小声束扩散角,使声波能够在更小的区域内聚焦。

4) 扫查设置的校准或校核

扫查设置的校准或校核应该是作为检测过程的一个组成部分。对于第一种增益设置方法而言,检测之前和检测之后在校准槽上扫查一遍,进行扫查设置的校准或校核,保证检测数据的准确性。对于第二种增益设置方法而言,待检试样或相近厚度试块的厚度的测量值与实际值的误差则必须小于 0.25 mm。因此,通过校准或校核,可以确保检测过程中正确设置参数和使用探头,并在深度范围内进行检查。校准要对以下几项进行核对:

（1）探头、导线、所有电子器件、计算机及其外围设备；

（2）在检测前减小误差，例如改正 PCS；

（3）校准确保扫查的有效性，如果发现异常，则重新进行扫查，或者在报告中作出说明。

校准也可以用来确定其他 TOFD 参数，包括对于近表面缺陷可达到的精度（例如由直通波和底面反射波形成的近表面和底面盲区），或者底面盲区对非平行扫查中能够发现的底面开口型缺陷最小尺寸的影响。为了测量盲区尺寸，要在近表面和底面开 2 mm、4 mm、8 mm 的槽，在确定盲区的时候，要在底面距扫描中心线 0 mm、10 mm、20 mm、30 mm 处开槽，槽的深度就是要扫查到的最小裂纹的深度。

5）仪器的参数设置

仪器参数设置时，还应参考下列因素选择检测仪器的 A 扫描采集参数：

（1）数字化频率的选择，要依据校正的精度来确定以获得足够的波幅分辨率（至少为探头频率的 2 倍，最好是探头标称频率的 5 倍）。

（2）选择滤波设置以获得最好的信噪比。最小带宽为 0.5 到 2 倍的探头标称频率。

（3）选择激发脉冲宽度设置以获得最短的信号和最大的深度分辨率。

（4）设置信号平均值至最低要求以获得一个合理的信噪比。

（5）设置时间窗口以覆盖部分 A 扫描以便数字化（例如从直通波之前到底面反射波之后的信号，包括变型波）。

（6）最后设定脉冲重复频率，要与数据采集速度相匹配。

4.3.6　扫查类型及方式

根据被检工件的厚度和相关标准确定使用几组探头和几次扫查以保证覆盖深度范围及重点检测部位。值得指出的是，如果需要使用一组以上 TOFD 探头，每一组探头可以按照各自检测的区域进行优化确定，如探头的频率、尺寸和中心距。每次选择的扫查方式可包括以下几种。

4.3.6.1　平行扫查和非平行扫查

TOFD 有平行扫查和非平行扫查两种基本类型。最初的扫查通常用于检测，称为非平行或纵向扫查，因为扫查方向与超声波束方向成直角，如图 4-25 所示。扫查结果称为 D 扫描，扫查沿着焊缝方向进行。为了一次扫查能够检测更大的区域，扫查通常尽可能设成和波束的扩散一样宽。由于探头跨骑在焊缝上，焊缝余高不影响扫查，这是非常经济的检测，且经常只需一个人。

当扫查方向平行于超声波束方向时，称为平行扫查，如图 4-26 所示。这种扫查结果称为 B 扫描，由于它的产生是横穿焊缝横截面，如果有焊缝余高就很难进行扫

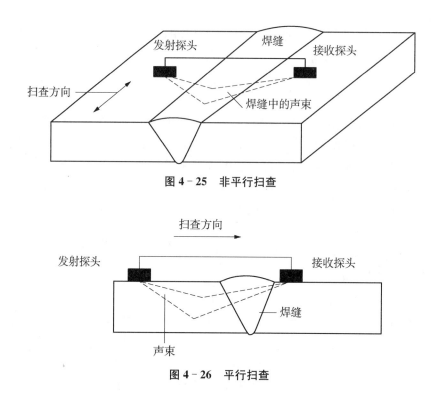

图 4-25 非平行扫查

图 4-26 平行扫查

查,或者只能进行有限的移动。这种扫查在深度方向上能提供很高的精度,并且这种扫查是精确确定目标的优选方法。

非平行扫查与平行扫查的区别如图 4-27 所示。在图中平板焊缝中按需要植入了已知高度和长度的未熔合缺陷,非平行扫查得到的衍射信号显示长度超过缺陷的长度,在缺陷端点处呈弧形特征,路径比探头接近和离开缺陷的路径长。然而,并不能从平板焊缝的 D 扫描中得到缺陷在侧面上的位置信息,缺陷可来源于探头波束覆盖内的任意位置。

在图 4-28 中,以两个探头为焦点形成的椭圆轨迹上的任意位置,信号都有特定时间。这意味着如果反射体在探头的下面不对称,则深度计算将不是很准确。使用平行扫查,倘若得到一个完整的扫查,探头横在缺陷上,一些点状反射体对称地位于探头下面,因而能提供更精确的深度。在图中通过这种扫查能显示特征弧形。同样,当反射体对称的位于两个探头下面时,探头接近反射体,信号出现增大,轨迹长度变短,直到延伸到最小,最高峰位置符合最小时间。

这个最高峰位置同样提供焊缝横截面内反射体的位置、裂纹顶部和底部信号的相对位置、裂纹方向迹象。如果使用编码器进行扫查,并且知道探头距焊缝中心线的位置,就可通过缺陷定位信息来描述缺陷特征。采用较小的 PCS 和较小晶片的探头(更窄的波束)可以获得更佳的检测结果。

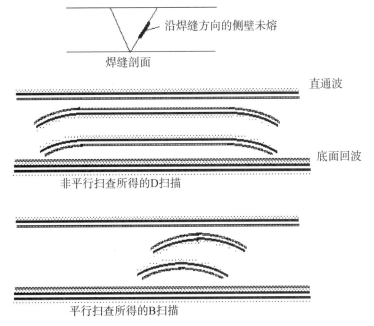

图 4‑27　非平行扫查与平行扫查的区别

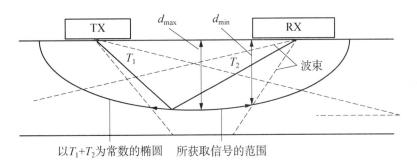

图 4‑28　非平行扫查侧面位置的不确定性

在很多场合,因为需要迅速地完成检测,或者受到资金的限制,仅能执行非平行扫查进行检测。可是为了得到合理的缺陷类型判断和最佳的尺寸精度检测,就必须使用平行扫查方式。如果缺陷长度较长,平行扫查将对缺陷长度上的不同点进行测量。

一般来讲,TOFD 扫查过程中需要保证满足以下基本要求:

(1) 与工件表面耦合良好;

(2) 使用有足够刚性的扫查架,保证探头间距在扫查过程中不变;

（3）扫查线要直；

（4）当检测表面不平时，每一个探头都能单独调整以得到良好的耦合接触。

4.3.6.2 手动扫查和机械扫查

1）手动扫查

手动扫查在某些难于接近的条件下是进行检测的唯一方法。手动扫查过程通常比机械扫查安装过程快。但手动扫查也存在一些缺点，因为数据采样时间间隔不恒定，而合成孔径聚焦技术（SAFT）过程是基于数据采集时间间隔相同来工作的，所以它不能用于手动扫查；并且在手动 B 扫描中用抛物线指针测量缺陷长度和位置也是不够精确的。不过，如果小心移动探头以保证匀速扫查，一般来说在长度和位置上的误差不超过 ±5 mm。

在手动扫查中，数据采集系统仅仅通过脉冲重复频率来激发发射探头，而与探头的位置无关。因此，可以确保 A 扫描数据通过一个固定的时间间隔来采集，例如，每隔 1 mm 采集一次。设置发射探头的脉冲重复频率与扫查速度相一致。

此外，还有一些简单的步骤可以保证扫查速度。一般来说，TOFD 检测需要两个运算器，一个用于探头的移动，另一个用于数据采集。这些设备通过一些自身通信系统相连，可以相隔 50 m 以上工作。开始一个扫查前，需要在被检工件上进行校准，校准在一定间隔上进行（例如 100 mm 或 200 mm）。在数据采集过程中数据采集器使用一个辅助工具来计算沿扫查方向的位置（例如扫查距离为 0.25、0.5 和 0.75 mm 或者距离 100 mm、200 mm 等）。这些信息提供给扫查运算器使其知道它所在的位置。换句话说，如果使用适当的软件，扫查运算器可以算出沿扫查方向通过的距离（如 100 mm、200 mm 等），数据采集器能在数据采集文件中添加标记。这些标记在以后的数据分析中可以识别。

在手动扫查中，经常辅助使用一个单一编码器。在 TOFD 中常用轮式编码器，滚轮在转动中同时驱动一个编码器，并将生成的数据传输到数字化超声数据采集系统。

2）机械扫查

机械扫查装置可以用 TOFD 数字化数据采集系统来控制或者由其自身马达控制系统来控制。在这两种方法中，编码器反馈的信息都被超声数据采集系统获得，使得 TOFD 中 A 扫描能按一定的采样间隔采集。

对平行扫查来说，扫查的起点相对焊缝中心线的位置要精确的确定，以便标绘出缺陷在焊缝横断面上的精确位置。

4.3.6.3 非常规扫查方法

通常 TOFD 检测使用纵波波束聚焦在工件三分之二处。然而，当使用特殊方法有效时，这种情况会有所改变。

1）二次波扫查

当扫查面无法满足检测条件时（如焊缝余高较高），则可通过反射波或者图4-29所示的底面反射波来实现该部位的检测。近表面裂纹此时不会被隐藏在直通波中，并且高于表面产生的波。

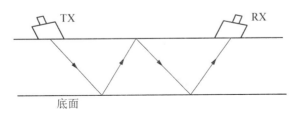

图4-29　二次波扫查探头布置

此时二次反射中表面产生的波作为底面波。这种方法要求底面必须光滑平整，并且探头间距要足够大，以确保回波在底波变型波之前到达。由于产生的底波是两倍的工件厚度，所以测尺寸时要注意。

2）变型波扫查

TOFD探头的横波角度大约是纵波角度的一半，并且纵波在反射时也会产生横波。因此，被检测工件的特殊位置可能在纵波后产生一系列回波。这些特征回波对一些浅的缺陷分析非常有用，因为这些缺陷的纵波信号隐藏在直通波中，而横波波束通过路径时的波速较慢，会使得信号出现时间稍晚并且分辨率也较好。如果其中一个探头放置在靠近缺陷的位置或者探头间距不够大时，使用变型波是一种非常好的方法。

3）偏心扫查

通常在TOFD非平行扫查检测中，都是假定缺陷靠近探头连线中心线。然而，直通波与浅缺陷回波的时间差随缺陷离其中一探头距离的减小而增大。因此，对于较浅的缺陷可以通过偏心扫查提高这些回波的分辨率。不过，深度测量会由于偏心扫查而变得不准。

4.4　衍射时差法超声检测技术在电网设备中的应用

4.4.1　GIS组合电器壳体环焊缝TOFD超声检测

某500 kV GIS组合电器环焊缝坡口为X形坡口，规格为 $\Phi930$ mm（外径）×16 mm，材质为5083铝合金（见图4-30）。按照《承压设备无损检测　第10部分：衍

图 4‑30　500 kV GIS 组合电器环焊缝

射时差法超声检测》(NB/T 47013.10—2015)、《铝制焊接容器》(JB/T 4734—2002)，采用衍射时差法超声对该 GIS 组合电器环焊缝进行检测。

现有仪器设备及器材：OMNISCAN MX2 超声检测系统；5MΦ6 mm 探头；CSK‑ⅠA(5083 铝合金)标准试块、TOFD‑B(5083 铝合金)对比试块；化学浆糊、机油。

1) 根据要求编制某 500 kV GIS 组合电器壳体环焊缝 TOFD 超声检测工艺卡

某 500 kV GIS 组合电器壳体环焊缝 TOFD 超声检测工艺卡如表 4‑11 所示。

表 4‑11　某 500 kV GIS 组合电器壳体环焊缝 TOFD 超声检测工艺卡

	设备名称	500 kV GIS 组合电器	材质	5083 铝合金	规格	Φ930 mm（外径）×16 mm
工件	检测部位	环焊缝	坡口形式	X 形	焊接方法	手工焊
	部件编号	—	焊缝宽度	外表面：16 mm 内表面：16 mm	检测区域	外表面：60 mm 内表面：60 mm
仪器探头参数	仪器名称	双通道 TOFD 检测仪	仪器型号	OMNISCAN	探头规格	5MΦ6 mm
	扫查装置	Lite 扫查器	试块名称	CSK‑IA、TOFD‑B(5083 铝合金)	耦合剂	化学浆糊
	执行标准	NB/T 47013.10—2015	合格级别	Ⅰ	检测技术等级	B 级
	检测比例	100%	表面状态	光滑	表面耦合补偿	4 dB

（续表）

工艺参数

一、探头及设置

通道	厚度分区/覆盖范围	频率	晶片尺寸	探头编号	楔块角度	楔块编号	探头中心间距	楔块前沿及延时	−12 dB 声束扩散角	时间窗口设置	扫查方式
1	0～16 mm	5M	6 mm	C543	70°	—	58.6 mm	11 mm/2.6 μs	54.07°～90°	14.55～21.65μs	非平行
—	—	—	—	—	—	—	—	—	—	—	—

灵敏度设置	第 1 通道：找到对比试块上 8 mm、12 mm 深度侧孔，将其中最弱衍射波波幅设置为满屏的 40%～80%	深度校准	第 1 通道：找到对比试块上 12 mm 深度侧孔，误差小于 2 mm

扫查步进	1 mm	信号平均次数	4	脉冲重复频率	仪器的 $PRF_0=1\ 000$
位置传感器校准	移动 500 mm 误差<10 mm	扫查面	外表面	扫查速度	≤250 mm/s

二、初始表面盲区及表面检测

初始扫查面盲区（计算/实测值）	计算值 7.3 mm	检测方法	(1) 脉冲反射法超声检测 (2) 渗透检测	备注：焊缝表面主要采用渗透检测
初始底面盲区（计算值）	2.5 mm	检测方法	(1) 偏置非平行扫查 (2) 脉冲反射法超声检测 (3) 渗透检测(焊缝表面)	

三、偏置非平行扫查

偏置检测通道	第二通道	偏置量	7.8 mm	偏置扫查次数	焊缝两侧各 1 次	底面盲区（计算值）	0.8 mm

检测位置示意图及缺陷评定：

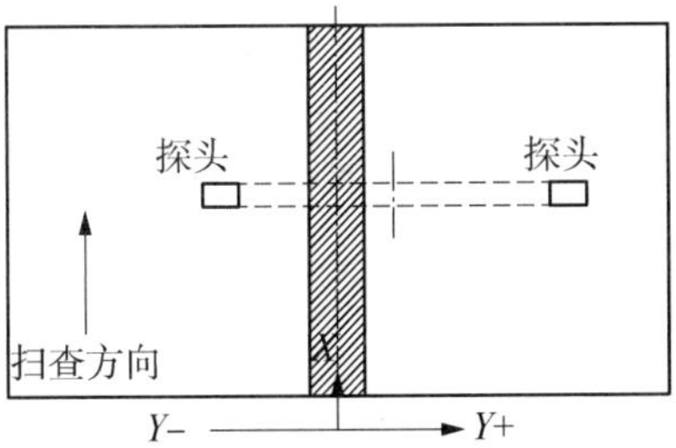

(1) 不允许存在危害性表面开口缺陷。
(2) 不允许存在裂纹、未熔合和未焊透等缺陷。

（续表）

（3）不允许存在评定区内 $t/2$ 个及以上点状缺陷。

（4）不允许存在长度 l 大于 $t/2$ mm，高度 h 大于 2 mm 的单个表面开口缺陷。

（5）不允许存在长度 l 大于 $t/2$ mm，高度 h 大于 4 mm 的单个埋藏缺陷。

（6）在任意 $12t$ 范围内，缺陷累计长度不得超过 $4t$ 且最大值为 200 mm。

（7）所有表面开口缺陷累计长度不得大于整条焊缝长度的 5% 且最长不得超过 300 mm。

编制/资格		审核/资格	
日期		日期	

2）按照表 4-11 要求进行具体检测工作操作步骤

（1）检测仪器与探头。

仪器：OMNISCAN MX2 超声检测系统。

探头：5MΦ6 mm。

（2）试块与耦合剂。

标准试块：CSK-ⅠA(5083 铝合金)；对比试块：TOFD-B(5083 铝合金)。

耦合剂：化学浆糊。

（3）参数测量与仪器设定。

依据检测工艺卡对声速、厚度以及探头相关技术参数进行设定。

（4）扫查灵敏度设定。

以对比试块 TOFD-B(5083 铝合金)上 8 mm、12 mm 深度侧孔进行灵敏度设定，将其中最弱衍射波波幅设置为满屏的 40%～80%；以对比试块上 12 mm 深度侧孔进行深度校准，误差小于 2 mm。

（5）检测。

确定初始扫查面盲区及初始底面盲区，对焊缝进行外观和渗透检测，检测合格后，进行 3 次 TOFD 扫查，第 1 次为正中非平行扫查，第 2 次为左偏置非平行扫查，第 3 次为右偏置非平行扫查。

（6）缺陷识别。

对 TOFD 图谱进行缺陷识别，记录缺陷显示类型、缺陷位置、缺陷长度、缺陷自身高度等信息，如图 4-31 所示，图中显示 500 kV GIS 组合电器壳体环焊缝存在三处缺陷信号，缺陷信息列于表 4-12 中。

（7）缺陷评定。

按照 NB/T 47013.10—2015 对缺陷进行评定：

① 缺陷 1 性质为裂纹，长度 30 mm 大于 8 mm，高度 6.3 mm 大于 4 mm，不允许；

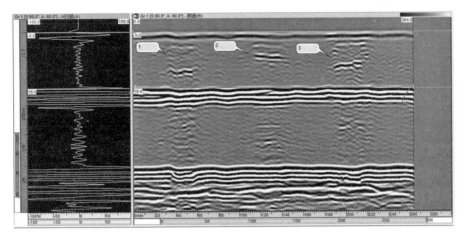

图 4 - 31　某 500 kV GIS 组合电器壳体环焊缝 TOFD 检测图

表 4 - 12　某 500 kV GIS 组合电器壳体环焊缝缺陷表

缺欠编号	缺欠性质	缺欠位置/mm			缺欠尺寸/mm			数据编号
		X	Y	d	L	h	
1	裂纹	33	—	8.8	30	6.3	102A
2	未熔合	115	—	8.9	31	3.4	102A
3	裂纹	190	—	7.4	31	6.9	102A

② 缺陷 2 性质为未熔合,长度 31 mm 大于 8 mm,高度 3.4 mm 小于 4 mm,不允许;

③ 缺陷 3 性质为裂纹,长度 31 mm 大于 8 mm,高度 6.9 mm 大于 4 mm,不允许。

综合评定,该组合电器环焊缝不合格,需返修。

4.4.2　输电线路钢管塔环向对接焊缝 TOFD 超声检测

某 220 kV 输电线路为钢管塔结构,钢管环焊缝坡口为 V 形坡口,规格 Φ630 mm(外径)×14 mm(见图 4 - 32)。按照 NB/T 47013.10—2015,《输变电钢管结构制造技术条件》(DL/T 646—2012),采用衍射时差法超声对该钢管环焊缝进行检测。

现有仪器设备及器材:OMNISCAN MX2 超声检测系统;5MΦ6 mm 探头;CSK-ⅠA 标准试块、TOFD-A 对比试块;化学浆糊、机油。

1) 根据要求编制某 220 kV 输电线路钢管塔环向对接焊缝 TOFD 超声检测工艺卡

某 220 kV 输电线路钢管塔环向对接焊缝 TOFD 超声检测工艺卡如表 4 - 13所示。

图 4-32　某 220 kV 输电线路钢管塔环向对接焊缝

表 4-13　某 220 kV 输电线路钢管塔环向对接焊缝 TOFD 超声检测工艺卡

工件	设备名称	220 kV 输电钢管塔	材质	20	规格	630 mm(外径)×14 mm
	检测部位	环焊缝	坡口形式	V 形	焊接方法	手工焊
	部件编号	—	焊缝宽度	外表面:16 mm 内表面:10 mm	检测区域	外表面:40 mm 内表面:40 mm
仪器探头参数	仪器名称	双通道 TOFD 检测仪	仪器型号	OMNISCAN	探头规格	5MΦ6 mm
	扫查装置	Lite 扫查器	试块名称	CSK-ⅠA、TOFD-A	耦合剂	化学浆糊
	执行标准	NB/T 47013.10—2015	合格级别	Ⅰ	检测技术等级	B 级
	检测比例	100%	表面状态	光滑	表面耦合补偿	4 dB

一、探头及设置											
工艺参数	通道	厚度分区/覆盖范围	频率	晶片尺寸	探头编号	楔块角度	楔块编号	探头中心间距	楔块前沿及延时	-12 dB 声束扩散角	时间窗口设置	扫查方式
	1	0～14 mm	5M	6 mm	C543	70°	—	51.2 mm	11 mm/2.6 μs	52.76°～90°	16.99～19.70 μs	非平行
	—										

工艺参数	灵敏度设置	第 1 通道:找到对比试块上 8 mm、12 mm 深度侧孔,将其中最弱衍射波波幅设置为满屏的 40%～80%	深度校准	第 1 通道:找到对比试块上 12 mm 深度侧孔,误差小于 2 mm

（续表）

扫查步进	1 mm	信号平均次数	4	脉冲重复频率	仪器的 $PRF_0 = 1\,000$
位置传感器校准	移动 500 mm 误差＜10 mm	扫查面	外表面	扫查速度	≤250 mm/s
二、初始表面盲区及表面检测					
初始扫查面盲区（计算/实测值）	计算值 7.3 mm	检测方法	(1) 脉冲反射法超声检测 (2) 磁粉检测	备注:焊缝表面主要采用磁粉检测	
初始底面盲区（计算值）	2.5 mm	检测方法	(1) 偏置非平行扫查 (2) 脉冲反射法超声检测 (3) 磁粉检测(焊缝表面)		
三、偏置非平行扫查					
偏置检测通道	第二通道	偏置量	7.8 mm	偏置扫查次数	焊缝两侧各 1 次	底面盲区（计算值）	0.8 mm

检测位置示意图及缺陷评定：

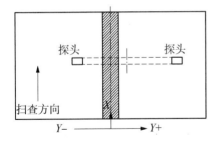

(1) 不允许存在危害性表面开口缺陷。

(2) 不允许存在裂纹、未熔合和未焊透等缺陷。

(3) 不允许存在评定区内 $t/2$ 个及以上点状缺陷。

(4) 不允许存在长度 l 大于 $t/2$ mm，高度 h 大于 2 mm 的单个表面开口缺陷。

(5) 不允许存在长度 l 大于 $t/2$ mm，高度 h 大于 4 mm 的单个埋藏缺陷。

(6) 在任意 $12t$ 范围内，缺陷累计长度不得超过 $4t$ 且最大值为 200 mm。

(7) 所有表面开口缺陷累计长度不得大于整条焊缝长度的 5% 且最长不得超过 300 mm。

编制/资格		审核/资格	
日期		日期	

2）按照表 4-13 的要求进行具体检测工作操作步骤

(1) 检测仪器与探头。

仪器:OMNISCAN MX2 超声检测系统。

探头：5MΦ6 mm。

（2）试块与耦合剂。

标准试块：CSK‐ⅠA；对比试块：TOFD‐A。

耦合剂：化学浆糊。

（3）参数测量与仪器设定。

依据检测工艺卡对声速、厚度以及探头相关技术参数进行设定。

（4）扫查灵敏度设定。

以对比试块 TOFD‐A 上 8 mm、12 mm 深度侧孔进行灵敏度设定，将其中最弱衍射波波幅设置为满屏的 40%～80%；以对比试块上 12 mm 深度侧孔进行深度校准，误差小于 2 mm。

（5）检测。

确定初始扫查面盲区及初始底面盲区，对焊缝进行外观和磁粉检测，检测合格后，进行 3 次 TOFD 扫查，第 1 次为正中非平行扫查；第 2 次为左偏置非平行扫查；第 3 次为右偏置非平行扫查。

（6）缺陷识别。

对 TOFD 图谱进行缺陷识别，记录缺陷显示类型、缺陷位置、缺陷长度、缺陷自身高度等信息，如图 4‐33 所示，图中显示某 220 kV 输电线路钢管塔环向对接焊缝存在三处缺陷信号，缺陷信息列于表 4‐14 中。

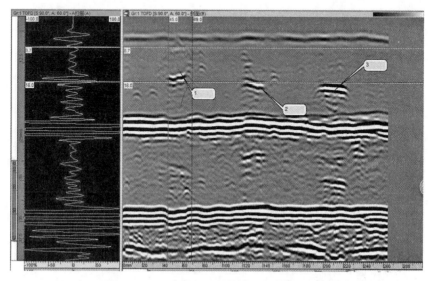

图 4‐33　某 220 kV 输电线路钢管塔环向对接焊缝 TOFD 检测图

表 4 - 14 某 220 kV 输电线路钢管塔环向对接焊缝缺陷表

缺欠编号	缺欠性质	缺欠位置/mm			缺欠尺寸/mm		数据编号
		X	Y	d	L	h	
1	未熔合	45	—	8.7	24	7.3	101B
2	裂纹	121	—	12.3	31	5.3	101B
3	裂纹	195	—	16	31	4	101B

(7) 缺陷评定。

按照 NB/T 47013.10—2015 对缺陷进行评定：

① 缺陷 1 性质为未熔合,长度 24 mm 大于 7 mm,高度 7.3 mm 大于 4 mm,不允许；

② 缺陷 2 性质为裂纹,长度 31 mm 大于 7 mm,高度 5.3 mm 大于 4 mm,不允许；

③ 缺陷 3 性质为裂纹,长度 31 mm 大于 8 mm,高度 4 mm 等于 4 mm,不允许。

综合评定,该 220 kV 输电线路钢管塔环向对接焊缝不合格,需返修。

第 5 章　相控阵超声检测技术

　　相控阵超声检测技术,就是通过对各阵元的有序激励得到灵活的偏转及聚焦声束,联合线扫描、扇扫描、动态聚焦等独特的工作方式,使其比脉冲法超声检测技术具有更快的检测速度与更高的灵敏度,成为目前无损检测领域的研究热点之一。本章着重介绍相控阵超声检测技术的基本原理、通用设置方法等一些重要内容。

5.1　相控阵超声检测原理

5.1.1　基本特征

　　相控阵超声是对阵列超声探头的相位控制技术。将多个小尺寸的压电晶片按规律排列,形成阵列探头。电脑控制各个晶片的发射和接收相位延时,各个晶片的超声波信号频率相同,以一定的相位差相干叠加,形成各种指向和聚焦特性的声束波阵面,如图 5-1 所示。

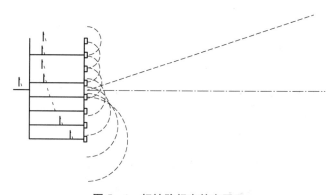

图 5-1　相控阵超声基本原理

　　常规超声检测多用单晶探头,单晶探头的超声场在理想状态下以单一角度沿声束轴线传播,形成沿“射线”传输的声线,用于缺陷定位和扫查覆盖指示。然而,每个单晶探头的声场同时具有固定的声束形状,比如声束扩散是有限范围的附加角度,可能有利于检测有方向性的裂纹缺陷,但是不能分辨是由主声束还是扩散角检测到的;此外,单晶探头的聚焦特性是固定的。

超声相控阵技术的基本特征是计算机对各个晶片的相位延时实现电子控制,使探头产生和接收可控位置、方向、聚焦等参数的超声波束。通过电子控制声束的位置和方向,实现多声束检测和电子扫查,提高探头的扫查覆盖能力和扫查声耦合的稳定性,降低空间位置对机械扫查的局限;多个方向的声束检测能提高超声波对不同方位裂纹的检测能力;相控阵聚焦声束能提高缺陷检测的灵敏度和定位精度,如图 5-2 所示。

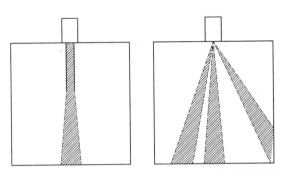

图 5-2　单晶探头检测覆盖和相控阵探头检测覆盖对比

控制阵列探头各晶片的开关,使开启的晶片组合的中心位置改变,从而改变产生和接收的超声波轴线位置,实现声束位置的控制,如图 5-3 所示。

各晶片的位置沿阵列的方向排列,线性控制其发射和接收的相位延时,使各晶片波前叠加后如同平面探头转动了一个方向后产生的波前,实现声束的角度控制,如图 5-4 所示。

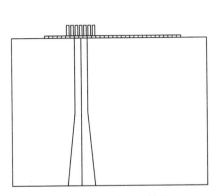

图 5-3　声束位置控制

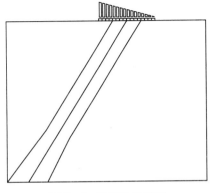

图 5-4　声束角度控制

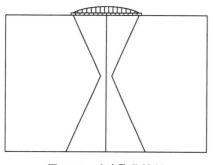

图 5-5　声束聚焦控制

各晶片的位置沿阵列的方向排列,同时通过各晶片的位置到声轴线上同一焦点的距离进行计算延时,线性控制其发射和接收的相位延时,使各晶片波前同时到达焦点,如同聚焦探头产生的波前,实现声束的聚焦控制,如图 5-5 所示。

5.1.2　相位控制

超声检测过程包括发射超声波和接收超声回波,相控阵超声在发射和接收过程中分别实现相位控制。

发射声束的控制包括各晶片发射的开关、电压和相位延时。各晶片的发射开关控制决定了参与发射晶片的序号和数量,也就决定了发射声束的中心位置和晶片组合的面积大小;通过可控的延时线控制各晶片激发脉冲的微小延时实现相位延时,相位延时的延时量通常很小、很精确,在检波后的脉冲包络中一般不会显示出来,只有在射频信号中才能显示出相位的不同。每次发射的延时量控制了一个指向和聚焦特性,因此,对不同深度的聚焦需要多次发射,如图 5-6 所示。

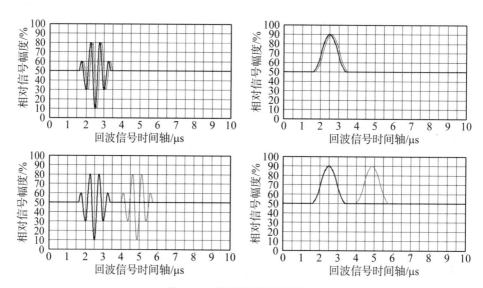

图 5-6　脉冲延时和相位延时

接收控制包括各晶片接收的开关、信号幅度加权和相位延时。各晶片的接收开关控制决定了参与接收晶片的序号和数量,也就决定了接收声束的中心位置和晶片组合的面积大小;各晶片接收射频信号通过放大后实现高速数字化,射频数字波形信号通过可控的延时线实现相位延时,然后叠加为一个射频信号,进行滤波、检波处理。每次发射脉冲的接收延时量和加权幅度能随着深度实时变化控制,实现深度动态聚焦(DDF)。

5.1.3　合成声束

多个晶片的发射和接收叠加起来,形成了一个总体的检测声场,称为合成声束。相控阵超声技术采用合成声束的技术实现超声回波检测。

经相位延时的多个晶片发射的超声波相干叠加,形成总体发射声波,称为发射合成声束,在一次重复周期中共同作用,形成实际声波叠加的合成发射;各个晶片在各个重复周期多次分别发射,用接收信号对各个发射声波的响应信号进行模拟叠加时,是虚拟信号叠加的合成发射。全时动态聚焦技术是虚拟的合成发射。

多个晶片接收的信号延时相干叠加,形成检测接收声场,称为接收合成声束,如图 5-7 所示。

形成合成声束的所有晶片的集合称为合成孔径。合成孔径是探头晶片阵列的全部或一部分,描述为中心位置、晶片间距、晶片数量及总体尺寸。

具有相位控制能力的阵列排列方向称为主动方向,没有相位控制能力的阵列排列方向称为非主动方向。相控线阵的阵元排列方向是主动方向,阵列宽度方向是非主动方向。径向环阵的极坐标径向是主动方向,极坐标周向是非主动方向。

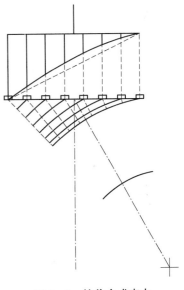

图 5-7　接收合成声束

在主动方向,相控阵合成孔径的尺寸一般大于常规检测单晶探头或相当,当合成孔径增大,使检测深度范围落在近场区内,能发挥相控阵合成声束的聚焦特性,否则只能偏转角度,不能实现聚焦。在非主动方向,相控阵探头的尺寸和常规单晶探头的尺寸是相当的,尺寸取决于检测深度范围与探头近场距离的关系。

相控阵合成孔径的声束在主动面内能够偏转角度和聚焦。

如图 5-8 所示,在小于近场距离 N 的近场区内,声束能够聚焦,近场距离与焦距的比称为聚焦因子。当近场距离大于 3 倍焦距时,聚焦效果明显,称为强聚焦;当近场距离小于 3 倍焦距时,称为弱聚焦。在大于 3 倍近场距离的远场区,即使设置焦点,孔径内晶片的聚焦延时小于超声频率的半周期,完全没有聚焦效果。在中场区设置焦点,聚焦效果很弱或没有。

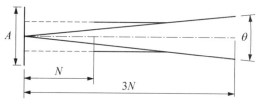

N—近场区距离;θ—孔径扩散角;A—有效合成孔径。

图 5-8　相控阵动态聚焦声束示意图

所谓聚焦能力的强和弱是针对平面孔径的扩散角而言的,在任何深度距离上,理想的聚焦宽度等于平面孔径扩散角和距离的乘积。所以,在远场距离聚焦时声场宽度与平面孔径的声场宽度是基本一致的,而在近场区,聚焦宽度远小于平面孔径的声场宽度。

在近场区单点聚焦的声束在焦点处收缩到焦点宽度(孔径扩散角乘以焦距),在其他距离将发散。动态聚焦的声束能在各个距离实现聚焦。

声束主动面内的声束截面与有效合成孔径有关。角度越大,有效合成孔径越小,近场聚焦效果越差,远场声束扩散越大。

不用楔块直接检测时,可采用零度或小角度纵波声束检测,纵波偏转角可大于45°,角度越大,灵敏度越低,大角度纵波检测时,将产生横波干扰信号。偏转角度大于 35°时,可以采用横波声束检测。对比固体材料直接接触检测的条件,使用楔块能减小近场盲区。

固体材料斜楔块检测时,可采用零度或小角度纵波声束检测,纵波偏转角一般小于 45°,在某个角度时,有效合成孔径达到最大,指向性最好;大角度纵波检测时,将产生横波干扰信号。当需要偏转角度大于 35°时,可以采用横波声束检测。同样地,在某个角度时,有效合成孔径达到最大,指向性最好,并且只有单纯的横波声束,用斜楔块也能减小近场盲区。

固体材料平行楔块检测时,可采用零度或小角度纵波声束检测,纵波偏转角可大于 45°,角度越大,灵敏度越低;大角度纵波检测时,将产生横波干扰信号。偏转角度大于 35°时,可以采用横波声束检测。对比固体材料直接接触检测的条件,使用楔块能减小近场盲区。

线阵横向楔块安装时,在主动面内相当于平行楔块,楔块的斜角方向声束在非主动面方向折射。

相控阵合成声束主要声场特性主要有近场距离、焦距、场深、束宽、声束轮廓、横向分辨率、轴向分辨率、近表面分辨率、远表面分辨率、信噪比等。

(1)近场距离。

有效合成孔径决定了合成声束的近场距离:

$$N = \frac{Ab}{\pi\lambda} \qquad (5-1)$$

式中，λ 为换能器波长；b 为晶片长度；A 为激发孔径，即用于激发波束的阵元总长。

（2）焦距和场深。

在近场区内，合成声束能够聚焦，孔径中心到焦点的距离就是焦距 F，沿着声束轴线，在焦点处灵敏度最高，在焦点前后灵敏度下降 6 dB 的两个深度之间的范围是场深或焦柱长度，如图 5-9 所示。

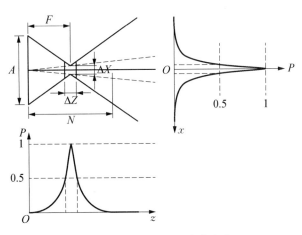

图 5-9　焦距、场深和声束宽度

（3）束宽、声束轮廓和横向分辨率。

在指定的深度距离上，声束轴线上灵敏度最高，垂直于轴线在主动平面方向双向移动声线，灵敏度下降 6 dB 的两个位移之间的距离称为主动方向的束宽。同样地，在非主动方向就定义为非主动方向的束宽。

线阵合成声束主动方向的束宽为

$$\Delta X_{-6\,dB} = 0.9S\frac{\lambda}{A\cos\beta} \qquad (5-2)$$

线阵合成声束非主动方向的束宽为

$$\Delta Y_{-6\,dB} = 0.9S\frac{\lambda}{b} \qquad (5-3)$$

式中，S 为声程距离。

－6 dB 声束的宽度可以称为横向分辨率，或者说在该横向距离上，分辨力达到 6 dB。在测试横向分辨率时，声束和目标的相对移动步进要小于声束宽度的四分之一：

$$\Delta d = \frac{\Delta X_{-6 \text{ dB}}}{4} \tag{5-4}$$

沿 Z 轴不同深度的位置测试-6 dB 声束宽度,就得到声束的轮廓。

(4) 信噪比。

信噪比测量如图 5-10 所示,定义信噪比 SNR 为

$$\text{SNR} = 20\lg\left(\frac{H_p}{H_n}\right) \tag{5-5}$$

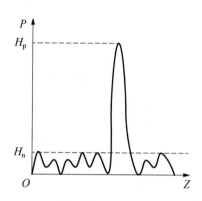

H_p—缺陷波高;H_n—噪声波高。

图 5-10 信噪比示意图

(5) 轴向分辨率、近表面分辨率和远表面分辨率。

轴向分辨率如图 5-11 所示。

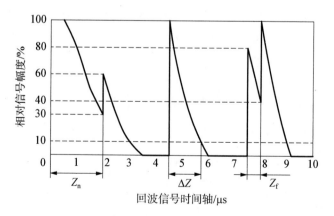

图 5-11 轴向分辨率

轴向分辨率定义为

$$\Delta Z = \frac{c \cdot \Delta \tau_{-20\,\text{dB}}}{2}$$

(5 - 6)

式中，$\Delta \tau_{-20\,\text{dB}}$ 为峰值下降 20 dB 的脉冲宽度；c 为试件声速。

近表面分辨率 Z_n：回波信号能与发射波或界面波有 -6 dB 以上分辨力的平底孔或横孔等反射体离表面的最近距离，又称为盲区；增益越高，盲区越大。

远表面分辨率 Z_f：回波信号能与底波有 -6 dB 以上分辨力的平底孔或横孔等反射体离底面的最近距离。

5.1.4　延时法则

延时法则（delay law），又称为聚焦法则，是指形成某个合成声束时，阵列所有晶片的发射开关、幅度、相位延时和接收开关、加权、相位延时等控制因素的集合。延时法则针对某个特征的声束或某个聚焦点运用声波传输原理计算获得。

根据费马原理，即空间两点间波动的传播遵循时程最短原则，在声速一致的均匀介质内将沿直线传输，在声速不一致的界面上将符合折射定律。

例如，相控阵探头与试件直接接触产生聚焦纵波，各个晶片按直线传输到达焦点的延时量对晶片的位置呈圆弧线。相对探头中心的延时，各个晶片要有一个负延时（提前）的补偿，才能使声波同时到达焦点，实现聚焦。因此，自探头边缘向中心移动，延时值由小而大。当焦距增长时，延时值减小；焦距无穷大时，延时值为零。

如图 5 - 12 所示，各个晶片的聚焦延时为

$$\Delta T_n = \frac{\sqrt{X_n^2 + F^2} - F}{c}$$

(5 - 7)

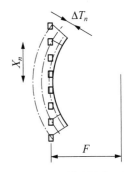

式中，X_n 为各个晶片距探头中心的距离；F 为焦距；c 为试件声速。

相控阵探头与试件直接接触，程序控制产生纵波声束角度偏转时，各个晶片按直线传输到达无穷远的延时量相对孔径中心的延时量的差是线性分布的。通过线性延时的补偿，能产生偏转角度的平面波前。延时值随声束折射角 α 增大而增大。

图 5 - 12　纵波聚焦延时示意图

如图 5 - 13 所示，各个晶片的角度偏转延时为

$$\Delta T_n = \frac{X_n \sin \alpha}{c}$$

(5 - 8)

对装有斜楔的相控阵探头，可以根据所需折射角按折射定律换算入射角，再根据

入射角的偏转获取延时值。

如图 5-14 所示，带楔块角度偏转延时值为

$$\Delta T_n = \frac{X_n \sin\left[\arcsin\left(\frac{c_1}{c_2}\sin\beta\right) - \gamma\right]}{c_1}$$

(5-9)

式中，X_n 为各个晶片距探头中心的距离；γ 为楔块角度；c_1 为楔块声速；c_2 为试件声速；α 为入射角；β 为折射角。

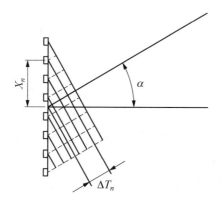 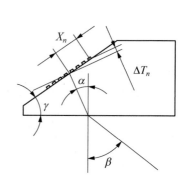

图 5-13　纵波角度偏转延时示意图　　　图 5-14　楔块斜角横波延时法则

通常情况下定义的声束同时要偏转角度和聚焦，近似的方法是将偏转延时值和聚焦延时值相加，若同时考虑偏转和聚焦进行延时计算，结果将略有不同，后者更精确。

在所有的情况下，阵列中每个晶片上的延时值均须精确控制。最小延时增量 $\Delta T_{\min}$ 决定了最高可用探头频率，由式（5-10）界定，即

$$\Delta T_{\min} < \frac{1}{Mf_c}$$

(5-10)

式中，M 为常数，建议大于 10；f_c 为探头中心频率。

5.1.5　扫查方式

相控阵技术采用延时法则控制发射和接收声束的位移和角度，能电子控制声束对试件的覆盖扫查，形成高效、直观的图形扫查方式。常见的方式除了有我们常见的线扫描和扇扫描外，另外还有一种新的三维投影扫描（P-Scan）方式。

1）线扫描（L-Scan）

相控阵线扫描也叫 B 扫描或电扫描（E-Scan），如图 5-15 所示，一般指固定角度

声束,连续移动合成声束的位置,记录每个声束的 A 扫描波形数据,以声束扫描位置和回波传输延时确定像素的位置,以回波幅度确定像素的亮度或彩色,显示所有回波记录的过程,形成的图像称为线扫描图像。

线扫描的各个声束具有完全相同的角度和聚焦特性,灵敏度一致,检测能力一致,横向分辨率高,能实现较长距离的一维电子扫查。线扫描的探头一般在扫描方向较大。

2)扇扫描(S-Scan)

相控阵扇扫描,如图 5－16 所示,一般指固定声束位置,连续偏转合成声束的角度,记录每个声束的 A 扫描波形数据,以声束扫描角度和回波传输延时确定像素的位置,以回波幅度确定像素的亮度或彩色,显示所有回波记录的过程。形成的图像外形像一个扇面,称为扇扫描图像。

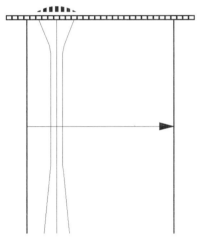

图 5－15　相控阵线扫描示意图

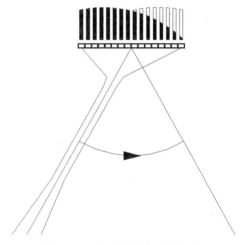

图 5－16　相控阵扇扫描示意图

扇扫描的各个声束具有相同的合成孔径,聚焦深度具有一定规律,可以用等声程聚焦、等深度聚焦或等距离聚焦。扫描范围随深度增加而扩大,探头体积小,耦合面小,检测灵活。

3)三维投影扫描(P-Scan)

线扫描和扇扫描形成相控阵主动面的端面二维图像,当探头沿垂直于相控阵线阵的主动面扫查时,按编码器传感的扫查位置连续记录二维图像,形成对扫查区域的三维图像记录,并且按顶视(top)、侧视(side)和端视(end)方向切片和投影显示出来(见图 5－17)。

3D 成像,声束位置的二维扫查和声波脉冲的传输时程扫描采集了三维空间的超

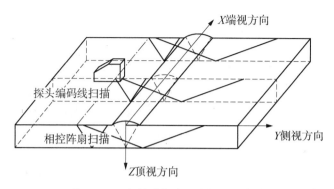

图 5‑17　相控阵扫查三维投影示意图

声回波信息,能够显示三维反射体分布。三维显示的方式通常有三维投影成像方式、三维切面显示方式和三维透视方式。

5.2　相控阵超声检测设备及器材

相控阵超声检测设备及器材主要包括相控阵检测仪、相控阵探头、楔块、扫查装置及试块等。

5.2.1　相控阵检测仪

相控阵检测仪主要由主机、多路信号切换电路、发射延时控制分配器、多个独立控制的超声发射单元和超声信号接收放大单元、接收信号合成器,以及计算机、图像显示器等部件组成,如图 5‑18 所示。

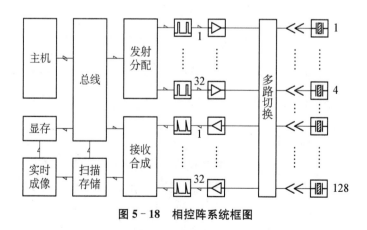

图 5‑18　相控阵系统框图

多路信号切换电路将探头晶片切换连接到各个超声发射和接收单元,可切换晶片数体现对探头晶片的最大使用量。

发射延时控制分配器实现发射脉冲的相位延时控制,延时的精度和延时的范围表现为合成声束的控制能力和精度。延时精度一般认为越精越好,高的可达到 2 ns,实际上只要小于信号周期的 5% 左右,即频率 10 MHz 的超声检测,达到 5 ns 的延时精度。

超声发射、接收的单元数量成为最大合成孔径晶片数,体现合成声束控制性能。每个超声发射、接收单元是超声检测的基本单元,发射电压、脉冲前沿、输出阻抗、接收频带、增益线性等性能要求与常规单通道的超声检测电路的性能要求相同。

接收信号合成器实现各路接收信号的延时和叠加,同样延时的精度和延时的范围影响合成声束的控制能力和精度。

嵌入式计算机和图像显示电路实时采集高速切换的合成回波 A 扫描信号,进行图像处理,实现每秒 50 帧以上的实时图像显示。

相控阵设备是相控阵检测系统中最重要的组成部分,常用的相控阵设备均具备多通道超声波发射、接收、放大、数据自动采集、记录、显示和分析功能。相控阵设备根据发射、接收通道数不同,功能和应用场合不尽相同。目前市场常用的发射、接收通道配置通常以 16 的倍数存在,常用便携设备的通道为 16∶64、32∶32、32∶64、32∶128;但对于有更高的性能要求时,也有 64∶128 配置可选,由于能耗的限制,市场上有该类配置的便携设备较少,目前只有武汉中科 HS PA20 - Fe 型便携式相控阵设备具备该配置。其他设备相关配置通常通过与外部计算机通信,由外部计算机进行计算和软件处理。

5.2.2　相控阵探头

相控阵探头是超声相控阵检测系统中的重要组成部分,本部分主要介绍超声相控阵探头的材料、阵列类型及相关参数。

5.2.2.1　探头材料

相控阵探头通常采用压电效应的材料制造。由于相控阵探头的单个晶片比单晶探头更小,材料压电效应的灵敏度要求会更高。小尺寸的晶片切割工艺难度较大,晶片切割为细小晶片后整体的结构强度也带来问题,因此采用电极分离、整体晶片的方式制造探头,这就要求压电材料的横向振动传递系数极低。常用压电材料性能参数列于表 5 - 1 中。

复合压电材料由压电陶瓷 PZT5 的细丝和改性环氧树脂复合而成,能达到较高的机电转换效率,横向振动模量很低,并且材料的品质因数很低,能制造高频宽带窄脉冲探头,是目前超声相控阵探头的主要材料选择。表 5 - 2 展示了 PZT 与聚合树脂不同组合式的 $d_{33} \cdot g_{33}$ 值。

表 5－1 常用压电材料性能参数

参数及单位	石英 SiO$_2$	钛酸钡 BaTiO$_3$	铌酸铅 PbNb$_2$O$_6$	锆钛酸铅-4 PZT－4	锆钛酸铅-5A PZT－5A	聚氟乙烯 PVF2
$d_{33}/(10^{-12} \text{C/N})$	2.3	190	85	289	400	20
$g_{33}/(10^{-3} \text{Vm/N})$	57	12.6	42.5	26.1	26.5	190
$(d_{33} \cdot g_{33})/(10^{-15} \text{C} \cdot \text{Vm/N}^2)$	133	2 394	3 612	7 542	10 600	3 800
Kt	0.095	0.38	0.32	0.51	0.49	0.1
$Z/[10^5 \text{g}/(\text{cm}^2 \cdot \text{s})]$	15.2	25.9	20	30	29	4
Q	2 500	—	24	500	80	3～10

说明：d_{33} 为压电应变常数；g_{33} 为压电电压常数；Kt 为机电效率；Z 为声阻抗；Q 为品质因数。

表 5－2 PZT 与聚合树脂不同组合式 $d_{33} \cdot g_{33}$ 值

1-3 型 PZT 与树脂矩阵组合	$(d_{33} \cdot g_{33})/(10^{-15} \text{C} \cdot \text{Vm/N}^2)$
PZT＋硅胶	190 400
PZT＋Spurs 环氧	46 950
PZT 棒＋聚氨酯	73 100
PZT 棒＋REN 环氧	23 500

相控阵探头工艺与常规超声检测探头一样，除了压电材料，还要匹配前衬实现超声的最大穿透并达到耐磨的效果，匹配后衬用来衰减晶片的振铃并支撑探头的强度，配备外壳用来保护探头。

5.2.2.2 探头类型

所有相控阵技术都是建立在阵列探头的基础之上的，各种规则尺寸排列的阵列类型决定了相控阵技术的功能、性能和应用特点。

相控阵探头可分平面探头、曲面探头和柔性表面探头。平面探头所有晶片的超声辐射面在一个平面上，适用于带楔块或耦合面为平面、相对曲率较小的光滑面检测。曲面探头一般用于管、棒、球面或转角工件表面检测，各探头的尺寸、形状具有较强的针对性。柔性表面探头的适用范围较大，耦合更好，但对变化的表面形状检测需配置较高的传感技术。

平面探头的控制维度分为一维阵列和二维阵列，根据排列坐标系分为直角坐标和极坐标系，形成一维（1－D）线阵、一维（1－D）环阵、二维（2－D）矩阵和二维（2－D）环阵四种基本类型，其中二维矩阵通过两个维度的疏密度调整还能产生很多变化（见表 5－3）。

表 5 - 3　相控阵探头阵列类型

类型	偏角	声束形状
1 - D 环阵	深度	球面波
1 - D 线阵	深度,角度	椭圆
2 - D 矩阵	深度,立体角度	椭圆/球面
2 - D 分段环阵	深度,立体角度	球面/椭圆
1.5 - D 矩阵	深度,小立体角度	椭圆
1 - D 周向阵	深度,角度	椭圆

1) 1 - D 环阵

如图 5 - 19 所示,阵列由多个同心圆环晶片按直径大小序列排列。通常各个晶片圆环的面积一样,直径随着序号增大而增大,宽度随着序号增大而减小。等面积晶片阵列的参数有中心频率 f、中心晶片尺寸 D、晶片数量 n。

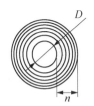

图 5 - 19　一维环阵

环形阵列整体相当于同样尺寸的圆形探头,声束轴线对称,激发圆对称截面的球面波,声轴线位置和角度不可变,可控制聚焦深度和圆对称声束形状,可实现二维对称的点聚焦和细束聚集。

2) 1 - D 线阵

如图 5 - 20 所示,多个长条晶片沿一直线平行排列形成阵列。通常各个晶片的尺寸和相邻间距是相同的。晶片位置延序号递增。阵列的参数有中心频率 f、晶片宽度 a、晶片长度 b、晶片间距 p、晶片数量 n 及相邻晶片的间隙 g 等。

线阵探头整体相当于激活孔径同样尺寸的矩形探头,但是在晶片的排列方向能够一维控制声束位移、偏转角度、聚焦和声束形状。

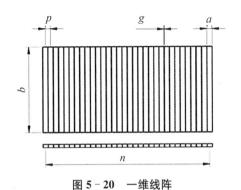

图 5 - 20　一维线阵

3) 2-D 矩阵

如图 5-21 所示,各个矩形晶片沿探头平面的两个正交方向排列。通常各个晶片的尺寸和排列参数在这两个方向是一样的,晶片位置沿两个方向随行号或列号排列。阵列的参数有中心频率 f、晶片长度 a、晶片宽度 b、相邻列间距 p、相邻行间距 q、晶片列数 n 及晶片行数 m 等。

矩形阵列整体相当于同样尺寸的矩形探头,能在两个正交的排列方向二维控制偏转角度、聚焦和声束形状。

4) 2-D 分段环阵

如图 5-22 所示,晶片由内向外分为多个同心环,每个环又周向分为多个段,形成二维的分段环阵。

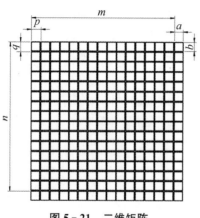

图 5-21 二维矩阵

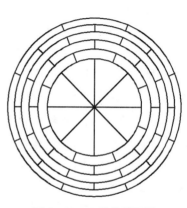

图 5-22 二维分段环阵

分段环阵整体相当于同样尺寸的圆形探头,声束轴线对称,能在极坐标系内轴对称二维控制偏转角度、聚焦和声束形状。

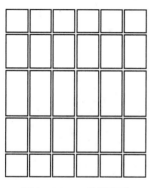

图 5-23 一维半矩阵

5) 1.5-D 矩阵

如图 5-23 所示,类似二维矩阵,沿第二正交方向的排列行数减少,并且是非等间距和宽度尺寸的,中间晶片大,两边晶片减小。

一维半矩阵整体相当于同样尺寸的矩形探头,在均匀排列方向有较强控制偏转角度、聚焦和声束形状的能力;在非均匀排列方向能控制聚焦和声束形状,但偏转角度能力有限。

6) 1-D 周向阵

如图 5-24 所示,晶片周向排列一个环形。该类型探头常常用在新能源的风电螺栓检测,部分厂家还专门研制了专用检测系统,结合其他技术用于螺栓检测。

5.2.2.3　线阵探头

在工业应用中,线阵探头是使用最广泛的探头类型,因此,本节我们对线阵探头的技术参数及设计、选用等做一个重点介绍。

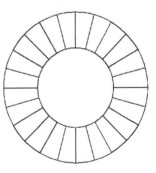

图 5-24　一维周向阵

线阵探头,即 1-D 线阵探头,是指同一平面上多个晶片沿一条直线方向(控制方向)排列形成的平面线阵探头。在探头平面上,晶片的排列方向(X 轴方向)为主动方向,垂直于主动方向为非主动方向(Y 轴方向),主动方向和晶片中心的法线(Z 轴)构成相控阵线阵探头主动平面。非主动方向和法线(Z 轴)构成相控阵线阵探头非主动平面,如图 5-25 所示。

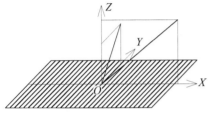

图 5-25　线阵的主动面和非主动面方向

1) 线阵探头的主要技术参数

(1) 探头频率 f。相控阵探头的中心频率取决于晶片材料的声速和厚度。

(2) 探头带宽 BW。

多数相控阵探头采用低品质因数的复合材料和高阻尼背衬做成宽带探头,相对带宽为 50% 以上,回波脉冲振荡周期小于 3 个。

通常线阵晶片的形状是矩形的,矩形晶片的远场指向性在两个方向是独立的 sinc 函数。

主动面方向:

$$f_a(\theta) = \text{sinc}\left(\frac{\pi a \sin\theta}{\lambda}\right) \tag{5-11}$$

非主动面方向:

$$f_b(\varphi) = \text{sinc}\left(\frac{\pi b \sin\varphi}{\lambda}\right) \tag{5-12}$$

(3) 晶片宽度 a。

线阵探头单元晶片在排列方向的宽度尺寸决定了晶片在主动平面内的指向性。晶片宽度对主动面指向性的影响如图 5-26 所示。

图 5-26 中粗线是波长为 1 mm、晶片宽度为 0.5 mm 时,主动面的声束指向性。

从图 5-26 中可以看到,晶片宽度小于波长时,声束响应幅度随角度增加单调下降,但达不到零;当晶片宽度小于半波长时,在 90°范围内指向性非常平坦,在主动平

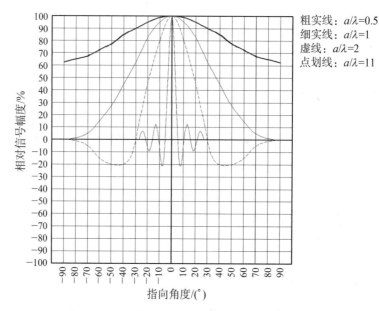

图 5-26　晶片宽度对主动面指向性的影响示意图

面内没有指向性,即近似于柱状辐射;当晶片宽度大于波长时,声束响应幅度随角度从零开始增加快速下降到零,然后正负交替起伏。从零度到第一个零响应的角度范围称为指向性响应的主瓣,边上的起伏称为副瓣或旁瓣。晶片宽度小于波长时没有旁瓣。线阵单元晶片宽度比较小,声波辐射在主动面内的指向性主瓣较宽,主瓣下降到零的半扩散角为

$$\theta_0 = \arcsin\left(\frac{\lambda}{a}\right) \qquad (5-13)$$

主瓣-6 dB响应的半扩散角为

$$\theta_{-6\,dB} = \arcsin\left(\frac{0.6\lambda}{a}\right) \qquad (5-14)$$

半扩散角与归一化孔径的关系如图 5-27 所示。

单晶元的指向性设计原则:

① 应使需用指向角度范围内的指向性落差在(-3 dB)范围内;

② 需用指向角度范围根据具体方法的不同而不同。

直接纵波检测时,纵波角度能量范围是 0°~90°,从横向分辨率角度 θ 考虑,有效孔径 $A_e = A\cos\theta$(A 为激发孔径长度),角度 θ 增大,孔径 A_e 变小,横向分辨率变差,角度为 60°时,孔径为 0°时的一半。

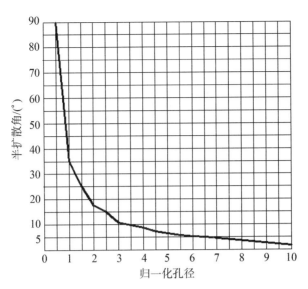

图 5-27　半扩散角与归一化孔径的关系示意图

纵波直入射延时楔块时,楔块纵波折射往复透射率如图 5-28 所示。

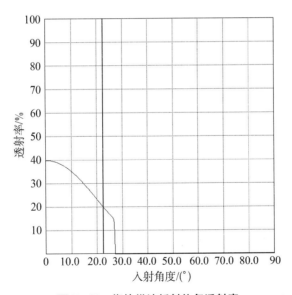

图 5-28　楔块纵波折射往复透射率

当入射角度达到 22.5°,折射角度达到 57°时,往复透射率 r 比 0°时下降了 6 dB。

考虑有效孔径 $A_{\mathrm{e}} = A \dfrac{\cos \beta}{\cos \alpha}$,其中

$$\frac{\cos\beta}{\cos\alpha} = \frac{\sqrt{1-\sin^2\beta}}{\sqrt{1-\sin^2\alpha}} = \frac{\sqrt{1-\left(\frac{c_2}{c_1}\right)^2\sin^2\alpha}}{\sqrt{1-\sin^2\alpha}} = \frac{\sqrt{1-\sin^2\beta}}{\sqrt{1-\left(\frac{c_1}{c_2}\right)^2\sin^2\beta}} = \frac{1}{2} = r \quad (5-15)$$

$$1 - r^2 = \left[\left(\frac{c_2}{c_1}\right)^2 - r^2\right]\sin^2\alpha \quad (5-16)$$

$$\alpha = \sin^{-1}\sqrt{\frac{1-r^2}{\left(\frac{c_2}{c_1}\right)^2 - r^2}} \quad (5-17)$$

$$1 - r^2 = \left[1 - \left(\frac{c_2}{c_1}\right)^2 r^2\right]\sin^2\beta \quad (5-18)$$

$$\beta = \sin^{-1}\sqrt{\frac{1-r^2}{1-\left(\frac{c_2}{c_1}\right)^2 r^2}} \quad (5-19)$$

式中，r 为往复透射率；α 为入射角；β 为折射角；c_1 为楔块声速；c_2 为试件声速。

（4）晶片间距 p。

晶片间距是指阵列中相邻晶片的中心间距，最密时近似于晶片宽度，但总大于晶片宽度。多个晶片梳状排列构成的孔径函数是单晶片的矩形窗函数与重复排列的梳状函数的卷积。除主瓣以外在其他方向会因场强同相叠加形成强度与主瓣相仿的辐射瓣，称为栅瓣。栅瓣会使指向性出现周期性重复。晶片间距越小，产生栅瓣的角度间距越大，通常设计晶片间距使栅瓣出现在检测角度范围之外，如图 5-29 所示。

梳状函数的指向性也是梳状函数：

$$f_s = \text{comb}\left(\frac{p\sin\theta}{\lambda}\right) \quad (5-20)$$

栅瓣位置：

$$\theta_m = \arcsin\left(\frac{m\lambda}{p}\right) \quad (5-21)$$

式中，m 为栅瓣的阶数，其取值范围为 $[0,M]$。

当 p 小于 λ 时，只有零阶栅瓣，没有重复栅瓣出现。当 p 大于 λ 时，将出现 $2M$ 个栅瓣，这里 M 是 p 比 λ 的整数倍。

远场指向性函数是梳状指向性函数与单元晶片指向性函数的乘积：

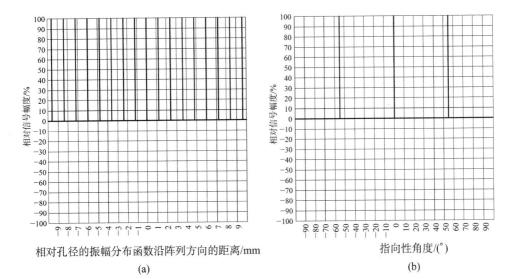

图 5-29　梳状函数的孔径分布和指向性

(a)$p=1.2\lambda$ 的梳状孔径函数；(b)对应指向性函数的栅瓣

$$f=f_{a}f_{s}=\mathrm{sinc}\left(\frac{\pi a\sin\theta}{\lambda}\right)\mathrm{comb}\left(\frac{p\sin\theta}{\lambda}\right) \tag{5-22}$$

结果如图 5-29 所示，从式(5-21)可以看到晶片间距越小，栅瓣的间距越大，晶元的指向范围内出现次数越多，因为 p 总是大于 a 的，所以在主瓣范围内总能出现一次或以上的栅瓣。当 a 和 p 足够小，使栅瓣间距大于 $\pi/2$ 时，指向性在 $\pm\pi/2$ 范围内没有栅瓣。

减少栅瓣的方法：①降低频率，增大波长；②减小中心距；③增大带宽，以发散栅瓣；④减小扫查范围(加用斜楔)；⑤单元小片化(将阵列单元切成尺寸更小的单元)；⑥单元间距随机化(使单元位置不规则，以分离栅瓣)。

(5)晶片数量 n。

组成相控阵探头的晶片数量决定了探头最大可用的控制方向的尺寸。

各个晶片在相控阵检测设置中被选择用于合成声束，合成声束的晶片集合称为合成孔径，线阵的合成孔径具有一维的尺寸，大小等于合成孔径的晶片数乘以晶片间距。当选择不同起点序号的晶片组成合成孔径时，合成孔径的中心位置发生移动，平行移动了声束的位置。

合成孔径 A 的远场指向性为

$$f_{A}(\theta)=\mathrm{sinc}\left(\frac{\pi A\sin\theta}{\lambda}\right)=\mathrm{sinc}\left(\frac{\pi np\sin\theta}{\lambda}\right) \tag{5-23}$$

孔径越大,指向性越锐;孔径越小,指向性越宽。10.8λ 孔径的指向性函数如图 5-30 所示。

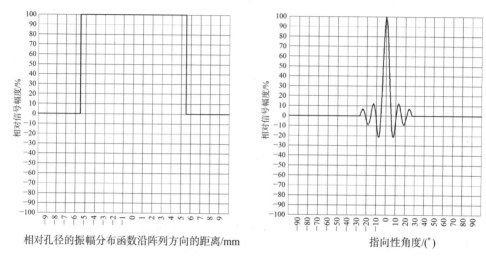

图 5-30 孔径为 10.8λ 的指向性函数

当合成声束角度偏转 θ_0 时,孔径函数加上偏转角相位调制,使指向性函数主瓣指向偏转角度,指向性为

$$f_A(\theta) = \text{sinc}\left[\frac{\pi A \cos\theta_0 \sin(\theta - \theta_0)}{\lambda}\right] \tag{5-24}$$

从式(5-24)得知,扩散角随着偏转角增大而增大,$A\cos\theta_0$ 称为有效孔径。在有楔块的情况下,有效孔径为 $\dfrac{A\cos\beta}{\cos\alpha}$。

如图 5-30 所示,从孔径的指向性函数看,等幅度响应的孔径指向性在中心角度响应最大,偏离中心角度时减小,一直到零,这一指向范围称为声束主瓣,第一次降到零的角度称为主瓣的半扩散角。而主瓣外继续偏离中心角度的位置将周期性出现声束指向峰值。这种偏离中心角度的周期性指向称为旁瓣,旁瓣的宽度和周期都是主瓣宽度的一半,峰值逐个减小。旁瓣是孔径内等值响应矩形函数的指向性特征,当对孔径内各个晶片采用中间高、边缘低的函数调制时,声束控制的主瓣略有扩大,旁瓣降低,各种调制的函数有三角函数、汉宁函数、汉明函数、高斯函数等。各个晶片的幅度调制也是延时法则的一部分。

(6)晶片长度 b

线阵探头单元晶片在垂直于排列直线方向的尺寸,决定了晶片在非主动平面的指向性,所以晶片长度 b 又称为探头的非主动孔径。相控阵线阵在非主动平面没有位置、方向和聚焦控制,与同尺寸单晶片矩形探头的指向性是一样的。晶片长度和有效合成孔径形成矩形辐射面,影响检测的近场区范围,通常根据检测的深度范围设计晶片高度:

$$b = 1.4\sqrt{\lambda(S_{min} + S_{max})} \qquad (5-25)$$

式中, S_{min} 为最小检测深度; S_{max} 为最大检测深度。

不聚焦时矩形孔径的辐射近场区近似为

$$N_0 = \frac{Ab}{\pi\lambda} \qquad (5-26)$$

2)线阵探头设计和选用

(1)根据材料声学特性、检测深度范围、检测缺陷特点选择检测频率(0.5 MHz、1 MHz、2.5 MHz、5 MHz、10 MHz)。

(2)根据检测条件、检测深度范围、缺陷特点选择检测方法(纵波直入射、横波斜入射、纵波双晶直入射、纵波双晶斜入射、直接接触法、延时块接触法、水浸法)。

(3)根据检测范围,决定孔径大小。

一般情况下,非主动孔径 b 的近场距离应大于最大检测范围 R_{max} 的六分之一。

$$N_A = \frac{b^2}{\pi\lambda} \geqslant \frac{R_{max}}{6} \qquad (5-27)$$

一般情况下,非主动孔径 b 的近场距离应小于最小检测范围 R_{min} 的两倍。

$$N_A = \frac{b^2}{\pi\lambda} < 2R_{min} \qquad (5-28)$$

一般情况下,主动孔径 A 的近场距离应大于最大检测范围的六分之一。

$$N_A = \frac{A^2}{\pi\lambda} \geqslant \frac{R_{max}}{6} \qquad (5-29)$$

主动孔径决定指向性的角度分辨率,主瓣下降到零的半扩散角为

$$\theta_0 = \arcsin\left(\frac{\lambda}{A}\right) \qquad (5-30)$$

主瓣-6 dB 响应的半扩散角为

$$\theta_{-6\,dB} = \arcsin\left(\frac{0.6\lambda}{A}\right) \qquad (5-31)$$

在极近场,横向分辨率很高,称为强聚焦区:

$$N_A = \frac{A^2}{\pi\lambda} \geqslant 3R_{max} \qquad (5-32)$$

在接近近场距离时,横向分辨率略高于同孔径单晶探头,称为弱聚焦区:

$$3R_{max} \geqslant N_A = \frac{A^2}{\pi\lambda} \geqslant \frac{R_{max}}{3} \qquad (5-33)$$

在大于近场距离时,指向性与同孔径单晶探头相同,称为非聚焦区:

$$\frac{R_{max}}{3} \geqslant N_A = \frac{A^2}{\pi\lambda} \geqslant \frac{R_{max}}{6} \qquad (5-34)$$

(4)根据检测范围确定阵元大小。最近检测距离应大于阵元尺寸的近场距离:

$$N_a = \frac{a^2}{\pi\lambda} \leqslant R_{min} \qquad (5-35)$$

远场检测时阵元扩散角应大于相控阵指向范围。近场检测时阵元扩散角应大于孔径尺寸比距离的反正切角。阵元扩散角应使检测范围内的任意位置都在阵元的扩散角范围内。当阵元尺寸小于半波长时,扩散角达到±90°,全方位扩散,近似点源扩散。

(5)阵元间距。最密阵列:阵元间距近似等于阵元尺寸。当阵元尺寸小于半波长,阵元间距也小于半波长时,栅瓣角度在90°范围外,没有栅瓣出现。当阵元尺寸大于半波长,阵元间距近似等于阵元尺寸时,栅瓣角度在接近扩散角的边缘,能量较低。当阵元尺寸大于半波长,阵元间距大于两倍阵元尺寸时,在扩散角内部,有明显能量分布的栅瓣。变间距的稀疏阵列能够抑制栅瓣。

5.2.3 相控阵楔块

相控阵线阵探头通常是平面探头,在不平整表面检测时会导致耦合波动较大,磨损严重,因此需要加入楔块。楔块的检测面磨成弧面,能得到良好的耦合。虽然相控阵探头能控制超声波声束的方向,但采用楔块的探头能运用折射原理,获得更高信噪比的声束,所以相控阵检测很多场合是需要超声楔块的。

超声楔块是介于探头表面与工件表面之间的一段传导介质,通常使用有机玻璃、聚苯乙烯、环氧树脂等聚合固体材料,也可以是水包、水囊等包含液体介质的软性楔块。

采用液体介质的楔块或液浸检测时,液体的声衰减很小,声速较低,折射效果比较好,因此轮式探头、水包等检测技术多有采用。但是因为衰减小,在楔块内声波多次反射的干扰也比较大,体积一般比较大。

采用固体介质的楔块可以做成很小的体积,与常规超声楔块一样,通常采用改性的聚苯乙烯材料,声速比较低,在 2 330 m/s 左右。

与常规探头一样,相控阵楔块可以与探头做成一体,也可以分离装配在一起,考虑探头成本比常规探头高许多,目前分离装配的比较多。

楔块材料声速会影响到折射指向和聚焦的延时法则,聚合材料的声速随温度变化起伏比较大,在应用中需要根据环境温度,考虑声速补偿。

超声相控阵楔块主要有平行的纵波延迟楔块、纵波折射斜角楔块和横波折射斜角楔块。平行延迟块用于改善近场分辨率;纵波折射楔块用于纵波斜角检测,楔角小于第一临界角(一般在 17°左右),使主动孔径最大的声束折射 40°左右的纵波;横波折射楔块用于横波斜角检测,楔角大于第一临界角小于第二临界角(一般在 37°左右),使自然入射的声束折射 45°左右的横波。目前,楔块通常整合有注水通道,以保证检测中的耦合。常见的有 0°和 37°楔块,如图 5 - 31 所示。

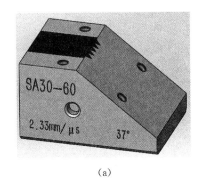 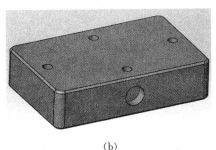

(a)　　　　　　　　　　　　　　　　(b)

图 5 - 31　相控阵常见楔块示意图

(a)37°楔块;(b)0°楔块

相控阵线阵探头和斜角楔块的安装方式有纵向安装和横向安装两种,如图 5 - 32 所示。纵向安装的楔块的斜角指向在相控阵主动面内;横向安装的楔块的斜角指向在相控阵非主动面内。

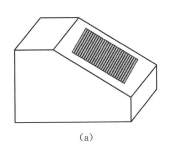 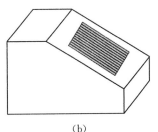

(a)　　　　　　　　　　　　　　　(b)

图 5 - 32　线阵探头和楔块安装方式示意图

(a)纵向楔块;(b)横向楔块

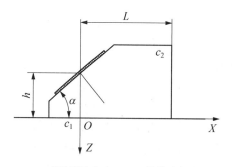

c_1—楔块纵波声速；c_2—工件纵波声速。

图 5 - 33　楔块参数示意图

根据耦合要求，楔块表面能磨制成与试件表面吻合的圆弧。在探头阵列主动面内的弧形将影响聚焦法则。

线阵楔块的尺寸参数如图 5 - 33 所示。孔径声束自然入射的角度等于楔块角度 α；中心高度 h 给出探头晶片到工件的距离和声束在楔块内的传输声程；中心到前沿的距离 L 为楔块定位前沿到探头中心的距离。

楔块的表面能够制成圆弧形，在主动面内的弧形将影响相控阵的延时法则。

与非相控阵的超声检测技术一样，相控阵超声也能使用各种楔块技术，常见的有延时楔块和双晶延时楔块。

（1）延时楔块。探头和工件之间嵌入平行表面的延时楔块，能够排除发射脉冲的反冲和抑制在近表面附近产生的盲区。平行延时楔块将产生界面回波信号，界面回波信号覆盖的盲区小于发射信号产生的盲区。根据检测工件的深度范围 T_2，延时楔块厚度 T_1 应满足式（5 - 36），使多次界面信号不影响检测范围内的回波信号。

$$T_1 > \frac{c_2}{c_1} T_2 \qquad\qquad (5 - 36)$$

式中，c_1 为楔块纵波声速；c_2 为工件纵波声速。

（2）双晶延时楔块。采用平行延时楔块时，界面信号仍然产生一定深度的盲区，采用接收和发射隔离的双晶延时楔块能够排除进入工件以前的界面回波，因此盲区更加减小。虽然完全没有界面波信号，但在近表面仍然存在很小的盲区。双晶楔块具有一定的相向倾斜角（如屋顶状），使发射一侧的声波在进入工件后能折射向接收晶片一侧，因此盲区减小。发射声束和接收声束形成菱形的交叉区域也称为双晶检测聚焦区域。

5.2.4　扫查装置

相控阵扫查分为手动扫查和机械扫查，所有带有编码器一起进行扫查的相控阵检测都称为机械扫查。根据驱动不同，机械扫查还可分为全自动机械扫查和半自动机械扫查。相控阵检测是超声波连续成像，一般要求带编码器进行扫查记录，由于检测对象结构不同，市场上已经衍生出各种各样的扫查装置，以满足现场检测需要，如小径管扫查装置、AUT（auto ultrasonic testing）自动扫查装置、插管焊缝自动扫查装置等，如图 5 - 34 所示。

(a)

(b)

(c)

图 5‑34　各类型扫查器

(a)小径管扫查装置；(b)AUT 自动扫查装置；(c)插管焊缝自动扫查装置

5.2.5　相控阵试块

相控阵试块包括校准试块和模拟试块。校准试块是指具有规定的化学成分、表面粗糙度、热处理及几何形状的材料块，用于声速、楔块延时、ACG(角度增益修正)及 TCG(时间增益修正)的校准，也可用于检测灵敏度的校准。模拟试块用于检测灵敏度的校准、信噪比的评价，同时也可验证检测工艺的有效性。模拟试块的材质、形状、结构、厚度，以及焊接坡口形式和焊接工艺应与实际检测的工件相同或相近，应在检测区域内设置适当的位置设置反射体，反射体应包括用于信噪比测量和灵敏度校准的 $\Phi 2 \, \text{mm} \times 40 \, \text{mm}$ 的横孔，以及其他机械加工的模拟缺陷和焊接产生的自然缺陷。目前，在相控阵校准和性能测试中，常采用相控阵 A 型试块和 B 型试块，如图 5‑35 所示。不同行业采用的标准不同，相控阵试块的选用也不同。

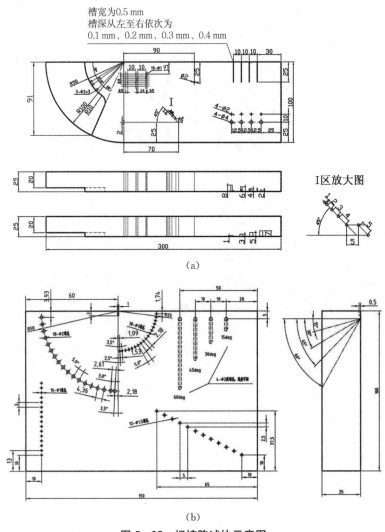

图 5‑35　相控阵试块示意图

(a)A 型试块图;(b)B 型试块图

5.2.6　检测仪器及探头的组合性能

验证仪器通道、探头晶片及电缆的功能正常。

仪器和探头的组合频率与探头标称频率之间偏差在±10%范围内。

垂直线性偏差不大于满幅度的 3%,水平线性偏差不大于满刻度的 1%。

采用 A 型脉冲法检测时,信噪比应大于或等于 12 dB,采用图像法检测时,信噪比应大于或等于 6 dB。

当新购置相控阵仪器或探头、相控阵仪器或探头维修后、检测人员有怀疑时等情况下,应测定仪器和探头的组合性能。

5.2.7　检测设备及器材的运维管理

检测设备及器材的运维管理,包括相控阵超声检测设备的线性测试及校准、相控阵探头的校准以及编码器的校准等内容,并且满足相关标准规定的要求。

相控阵超声仪器的线性测试方法、声束偏转极限测试方法及楔块衰减补偿的测试方法应按相关标准的规定执行。仪器的线性应每 6 个月校准一次,并记录测试结果。首次使用前,应采用平面楔块的相控阵探头测定相控阵声束偏转极限,并记录测试结果。

相控阵探头的校准:相控阵探头在检测前、检测过程中每隔 4 小时及检测结束后,应测试相控阵探头晶片的有效性和楔块的磨损程度,并记录测试结果。

编码器的校准:首次使用前或每隔一个月应对编码器进行校准;校准方式是将编码器移动至少 300 mm,误差要小于 1‰或 10 mm,以较小值为准;扫查步进值设置主要与被检工件的公称厚度有关,根据相关标准的规定进行设置。

每年至少对标准试块与对比试块的表面腐蚀与机械损伤进行一次核查。

5.3　相控阵超声检测通用工艺

相控阵超声检测通用工艺根据不同检测对象、检测要求及相关检测标准进行制定,其主要步骤有:检测面的选择、检测系统的选择、扫查方式的选择、扫查速度的确定、聚焦法则的设置及校准、检测系统的设置和校准以及缺陷的测量等。

1)检测面的选择

选择检测面前,必须要了解被检工件材质、规格、结构及需检测缺陷等详细信息,检测面的表面质量应经外观检查合格,检测面(探头经过的区域)上所有影响检测的油漆、锈蚀、飞溅和污物等均应予以清除,表面粗糙度应符合检测要求,表面的不规则状态不应影响检测结果的有效性。

2)检测系统的选择

相控阵超声检测系统包括仪器、探头、软件、扫查装置和位置传感器等辅件,应当根据检测对象及实际情况选择检测系统。

根据工件、检测要求及现场条件选择仪器。仪器应为电脑控制的含有多个独立的脉冲发射/接收通道的脉冲反射型仪器,仪器独立通道数量、成像方式、仪器带宽、数字化采样频率、幅度模数转换、水平线性、垂直线性、发射脉冲等性能应满足相关标准要求。相控阵超声检测软件的检测数据分析、检测图像的显示、检测数据的管理、聚焦法则的计算等功能应能满足实际需求。

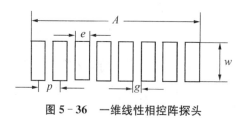

图 5-36　一维线性相控阵探头

相控阵探头的晶片由压电复合材料制作。压电复合材料的探头信噪比比一般压电陶瓷探头高 10～30 dB。相控阵探头的晶片是将一块整体压电复合材料的晶片切割成无数微小晶片(见图 5-36)，每个晶片能单独激发。相控阵探头参数的选择主要考虑以下几方面:频率、激发孔径(A)、阵元间距(g)、阵元宽度(p)、阵元数量、偏转角等。楔块主要参数有楔块角度、楔块内声速，一般可通过仪器自动检测获取。探头楔块与被检件接触面的间隙大于 0.5 mm 时，应采用曲面楔块或对楔块进行修磨，修磨时应重新测量楔块几何尺寸，同时考虑对声束的影响。应根据工件厚度、材质、检测位置、检测面形状以及检测使用的声束类型选择相控阵探头的频率、晶片数量、晶片间距、晶片尺寸、晶片形状以及楔块规格等。

相控阵超声检测试块包括标准试块、对比试块及模拟试块。标准试块可以选用包括 CSK-ⅠA、半圆试块、专用线性试块、A 型相控阵试块和 B 型相控阵试块。对比试块按不同的标准规定选用，例如标准《无损检测 超声检测 相控阵超声检测方法》(GB/T 32563—2016)推荐采用 CSK-ⅡA 试块。

3) 扫查方式的选择

相控阵扫查方式包括电子扫查、机械扫查及手动扫查。电子扫查包括扇扫描及线扫描。机械扫查包括沿线扫查及沿线栅格扫查。手动扫查方式与脉冲反射超声检测扫查方式一致，包括锯齿形扫查等，可以不接位置传感器。

扇扫描是采用同一组晶片和不同聚焦法则得到的声束，在确定角度范围内扫描被检工件，也称作 S 扫描。线扫描是以相同的聚焦法则施加在相控阵探头中的不同晶片组，每组激活晶片产生某一特定角度的声束，通过改变起始激活晶片的位置，使该声束沿晶片阵列方向前后移动，以实现类似常规手动超声检测探头前后移动的检测效果。一个相同的延时法则依次触发阵列探头的各个晶片组使得声束能沿探头阵列主轴方向以一个恒定的角度前后移动。相当于传统超声探头进行一个光栅扫查。沿线扫查相控阵探头晶片阵列方向与探头移动方向垂直或成一定角度的机械扫查方式，如图 5-37 所示。沿线扫查指的是指探头在距焊缝中心线一定距离的位置上，在平行于焊缝长度方向进行的直线移动。沿线栅格扫查是改变了探头与焊缝距离的多次沿线扫查，探头按照栅格式的轨迹进行，以实现对检测部位的全面覆盖或多重覆盖。

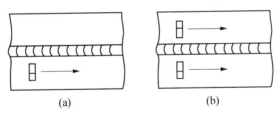

图 5 - 37　沿线扫查

(a)采用一个相控阵探头的沿线扫查;(b)采用两个相控阵探头的沿线扫查

应根据不同的检测对象、标准检测等级的具体要求选择扫查方式。例如 GB/T 32563—2016 标准规定,焊缝的相控阵超声检测时,B 级检测应根据厚度采用直射法和反射法在焊缝的单面双侧对检测区域进行“沿线扫查+扇扫描”检测。

4)扫查速度的确定

手动锯齿形扫查时,探头移动速度不超过 150 mm/s。

采用平行线扫查、斜向扫查等扫查方式时,应保证扫查速度小于或等于最大扫查速度 v_{max},同时应满足耦合效果和数据采集的要求。最大扫查速度按下式计算:

$$v_{max} = \frac{PRF}{N \times M} \Delta X \tag{5-37}$$

式中, v_{max} 为最大扫查速度(mm/s);PRF 为脉冲重复频率(Hz),PRF$<c/2S$,c 为声速(mm/s),S 为最大检测声程(mm);N 为设置的信号平均次数;ΔX 为设置的扫查步进值(mm);M 为延迟法则的数量(如扇扫描时,角度范围为 40°~70°,角度步进为 1°,则 $M=31$;线扫描时,总体晶片数量为 64 个,激发晶片数量为 16 个,扫描步进为 1,则 $M=49$)。

5)聚焦法则的设置及校准

聚焦法则设置包括激发孔径设置、扇扫描设置、线扫描设置、聚焦设置等。设置时应考虑的参数包括阵元参数、楔块参数、阵元数量、阵元位置、角度参数、距离参数、声速参数、工件厚度、探头位置等,采用聚焦声束检测时,应合理设定聚焦声程或深度。

6)检测系统的设置和校准

采用扇扫描或线扫描检测前,应对扇扫描角度范围内或线扫描角度范围内的每一条声束进行校准,校准的范围应包含检测拟使用的声程范围。扇扫描的校准包括角度增益修正(ACG)及时间增益修正(TCG)。角度增益修正就是指使扇扫描角度范围内的每一个不同角度声束在同一声程处相同反射体的回波具有相同的显示波幅。采用扇扫描或线扫描的,应进行时间增益修正,使得在扇扫描或线扫描的各个波束对检测区域内不同声程但相同反射体具有相同的显示波幅。ACG 修正可采用 CSK-ⅠA 试块或其他带有 R100 圆弧的等效试块。检测焊缝时,TCG 修正可以采用 CSK-ⅡA 试块或其他横通孔试块。角度增益修正及时间增益修正后,在检测区域内,不同位置的相同尺寸、相同方向的反射体回波波幅应基本一致。可选用 TCG 和 DAC 两种方式设置灵敏度。初始扫查时推荐采用 TCG 设置灵敏度,TCG 灵敏度选择可参照相关标准。

　　7) 缺陷的测量

　　(1) 缺陷最高波幅的测定。扇扫描时,找到不同角度 A 扫描中缺陷的最高回波波幅作为该缺陷的波幅;线扫描时,找到不同孔径组合时,缺陷最高回波波幅作为该缺陷的波幅。

　　(2) 缺陷位置的测定。找到不同角度 A 扫描中缺陷最高回波波幅的位置来确定如下位置参数:缺陷沿焊接接头方向的位置;缺陷位置到检测面的垂直距离(即埋藏深度);缺陷位置离开焊缝中心的距离。

　　(3) 缺陷长度的测定。有绝对灵敏度法和相对灵敏度法,具体选择参照执行的标准。例如,《火力发电厂焊接接头相控阵超声检测技术规程》(DL/T 1718—2017)规定沿线扫查时采用定量线绝对灵敏度法测长,缺陷长度可在合适类型的显示图上用标尺直接测定。采用矩形移动或锯齿形扫查的数据,如缺陷反射波只有一个高点,采用相对灵敏度法即 6 dB 法;如缺陷反射波有多个高点,且端点反射位于定量线以上时,使用端点 6 dB 法测长。

　　(4) 缺陷自身高度的测定。可采用衍射波法或 −6 dB 法。如果缺陷 S 扫描图中能分辨出缺陷的端角衍射波,推荐采用衍射波的方法测量缺陷自身高度。−6 dB 法指的是,在检测数据文件 B 型显示图中选定所要测量的缺陷,通过软件工具找到缺陷最高回波位置,在缺陷最高回波处 S 扫描视图中通过上下移动测量指针使最高回波幅度分别降至最高幅值的一半,上、下端点之差即为缺陷自身高度。

5.4　相控阵超声检测技术在电网设备中的应用

5.4.1　GIS 避雷器壳体焊缝相控阵超声检测

　　某公司 220 kV 输变电工程 12 间隔 C 相 GIS 避雷器,如图 5-38 所示。该壳体由铝合金板卷制而成,纵焊缝坡口为 V 形坡口,规格为 $\Phi508$ mm(外径)×8 mm,材质为 5083 铝合金。依据《无损检测　超声检测　相控阵超声检测方法》(GB/T 32563—2016)、《铝制焊接容器》(JB/T 4734—2002),采用声束的扫描、偏转与聚焦的特性,实现声束多角度扇形脉冲反射超声对该 GIS 避雷器壳体纵焊缝进

图 5-38 某公司 220 kV 输变电工
程 12 间隔 C 相 GIS 避
雷器

行检测。

现有仪器设备及器材:武汉中科 HS PA20 - Ae(BC)相控阵超声探伤仪;5L16 - 1.0×10 探头,SA3 - 55S 55°楔块;CSK - ⅠA(5083 铝合金)标准试块,CSK - ⅡA - 2(5083 铝合金)对比试块;化学浆糊、机油。

1) 根据要求编制某公司 220 kV 输变电工程 12 间隔 C 相 GIS 避雷器焊缝相控阵超声检测工艺卡

某公司 220 kV 输变电工程 12 间隔 C 相 GIS 避雷器焊缝相控阵超声检测工艺卡如表 5 - 4 所示。

表 5-4 某公司 220 kV 输变电工程 12 间隔 C 相 GIS 避雷器焊缝相控阵超声检测工艺卡

	部件名称	GIS 避雷器	厚度	8 mm
	部件编号	—	规格	Φ508 mm(外径)×8 mm
工件	材料牌号	5083 铝合金	检测时机	现场安装前
	检测项目	纵焊缝	坡口形式	V 形
	表面状态	原始	焊接方法	手工焊
仪器探头参数	仪器型号	武汉中科 HS PA20 - Ae(BC)	仪器编号	—
	探头型号	5L16 - 1.0×10 楔块 SA3 - 55S 55°	试块种类	CSK - ⅠA(5083)
	检测面	单面双侧	扫查方式	横波倾斜入射的沿线扫查＋扇扫描
	耦合剂	化学浆糊	表面耦合	4 dB
	灵敏度设定	最大检测深度 Φ2 mm×40 mm,波高到 90%	参考试块	CSK - ⅡA - 2(5083)
	合同要求	GB/T 32563—2016	检测比例	100%
	检测标准	GB/T 32563—2016	验收标准	JB/T 4734—2002 Ⅱ级

（续表）

检测位置示意图及缺陷评定：

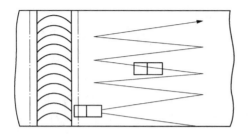

（1）不允许存在裂纹、未熔合和未焊透等缺陷。

（2）不允许存在波幅超过Ⅱ区，单个缺陷指示长度大于 $2T/3$ 缺陷，最小为 12 mm，最大不超过 40 mm。

（3）不允许存在波幅在Ⅲ区的缺陷。

编制/资格		审核/资格	
日期		日期	

2）按照表 5-4 要求进行具体检测工作操作步骤

（1）检测仪器与探头。

仪器：武汉中科 HS PA20-Ae(BC)；

探头：5L16-1.0×10 楔块 SA3-55S 55°。

（2）试块与耦合剂。

标准试块：CSK-ⅠA(5083 铝合金)。

对比试块：CSK-ⅡA-2(5083 铝合金)。

耦合剂：化学浆糊。

（3）检测参数设置。

① 激发孔径设置。

可偏转方向上的激发孔径尺寸 D 与晶片宽度 b 之比应满足：$0.2 \leqslant D/b \leqslant 5$。根据不同的工件厚度推荐使用的可偏转方向上孔径尺寸范围如表 5-5 所示。

表 5-5 推荐采用的探头参数

最大检测厚度/mm	频率/MHz	晶片间距/mm	偏转方向孔径尺寸/mm
$6 \leqslant T < 15$	15～5	0.8～0.3	5～10
$15 \leqslant T < 50$	10～4	1.0～0.5	8～25
$50 \leqslant T < 100$	7.5～2	1.5～0.5	20～35
$100 \leqslant T < 200$	5～1	2.0～0.8	30～65

② 扇扫描设置。

横波斜声束扇扫描角度范围不应超出 35°~75°,并在模块制造商推荐的角度范围内使用。特殊情况下,确需要应用超出该角度范围的声束检测时,应通过试验验证其灵敏度。

当工件壁厚较小时,不宜采用过小角度声束,以免底面一次反射波进入模块产生干扰。

角度步进设置应符合表 5-6 所示的要求。

表 5-6　推荐的扇扫描角度步进设置

最大检测深度 T/mm	角度步进范围/(°)
$T \leqslant 50$	$\leqslant 2$
$50 < T \leqslant 100$	$\leqslant 1$
$100 < T \leqslant 200$	$\leqslant 0.5$

③ 线扫描设置:使用线扫描覆盖时,应保证对检测区域全覆盖,激发孔径移动的步进设置一般为 1。

④ 聚焦设置:焊缝初始扫查的聚焦深度设置一般应避免在近场区内。当检测声程范围在 50 mm 以下时,聚焦深度可以设置在最大检测声程处 F;当检测声程范围在 50 mm 以上时,聚焦深度可以选择检测声程范围的中间值或其他适当深度。

在对缺陷进行精确定量时,或对特定区域检测需要获得更高的灵敏度和分辨力时,可将焦点设置在该区域。

(4) 检测系统的设置和校准。

① 扇扫描的校准:采用扇扫描检测前,应对扇扫描角度范围内的每一条声束校准,校准的声程范围应覆盖检测范围。采用 CSK-ⅡA(5083 铝合金)试块进行 DAC曲线和 TCG 曲线校准,校准后不同深度处相同反射体回波波幅应基本一致,且经最大补偿的声束对最大声程处横孔回波的信噪比应满足焊接接头不同技术等级要求的信噪比的要求。

② 线扫描的校准:采用线扫描检测前,应对线扫描角度范围内的每一个声束校准,校准的声程范围应覆盖检测范围。采用 CSK-ⅡA(5083 铝合金)试块进行 DAC曲线和 TCG 曲线校准,校准后不同深度处相同反射体回波波幅应一致,且经最大补偿的声束对最大声程处横孔回波的信噪比应满足焊接接头不同技术等级要求的信噪比的要求。

(5) 扫查灵敏度设定。

在 CSK-ⅡA(5083 铝合金)试块上制作距离-波幅曲线。将不同深度 $\varPhi 2$ mm×

40 mm 横孔回波幅度调至满屏的适当高度(80%),作为扫查灵敏度(见表 5-7)。工件的表面耦合损失和材质衰减应与试块相同,否则应进行传输损失补偿,一般选择 2~4 dB。

表 5-7 距离-波幅曲线的灵敏度

板厚/mm	评定线	定量线	判废线
6~40	$\Phi2\times30-18$ dB	$\Phi2\times30-12$ dB	$\Phi2\times30-4$ dB

(6) 检测。

采用线扫描,线扫描不可行时采用锯齿形扫查。

检测焊接接头横向缺陷时,相控阵探头在焊缝两侧作两个方向斜平行线扫描,且与焊缝中心线夹角不大于 10°。如果焊缝余高磨平,相控阵探头应在焊接接头上作两个方向的平行线扫描。

若对工件在长度方向进行分段扫查,各段扫查区的重叠范围至少为 20 mm。

(7) 检测数据的分析和解释。

① 对扫查采集的检测数据进行保存,检测数据以 A 扫描信号和图像形式显示。检测数据至少应满足以下要求:数据是基于扫查步进的设置而采集的;采集的数据量满足所检测焊缝长度的要求;数据丢失量不得超过整个扫查的 5%,且不允许相邻数据连续丢失;扫查图像中耦合不良不得超过整个扫查的 5%,且单个耦合不良长度不得超过 2 mm。

若数据无效,应重新进行扫查。

② 缺陷的测量。

回波幅度确定:扇扫描时,找到不同位置扇扫描的不同角度 A 扫描中缺陷的最高回波幅度作为该缺陷的幅度。线扫描时,找到不同孔径组合时,缺陷最高回波幅度作为该缺陷的幅度。

缺陷长度确定:若缺陷最高幅度未超过满屏 100%,则以此幅度为基准,找到此缺陷不同角度 A 扫描回波幅度降低 6 dB 的最大长度作为该缺陷的长度。

若缺陷最高幅度超过满屏 100%,则找到此缺陷不同角度 A 扫描回波幅度降低到定量线时的最大长度作为此缺陷的长度。

(8) 缺陷评定。

① 缺陷评定标准:不允许存在裂纹、未熔合和未焊透等缺陷;不允许存在波幅超过Ⅱ区,单个缺陷指示长度大于 2T/3 缺陷,最小为 12 mm,最大不超过 40 mm;不允许存在波幅在Ⅲ区的缺陷。

② 检测结果评定:在检测中,发现某公司 220 kV 输变电工程 12 间隔 C 相 GIS 避雷器焊缝存在一处缺陷信号,缺陷深度 3.8 mm,长度为 5 mm,最高波幅为 SL+

17.0 dB(见图 5 - 39)。

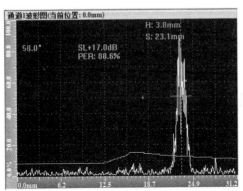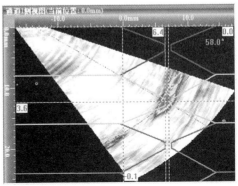

图 5 - 39　某公司 220 kV 输变电工程 12 间隔 C 相 GIS 避雷器焊缝相控阵超声检测缺陷波形图

依据 GB/T 32563—2016 对该焊缝进行评定,缺陷波幅 SL+17.0 dB,位于判废线以上,不允许,该焊缝不合格。

5.4.2　钢管塔对接焊缝相控阵超声检测

某特高压输变电钢管塔线路工程,钢管与带颈法兰环向对接接头,钢管的规格为 Φ200 mm(外径)×12 mm,材质为 Q345B,钢管塔如图 5 - 40 所示,其钢管与带颈法兰环向对接接头如图 5 - 41 所示。检测标准:《无损检测　超声检测　相控阵超声检测方法》(GB/T 32563—2016)、《火力发电厂焊接接头相控阵超声检测技术规程》(DL/T 1718—2017);评判标准:《焊缝无损检测　超声检测　技术、检测等级和评

图 5 - 40　某特高压钢管塔　　　　　图 5 - 41　钢管塔对接焊缝

定》(GB/T 11345—2013)、《焊缝无损检测 超声检测 验收等级》(GB/T 29712—2013),验收等级 2 级。

现有仪器设备及器材:Eddify 公司 GEKKO 相控阵超声检测仪;线阵探头 5L32,楔块 SA11－N55S 5L32;单轴扫查器;CSK－ⅠA(钢)标准试块,RB－Ⅰ(钢)、RB－Ⅱ(钢)对比试块;化学浆糊、机油。

1) 仪器与探头

仪器:Eddify 公司 GEKKO 相控阵超声检测仪;

探头:线阵探头 5L32,楔块 SA11－N55S 5L32;

扫查器:单轴扫查器。

2) 试块和耦合剂

标准试块:CSK－ⅠA(钢);对比试块:RB－Ⅰ(钢)、RB－Ⅱ(钢)。

3) 参数测量与仪器设定

参数设置包括器材配置、超声设置、检测设置等。器材配置包括检测工件、探头设置及扫查器,其中超声设置中,输入选用的超声探头及楔块后,对楔块的角度/延迟进行校准。随后对扫查器进行设置及校准。

超声设置包括聚焦法则的设置及幅值校准。本次检测采用全矩阵成像检测,使用 PWI 的成像方式,计算模式 TT,成像区域 30 mm×24 mm,区域深度 1 mm,探头前沿距离焊缝中心线 10 mm。

幅值校准采用 RB 试块绘制 TCG 曲线。

4) 扫查灵敏度设定

TCG 提高 10 dB 作为扫查灵敏度[扫查灵敏度为验收登记 $\Phi3\times40-4$ dB(耦合补偿 6 dB)]。

5) 检测

使用单面单侧对焊缝进行扫查。在扫查面设置标记扫查起点"O",离焊缝中心 10 mm 绘制扫查参考线。探头从起点沿参考线对焊缝进行扫查。

6) 扫查数据分析

对扫查得到的数据进行分析,如图 5-42 所示。从 C 扫描图可以看出,该焊缝存在 3 个缺陷,缺陷的信息如图 5-43 所示。起点 738.5 mm 处的缺陷 1,最大幅值为扫查灵敏度＋14 dB(实际当量为 $\Phi3\times40+10$ dB,超过了验收等级),最大幅值的深度为 16.5 mm,实际深度为 7.5 mm。采用绝对灵敏度方式($\Phi3\times40-14$ dB)测长,缺陷起终点为 738.5～775.5 mm,缺陷长 37 mm。从 TFM 图像可以看出,缺陷位于坡口侧,而且一二次波图像都很明显,判断缺陷性质为未熔合。从缺陷 2 的 TFM 图像可以看出,缺陷位于焊缝根部的中间,从 D 扫描看出,缺陷指示刚好向内凹进一块,判断缺陷为未焊透。缺陷 3 的 TFM 图像、C 扫描图及 D 扫描图都呈明显的多点的衍射特

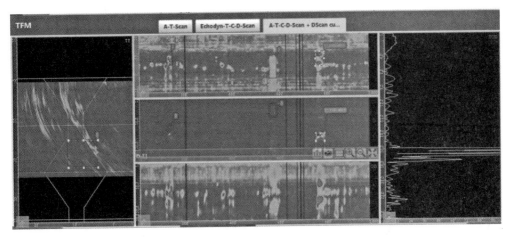

图 5 - 42　TFM 成像图

#	幅值/dB	幅值 TCG/(dB)	深度/mm	实际深度/mm	扫查位置起点/mm	扫查位置终点/mm	长度/mm	深度起点/mm	深度终点/mm	高度/mm
1	12.1	14	16.5	7.5	738.5	775.5	37	16.1	23.2	7
2	6.2	8.1	13.9	10.1	115.2	141.9	26.7	12.5	14.2	1.7
3	—2.1	—0.2	6.9	6.9	541	582.1	41.1	2.4	9.7	7.3

图 5 - 43　缺陷列表(仪器显示截图)

征,判断缺陷为裂纹。综上所述,该焊缝不合格。

5.4.3　输电线路地脚螺栓腐蚀缺陷相控阵超声检测

输电铁塔服役时处于自然环境中,由于腐蚀介质、地理环境、设计、安装缺陷等原因影响,易造成局部严重损伤。此外,地脚螺栓大部分位于土壤下的基础内,小部分位于基础以上,被掩盖在螺母、底板和混凝土基础内,由于腐蚀从外观无法观察或测量,成为输电线路隐蔽性安全隐患。一旦长时间持续腐蚀将会导致预埋螺栓杆体腐蚀损伤,使预埋螺栓的剪切强度和抗拉强度显著降低,严重时可能发生倾覆倒塌等事故。基于此,我们对某供电公司 110 kV 输电线路的杆塔采用相控阵超声技术,对该地脚螺栓腐蚀程度进行检测,该铁塔地脚螺栓直径为 27 mm,如图 5 - 44

图 5 - 44　输电线路杆塔地脚螺栓现场示意图

所示。检测依据和文件：参考 GB/T 32563—2016 和相控阵超声检测地脚螺栓腐蚀程度作业指导书。评判依据：地脚螺栓横截面面积减少 10%。

现有仪器设备及器材：多浦乐 PHASCAN 型相控阵超声检测仪，5L32 0.5×10 探头；B 型（钢）标准试块，Φ30 螺栓 300 mm 处 3 mm 深 U 形模拟腐蚀缺陷试块（见图 5-45）；化学浆糊、机油。

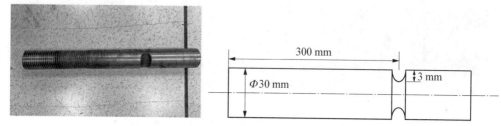

图 5-45　螺栓 U 形模拟腐蚀缺陷试块

1) 仪器与探头

仪器：多浦乐 PHASCAN 型相控阵超声检测仪。

探头：5L32 0.5×10。

2) 试块和耦合剂

标准试块：B 型试块（钢）；模拟试块：Φ30 螺栓 300 mm 处 3 mm 深 U 形模拟腐蚀缺陷。

耦合剂：化学浆糊。

3) 参数测量与仪器设定

用标准试块 B 型试块（钢）校验仪器系统校准，以及相关技术参数进行设定。

4) 灵敏度设置

利用模拟试块 300 mm 处 3 mm 深 U 形模拟腐蚀缺陷波幅 40%，作为基准灵敏度。

5) 扫查灵敏度设定

扫查灵敏度应不低于基准灵敏度，扫查灵敏度为基准灵敏度−6 dB（耦合补偿 4 dB）。

6) 检测

以螺栓轴中心线为原点周向转到扫查进行初探，发现可疑缺陷信号后，可辅以前后、左右移动方式对其进行确定。

7) 缺陷定位

腐蚀缺陷区域图像最高波幅，调至 80% 波高，下移动光标波幅降低 6 dB 为边沿处，定为边界点，标出缺陷距螺栓端面、螺栓壁的距离和深度的位置信息。

8）缺陷定量

图 5-46(a)所示为地脚螺栓上一典型缺陷相控阵超声检测图像,光标锁移动至相控阵 S 扫描缺陷声像图,最大色阶位置下降 6 dB,闸门锁定。标尺测量地脚螺栓的腐蚀深度最深位于 151.41 mm 处,腐蚀深度为 6 mm。图 5-46(b)是在现场通过相控阵超声检测仪发现图 5-46(a)的腐蚀情况后挖开混凝土水泥保护帽所拍的腐蚀情况图。

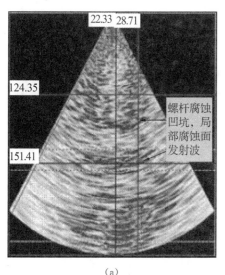

（a）　　　　　　　　　　　　　　　（b）

图 5-46　地脚螺栓典型缺陷检测情况现场图

(a)缺陷声像图；(b)地脚螺栓腐蚀实物验证图

9）缺陷评定

因缺陷深度为 6 mm,经计算大于直径为 27 mm 的地脚螺栓横截面减少 10% 的等效尺寸,因此,该地脚螺栓不合格。

5.4.4　TKY 形对接焊缝相控阵超声检测

板-板对接 TKY 形焊缝大量应用于各种工程设备及结构中,是衡量结构稳定可靠的重要检测部位,由于 TKY 形焊缝结构复杂,脉冲反射法超声检测定量误差大,并且对检测人员的能力和技术水平是一个相当大的考验,而相控阵超声检测由于其本身具有的技术特点,更适合对复杂焊缝的检测。因此,本部分我们以实验室现有的两种规格试样作为一个特例在此介绍。

某 TKY 形板-板对接焊缝结构有两种:一种是 20 mm 板与 15 mm 板角接的 Y 形焊缝,如图 5-47(a)所示;另一种是 20 mm 板与 20 mm 板角接的 T 形焊缝,如图 5-47(b)所示。且 Y 形试块上刻有深度 5 mm 人工刻槽缺陷以及 Φ1 横通孔,如

图 5 - 48(a)所示;T 形试块上刻有长度为 3 mm 的单面未焊透,如图 5 - 48(b)所示。采用相控阵超声检测技术对 TKY 板-板对接焊缝进行检测,参考标准:NB/T 47013. 3—2015。

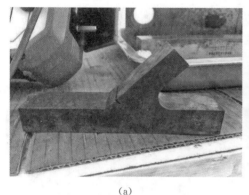

(a) (b)

图 5 - 47 TKY 形对接焊缝

(a)Y 形焊缝;(b)T 形焊缝

(a) (b)

图 5 - 48 TKY 形焊缝人工缺陷

(a)Y 形焊缝缺刻槽和横通孔缺陷;(b)T 形焊缝未焊透缺陷

1)仪器设备与探头

仪器:武汉中科 HS PA20 - P 相控阵检测仪。

探头:32 阵元的线阵探头,公称频率为 5 MHz。

楔块:折射角为 55°的平面楔块,与相控阵探头相匹配。

2)试块

标准试块:CSK - ⅠA 试块,用于测量仪器性能、探头参数及声速校准;

CSK-ⅡA 试块,用于进行角度补偿(ACG)和深度补偿(TCG)。

3) 参数测量与仪器设定

用标准试块 CSK-ⅠA 调节仪器,测量探头的前沿与 K 值。依据检测工件的材质声速、厚度以及探头楔块的相关技术参数对仪器进行设定,主要包括探头楔块选择、焊缝设置、聚焦法则设置等。

4) 距离-波幅曲线的绘制

距离-波幅曲线在 CSK-ⅡA 标准试块上实测绘制,由评定线、定量线和判废线组成,其灵敏度参考 NB/T 47013.3—2015 标准(见表 5-8)。

表 5-8　距离-波幅曲线的灵敏度

评定线	定量线	判废线
$\Phi2\,mm-18\,dB$	$\Phi2\,mm-12\,dB$	$\Phi2\,mm-4\,dB$

5) 扫查灵敏度设定

扫查灵敏度应不低于评定线灵敏度,并保证在检测范围内最大声程处评定线高度不低于荧光屏满刻度的 20%。这里我们以 $\Phi2\times40-21\,dB$(耦合补偿为 3 dB)为扫查灵敏度。

6) 检测

根据仪器设置中的聚焦法则参数,将相控阵探头放置在图 5-49 所示位置,除了出现耦合不良时移动探头外,其他情况均不需移动探头。

(a)　　　　　　　　　　　　　　　　(b)

图 5-49　TKY 形对接焊缝探头摆放示意图

(a)Y 形焊缝探头摆放示意图;(b)T 形焊缝探头摆放示意图

7) 缺陷定量

相控阵超声检测界面中蓝色线条所构成的结构图显示的是板-板对接的焊缝焊

接模型,根据被检工件的相关数据输入仪器相关软件界面即可形成 Y 形焊缝和 T 形焊缝。声场图形中显示的是声波在焊缝中的扫描成像,其中,图 5 - 50(a)、图 5 - 50 (b)所示焊缝区域的点即为缺陷成像结果,代表缺陷的位置形状和当量大小。

图 5 - 50 所示为 TKY 焊缝缺陷经相控阵超声检测后成像结果效果图,检测结果与实际的人工缺陷数据一致。从图 5 - 50 中通过闸门锁定相应的缺陷回波 A 扫描显示,就可直接从屏幕上读出缺陷的相应检测数据。

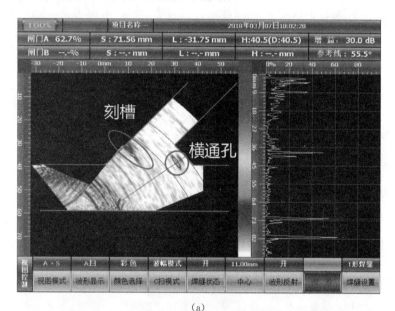

(a)

(b)

图 5 - 50 TKY 形焊缝检测结果

(a)Y 形焊缝检测结果;(b)T 形焊缝检测结果

第6章 电磁超声检测技术

电磁超声(electromagnetic acoustic transducer，EMAT)检测技术是目前超声检测领域的最前沿技术之一，它是指采用电磁耦合方法激励和接收超声波。与采用压电方法激励和接收超声检测技术相比，电磁超声检测具有以下特点。

1) 电磁超声检测的优点

(1) 非接触检测，不需要耦合剂、可透过包覆层等。EMAT 的能量转换是在工件表面的趋肤层内直接进行的。因而可将趋肤层看成是压电晶片，由于趋肤层是工件的表面层，所以 EMAT 产生的超声波不需要任何耦合介质。

(2) 产生波型形式多样，适合做表面缺陷检测。EMAT 检测的过程中，满足一定的激发条件时，会产生表面波、水平剪切波(SH 波)和兰姆(Lamb)波。改变激励电信号频率使其满足一定公式，则声波能以任何辐射角 θ 向工件内部倾斜辐射。即在其他条件不变的前提下，只要改变电信号频率，就可以改变声波的辐射角，从而可以在不变更换能器的情况下，实现波型模式的自由选择。

(3) 适合高温检测。热体在空间辐射的温度场是按指数衰减的，探头离检测试件表面每提离一段距离，其探头环境温度就有显著的下降，所以，电磁超声可以用于高温管道检测。

(4) 对被检工件表面质量要求不高。EMAT 检测不需要与材料接触，就可向其发射和接收返回的超声波。因此，无需对被检工件表面做特殊处理即可直接进行检测。

(5) 检测速度快。传统的压电超声的检测速度一般都在 10 m/min 左右，而EMAT 检测速度可达到 40 m/min，甚至更快。

(6) 声波传播距离远。EMAT 检测在钢管或钢棒中激发的超声波，可以绕工件传播几周。在进行钢管或钢棒的纵向缺陷检测时，探头与工件无须旋转，使检测设备的机械结构相对简单。

(7) 所用通道与探头数量少。在实现同样功能的前提下，EMAT 检测设备所用的通道数和探头数都少于压电超声检测。特别是在板材检测时，压电超声检测需要几十个通道及探头，而 EMAT 检测则只需要四个通道及相应数量的探头即可。

(8) 发现自然缺陷的能力强。EMAT 检测对于钢管表面存在的折叠、重皮、孔洞等不易检出的缺陷都能准确发现。

2) 电磁超声检测的局限性

(1) 不适用于既非导电材料又非导磁材料的检测。

(2) 受被检工件材料的电磁特性影响比较大。

(3) 如果采用永磁体式电磁超声换能器检测铁磁性工件材料,由于探头吸力比较大,移动比较困难,手动扫查不方便。

(4) 边缘效应比较明显,且在边缘处检测盲区比较大,易漏检。

(5) 对于某些精密工件或材料,电磁超声检测后,由于剩磁的存在,会影响后续的加工及使用,因此需要退磁。

6.1 电磁超声检测原理

当金属导体处于交变磁场中,由于交变磁场的互感作用使金属导体内部产生涡流,同时在磁场中的任何电流都会受到洛伦兹力的作用,金属弹性介质中的涡流在交变应力作用下产生质点的振动,这一振动的传递形成了应力波,频率达到超声波频段的应力波即为超声波。该效应具有可逆性,返回的超声波声压使得弹性介质质点的振动处于磁场作用下,接收涡流的线圈两端发生电压变化,由此获得接收信号。这种通过电磁作用激发和接收超声波的方法称为电磁超声,如图 6-1 所示。

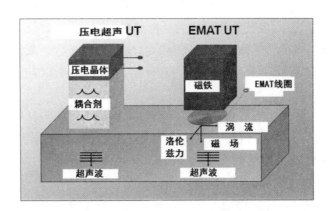

图 6-1 压电超声与电磁超声原理对比

通过电磁作用激发和接收超声波,超声换能器不仅包含通有交变电流的涡流线圈和外加偏置磁场两部分,线圈覆盖的被检测金属表面和近表面也是换能器的重要组成部分。电能与声能的能量转换在金属表面和近表面完成,即超声能量是在被检测金属中产生的,因此,电磁超声检测时不需要耦合剂。电磁超声的激励与接收只能发生在导电介质上,电磁超声检测也只能应用于导电介质上。

通过改变外加偏置磁场的大小和方向、高频电流的大小和频率、线圈的形状和尺寸,可以控制 EMAT 产生超声波的类型(纵波、横波、表面波、兰姆波等)、强度、频率及传播方向等参数。

金属固体弹性介质的力学特性主要表现为承载力和变形之间的关系。金属固体介质激励和接收超声波与其力学特性和电磁特性有关。若高频交变的电磁场靠近或接触导电弹性固体介质表面,依据电磁感应定理,导电弹性体表面就会感应产生涡流。在电磁超声换能器中的线圈提供的脉冲电流和外加偏置磁场共同作用下,涡流受偏置磁场洛伦兹力作用在线圈覆盖的金属表层形成机械振动,机械振动的偏振位移方向、位移振幅大小及超声传播方向与外加偏置磁场有关。因此,导电弹性体质点在外磁场中的运动,其机械动能与电磁势能将发生转换,电磁超声波的形成过程可以解析为电磁超声换能器三个物理场的耦合过程。三个物理场分别是电磁场、电磁场与导电固体质点的相互作用力场及超声波场。电磁场描述的是电磁现象的物理规律,符合麦克斯韦方程及其边界条件;力场描述的是电磁场与导电固体质点(非磁性导体及磁性导体)之间的相互作用,所形成的力包括彻体力和应力张量等;超声波场是描述在给定作用力及边界条件下,导电弹性固体质点振动的弹性动力学规律。电磁超声换能器三种场的耦合作用过程如图 6-2 所示。

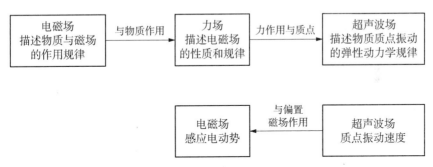

图 6-2　电磁超声换能器的物理作用过程示意图

6.1.1　弹性固体中声场的基本方程

在金属固体线弹性区域内,应力张量的分量 T_{ij} 和应变张量 S_{kl} 之间存在线性关系,可以表示为

$$\boldsymbol{T}_{ij} = \boldsymbol{C}_{ijkl} \cdot \boldsymbol{S}_{kl} \quad (i, j, k, l = x, y, z) \tag{6-1}$$

式中,C_{ijkl} 为应力张量分量 T_{ij} 和应变张量分量的 S_{kl} 间的比例系数。C_{ijkl} 为四阶张量,在四个下标中,在三维空间上每个下标均可能取 x、y、z 三个向量,其最多可达

到 81 个元素。式（6-1）中应力张量与应变张量之间的线性关系称为胡克定律。如果将胡克定律用矩阵表示，即为

$$[T] = [C] \cdot [S] \quad 或 \quad T = C \cdot S \tag{6-2}$$

固体中的应力会使固体产生运动。取一小体积 Δv，其外表面为 ΔS，表面上各点受力为 T，Δv 内受体力 F，应力张量 T 在表面 ΔS 外法线方向上的分量为表面 $T \cdot n$，整个表面 ΔS 上的应力求和为 $\int_{\Delta S} T \cdot n \mathrm{d}s$，体积力的和为 $\int_{\Delta v} F \mathrm{d}v$。按牛顿定律：

$$\int_{\Delta S} T \cdot n \mathrm{d}s + \int_{\Delta v} F \mathrm{d}v = \int_{\Delta v} \rho \frac{\partial^2 l}{\partial t^2} \tag{6-3}$$

当 $\Delta v \to 0$ 时，体内 ρ、F、l 均近似为常数，所以上述积分式可以写成微分形式：

$$\Delta T = \rho \frac{\partial^2 l}{\partial t^2} - F \tag{6-4}$$

式（6-4）即为固体的微观运动方程。电磁超声三个物理场的能量耦合过程中，将描述力的胡克定律和描述波的运动方程与电磁作用相结合，共同应用于固体中超声波的激励与接收。注意：对于铁磁性金属，在外磁场的作用下会出现磁致伸缩现象，因而胡克方程[式（6-2）]中的应力还需要考虑磁致伸缩效应的贡献，而式（6-4）中的体力 F 由洛伦兹力给出。

6.1.2 电磁超声的耦合方程

采用麦克斯韦方程组可描述处于交变磁场中的导电弹性体介质的机械运动与电磁运动发生的相互转换。电磁超声波的产生是采用线圈换能器（超声表面波采用回折线圈）实现的。发射线圈如图 6-3 所示，当载有高频脉冲电流 $I_e^{j\omega t}$ 的发射线圈和一个外加偏置激磁场 B_0 共同作用在金属固体表面时，会在金属固体中激发出超声波。上述过程的逆过程就能够实现在接收线圈中感生出高频交变电压信号，完成反射回来超声波的接收。考虑到被检测金属固体的电磁特性和材料的弹性性质，可以由麦

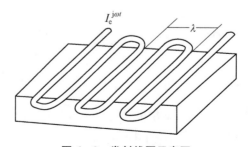

图 6-3 发射线圈示意图

克斯韦方程组[式(6-5)和式(6-6)]以及弹性动力波方程式[式(6-8)]来描述电磁超声的转换原理。

$$\boldsymbol{J} = \sigma(\boldsymbol{E} + \boldsymbol{V} \times \boldsymbol{B}_0) \tag{6-5}$$

$$\boldsymbol{f} = \boldsymbol{J} \times \boldsymbol{B} + (\nabla \boldsymbol{B}) \cdot \boldsymbol{M}_0 \tag{6-6}$$

$$\boldsymbol{T} = -\boldsymbol{e} \cdot \boldsymbol{H} + \boldsymbol{C} \cdot \boldsymbol{S} \tag{6-7}$$

$$\boldsymbol{B} = \mu_0 \mu_{\mathrm{r}}(\boldsymbol{H} - \boldsymbol{M}_0 \nabla l) + \boldsymbol{e}' \cdot \boldsymbol{S} \tag{6-8}$$

式中，$\boldsymbol{E}$ 为工件中的总电场强度；$\boldsymbol{B}$ 为工件中的总磁感应强度；$\boldsymbol{H}$ 为工件中的磁场强度；$\boldsymbol{B}_0$ 为激磁场的磁感应强度；$\boldsymbol{M}_0$ 为磁化强度；$\boldsymbol{T}$、$\boldsymbol{S}$ 为该点应力和应变；$\boldsymbol{J}$ 为电流密度；$\boldsymbol{f}$ 为体力密度；$\boldsymbol{V}$ 为速度；σ 为电导率；$\boldsymbol{C}$ 为刚度张量；$\boldsymbol{e}$ 和 $\boldsymbol{e}'$ 分别为磁弹性张量和磁致伸缩张量。

发生在金属表面的电磁场和弹性波的转换，还需要用到电磁场的边值条件：

$$\boldsymbol{n} \times \boldsymbol{E} = (\boldsymbol{n} \cdot \boldsymbol{V})\boldsymbol{B} \tag{6-9}$$

$$\boldsymbol{n} \times \boldsymbol{H} = -\boldsymbol{k} \cdot \boldsymbol{H} \tag{6-10}$$

$$(\boldsymbol{n} \cdot \boldsymbol{T})\boldsymbol{k} = -(\boldsymbol{B} \cdot \boldsymbol{M}_0)\boldsymbol{n} - (\boldsymbol{n} \cdot \boldsymbol{B})\boldsymbol{H}_0 + (\boldsymbol{H} \cdot \boldsymbol{B}_0)\boldsymbol{n} \tag{6-11}$$

式中，$\boldsymbol{n}$ 为材料表面的外法线矢量；$\boldsymbol{k}$ 为超声波的位移矢量。

上述方程给出了电磁超声的转换模式，$\boldsymbol{J} \times \boldsymbol{B}$ 是洛伦兹力，其逆效应由式(6-5)中的 $\boldsymbol{V} \times \boldsymbol{B}_0$ 给出。式(6-7)和式(6-8)则给出了磁致伸缩的正效应和逆效应。

采用洛伦兹力效应和磁致伸缩效应在金属固体表面激发的振动，以弹性波的形式定向传播形成超声波能量流，定向传播的超声波传播方向由发射探头的线圈形式和激励偏置磁场方向决定。当金属固体中存在不连续时，超声波将发生波的衍射、散射和反射等物理现象。上述物理过程的回波传播至接收线圈处即可获得金属固体的材质、应力状态及缺陷等方面的信息。

6.1.3　电磁超声的换能模型

电磁超声能量转换涉及两种机制：其一是在所有导电固体中的洛伦兹力的作用机制，其二是仅在铁磁性材料中的磁致伸缩作用机制。

6.1.3.1　非铁磁性材料中的换能模型

1) 交变场

根据线性化的洛伦兹力模型，如图 6-4 所示，当曲折型线圈通以高频交流电时，会在金属试件表面趋肤层内感应出交变场：

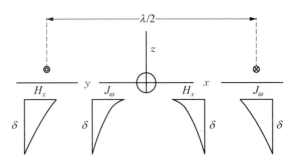

图 6-4　线性化的洛伦兹力模型

$$\boldsymbol{H}_\omega = \boldsymbol{a}_1 h(x) \mathrm{e}^{\mathrm{j}\omega t} \mathrm{e}^{-(1+\mathrm{j})\xi/\delta} \tag{6-12}$$

$$\boldsymbol{M}_\omega = \boldsymbol{a}_2 \mu_0 \chi_\omega h(x) \mathrm{e}^{\mathrm{j}\omega t} \mathrm{e}^{-(1+\mathrm{j})\xi/\delta} \tag{6-13}$$

$$\boldsymbol{J}_\omega = \boldsymbol{a}_3 \left(\frac{1+\mathrm{j}}{\delta}\right) h(x) \mathrm{e}^{\mathrm{j}\omega t} \mathrm{e}^{-(1+\mathrm{j})\xi/\delta} \tag{6-14}$$

式中，$\boldsymbol{H}_\omega$ 为感应磁场强度；$\boldsymbol{M}_\omega$ 为磁化强度；$\boldsymbol{J}_\omega$ 为电涡流密度；$\boldsymbol{a}_1$、$\boldsymbol{a}_2$、$\boldsymbol{a}_3$ 分别表示沿 x、y、z 轴的单位矢量；ξ 为相对于材料表面的透入深度，指向金属内部的坐标 $\xi = -z$；$h(x)$ 为与线圈几何形状、提离距离相关的动态磁场强度分布；ω 为角频率；μ_0 为真空磁导率；χ_ω 为磁化系数；δ 为趋肤深度。

趋肤深度 δ：

$$\delta = (2/\mu_0 \mu_\mathrm{r} \omega \sigma)^{1/2} \tag{6-15}$$

式中，μ_r 为金属试件的磁导率；σ 为金属试件的电导率。

2）质点运动方程

单个运动的正电荷在静止的磁场中所受的洛伦兹力为

$$\boldsymbol{F} = q\boldsymbol{V} \times \boldsymbol{B} \tag{6-16}$$

若电子流形成体电流密度为 $\boldsymbol{J}$，电荷受力的体密度为 $\boldsymbol{f}$，则

$$\boldsymbol{f} = \boldsymbol{J} \times \boldsymbol{B} \tag{6-17}$$

将洛伦兹力密度用感应的涡流密度 $\boldsymbol{J}$ 与静磁场 $\boldsymbol{H}_0$ 矢量表示，即

$$\boldsymbol{f}_\mathrm{L} = \mu \boldsymbol{J} \times \boldsymbol{H}_0 \tag{6-18}$$

运动电荷在稳恒磁场中的受力模型如图 6-5 所示。

将式（6-14）代入式（6-18），根据图 6-5

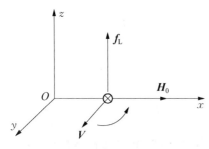

图 6-5　运动电荷在稳恒磁场中的
受力模型

的坐标及磁场的方向,也可将体电流的受力密度写成

$$\boldsymbol{f}_{L} = -\boldsymbol{a}_3 \mu_0 \left(\frac{1+j}{\delta} \right) h(x) H_0 e^{j\omega t} e^{-(1+j)\xi/\delta} \tag{6-19}$$

平均作用在一个电子上的洛伦兹力:

$$\boldsymbol{f}_{L}(\xi) = \mu_0 \boldsymbol{J}(\xi) \boldsymbol{H}_0 / n_0 \tag{6-20}$$

式中, n_0 为电荷体密度。

如图 6-5 所示,当外磁场 $\boldsymbol{H}_0$ 沿 x 轴,则洛伦兹力将沿 z 轴,它将造成电子沿 z 轴的密度发生变化。Dobbs 指出,为了维护电荷的中性,必须存在一个沿着 z 轴的电场 $E(z)$。根据电场强度的定义:

$$\boldsymbol{E}(\xi) = \frac{\boldsymbol{f}_{L}(\xi)}{e} \tag{6-21}$$

场驱动电荷量为 Ze 的单个质子受力为

$$Ze \cdot \frac{\boldsymbol{f}_{L}(\xi)}{e} = Z\boldsymbol{f}_{L}(\xi) = Z\mu_0 \boldsymbol{J}(\xi) \times \frac{\boldsymbol{H}_0}{n_0} \tag{6-22}$$

因此可以建立质点的运动方程:

$$M \frac{\partial^2 \xi}{\partial t^2} - C \frac{\partial^2 \xi}{\partial t^2} = \frac{Z\mu_0 \boldsymbol{J} \times \boldsymbol{H}_0}{n_0} \tag{6-23}$$

式中, M 为单个质子质量, ξ 为质子在偏振方向上的振幅, C 为材料的弹性模量。

将金属的密度 $\rho = n_0 M/Z$ 和声速 $S = (C/M)^{\frac{1}{2}}$ 代入式(6-23),得到

$$\frac{\partial^2 \xi}{\partial t^2} - S^2 \frac{\partial^2 \xi}{\partial z^2} = \frac{\mu_0 \boldsymbol{J} \times \boldsymbol{H}_0}{\rho} \tag{6-24}$$

3) 声波幅值

涡流密度 $\boldsymbol{J}_F(\xi) = \sigma \boldsymbol{E}_\gamma(\xi)$ 是由金属中感应的高频交变磁场所产生的。

$$B_x(z) = B e^{-(1+j)\xi/\delta} \tag{6-25}$$

式中, B 为表面磁感应强度,它的透入深度约为趋肤层,根据麦克斯韦方程组,磁场所感应的电场由下式给出:

$$E_\gamma(\xi) = \frac{(1+j)\omega^{1/2}B}{(2\sigma\mu\mu_o)^{1/2}} e^{-(1+j)\xi/\delta} \tag{6-26}$$

因此质点运动方程式(6-23)变为

$$\frac{\partial^2 \xi}{\partial t^2} - S^2 \frac{\partial^2 \xi}{\partial z^2} = \frac{(1+j)BB_0}{u_0 \delta \rho} e^{-(1+j)\xi/\delta} \tag{6-27}$$

当趋肤深度 $\delta \ll \lambda$（波长）时，上式的解为

$$\xi(Z) = \frac{\delta(1-j)BB_0}{2u_0 \rho S(1-j\beta)} \left[\frac{(1-j)}{\delta \rho} e^{jq\xi} - e^{-(1+j)\xi/\delta} \right] \tag{6-28}$$

式中引入了趋肤层参数 $\beta = q^2 \delta^2 / 2$ 和声波数 $q = \omega/S$。

从式（6-25）中可以看到，声波由两部分组成，一部分是沿 z 轴振动并传播的压缩波，另一部分在趋肤层内就衰减掉了。

当趋肤深度 $\delta \gg \lambda$（波长），质点偏振的幅值为

$$|\xi| = \frac{BB_0}{u_0 \rho S \omega (1+\beta)} \tag{6-29}$$

6.1.3.2 铁磁性材料中的换能模型

在铁磁性材料中由磁致伸缩力和洛伦兹力共同作用激励、接收超声波。洛伦兹力机制的解析与非铁磁性材料基本一致，只是需要改变材料的磁导率参数。

铁磁性材料的磁致伸缩效应是指处于磁场中的强磁性材料会产生机械变形的现象。这种变形有线型变形和体积型变形两种形式。电磁超声激励与接收时主要应用线型磁致伸缩效应。

电磁激励的本质主要是在磁场方向上引起变形的线型磁致伸缩效应。磁场的方向决定了质点振动的位移方向和超声波的传播方向。线圈上施加交变磁场，将产生2倍频率的超声波。磁致伸缩曲线上合适的工作点可以由叠加直流磁场而得到。

仍采用回折线圈传感器模型来分析磁致伸缩力，如图6-3所示。当通有交变电流的发射线圈放在磁性试件表面上时，在线圈和试件表层之间就存在交变的磁场，若同时施加偏置恒定磁场，铁磁性材料将被磁化并出现应力。应力 T 和应变 S 与磁感应强度 B 和磁场强度 H 的关系由下式给出：

$$\begin{cases} T_i = C_{ij}S_j + \frac{\partial T_i}{\partial H_j}H_j \\ B_i = \frac{\partial B_i}{\partial S_j}S_j + \mu_{ij}H_j \end{cases} \tag{6-30}$$

式中，C_{ij} 为弹性系数；$\partial T_i/\partial H_j$ 为正磁致伸缩效应；$\partial B_i/\partial S_j$ 为逆磁致伸缩效应；μ_{ij} 为磁导率系数；H_j 为交变磁场的强度。

在图6-3所示的回折线圈交变磁场中，为了避免复杂的非线性问题，我们考虑只有 H_j 的情况，这时交变磁场和偏置磁场均平行于试件表面的 x 轴方向，式（6-

30)可以写成

$$\begin{cases} T_i = C_{ij}S_j + \dfrac{\partial T_i}{\partial H_j}H_j \\[2mm] B_i = \dfrac{\partial B_i}{\partial S_j}S_j + \mu_{ij}H_j \end{cases} \tag{6-31}$$

在各向同性的材料中,对称性使得表面上三个不为零的磁致伸缩因子相等:$\dfrac{\partial T_1}{\partial H_1}=\dfrac{\partial T_2}{\partial H_2}=\dfrac{\partial T_3}{\partial H_3}$,这些因子是交变磁场频率、磁场强度 H_j 及材料磁导率的函数。作用在材料单位体积上的磁致伸缩力的散度,即

$$\boldsymbol{F}_{\mathrm{M}} = \nabla \boldsymbol{T} \tag{6-32}$$

将式(6-12)、式(6-31)代入式(6-32),可以得到磁致伸缩力的体密度:

$$\boldsymbol{f}_{\mathrm{M}} = \boldsymbol{a}_1\left(\frac{\partial T_1}{\partial H_1}\right)\left[\frac{\mathrm{d}h(x)}{\mathrm{d}x}\right]\mathrm{e}^{\mathrm{j}\omega t}\mathrm{e}^{-(1+\mathrm{j})\xi/\delta} + \boldsymbol{a}_3\left(\frac{\partial T_3}{\partial H_3}\right)\left[\left(\frac{1+\mathrm{j}}{\delta}\right)-\delta_{\mathrm{D}}(\xi)\right]h(x)\mathrm{e}^{\mathrm{j}\omega t}\mathrm{e}^{-(1+\mathrm{j})\xi/\delta} \tag{6-33}$$

式中,δ_{D} 为狄拉克的 delta 函数,它是因表面磁致伸缩力不连续而引入的;$\boldsymbol{a}_3$ 方向的分量在 $\delta \to 0$ 时为零,这是因为趋肤效应产生的场迅速衰减致使一个相反的力直接作用在前述表面应力上,两者相互抵消。

由式(6-33)可以看出,磁致伸缩效应的大小与应力 $\boldsymbol{T}$、工件中的磁场强度 $h(x)$ 及趋肤深度等有关。而在铁磁材料中,这些量在很大程度上又取决于金属的组织结构和加工状态。由此可见,由磁致伸缩效应产生电磁超声的机制比洛伦兹力复杂得多。

铁磁性材料激励和接收超声波时,电磁超声的这两种转换机制同时存在,磁致伸缩力和洛伦兹力经过复杂的叠加,质点振动的幅度加大,从而提高电能转换为声能的效率。但是,面对工程实际铁磁性金属材料,受材料本身冶炼、热加工、热处理等诸多因素的影响,磁致伸缩力和洛伦兹力两种作用力的叠加过程十分复杂,难以给出明确的解析解。铁磁性材料激发超声波时声场分布的精确定量描述很难通过理论计算给出,只能在某些简单情况,如非铁磁性金属材料时,在作出简化假设的情况下,得到某些电磁超声波物理量的变化规律和关系曲线。

6.2　电磁超声检测设备及器材

电磁超声检测系统主要包括电磁超声检测仪和探头,必要时还有扫查装置、退磁装置和操作辅助装置。电磁超声检测仪主要由发生器、双工器、阻抗匹配器、前置放

大器、信号采集器和信息处理器等硬件组成。电磁超声探头主要由电磁超声换能器（磁铁和线圈）、线圈保护层、信号接头和外壳封装而成；高温电磁超声探头有阻热层，可以对探头内部的磁铁、线圈及导线形成保护，避免烧损。扫查装置是为了在检测时探头能更好地对被检工件内部缺陷进行扫查而设计。对于某些精密工件或材料电磁超声检测后，由于剩磁的存在，会影响后续的加工及使用，因此需要退磁的装置。操作辅助装置主要用于永磁体式电磁超声探头检测时探头的放置、移动和收起，以及高温检测时对操作人员的保护。总的来说，电磁超声检测设备的主要功能及组成与传统的超声检测仪器差不多，电磁超声检测设备最大的不同在于超声换能器，故关于电磁超声检测设备，本节重点介绍的是电磁超声换能器相关内容。

6.2.1 电磁超声波的发射与接收

电磁超声检测的原理如图 6-6 所示。电磁超声换能器的电路系统主要包括 EMAT 发射、接收线圈、电磁铁、电磁超声换能器驱动系统、信号检测及处理系统等。最简单的电磁超声检测系统包括超声的信号产生、驱动、发射接收及信号处理等多种功能。稳定的等幅信号通过脉冲控制电路获得脉冲串，并经宽脉冲能量放大后加载到发射 EMAT 线圈。当到达线圈的电流接近 1 A，且有外场时，就会发射超声波。在靠近 EMAT 的接收线圈处，反射或衰减的超声波将在磁场中的导体内产生振动，这就在接收线圈中产生了可供检测的电压。EMAT 接收线圈得到的信号电压由低噪声前置放大器放大，然后送到在信号处理电路中的接收元，在这里得到进一步放大和滤波；再送到波形数字化电路。在数字信号电路中，由于反射体的存在，可以数字信号的形式表明缺陷。

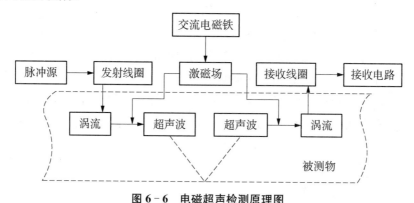

图 6-6 电磁超声检测原理图

线圈激励需用一个大功率的发生器为线圈提供激励。如果该特殊 EMAT 线圈是回折式的，脉冲串就激励为若干周期的纯正弦波脉冲。如果应用螺旋形线圈，就需要大功率脉冲或短周期的纯正弦波脉冲。

获得信号源驱动系统大电流的另一种方法是通过瞬时脉冲。采用电容进行瞬间放电。电容放电方法的优点是可以较为容易地获得大的驱动电流,且电路结构简单,较适用于压电式超声波驱动系统。其缺点如下:①不适用于多重复周期的横波和纵波 EMAT 应用;②所需电源的电压必须很高,一般为几千伏到几十千伏;③若要获得较好的开关效果应采用高频、大功率开关管,从而使得系统的造价过高,不适合大规模应用的场合。

电路设计包括发射及接收线圈设计、电磁铁设计、信号发生器电路设计、功率放大电路设计和信号处理电路设计等。

6.2.2　电磁超声换能器结构

激励和接收电磁超声的换能器通常由施加偏置磁场的直流电磁铁或永磁体、发射和接收线圈、被检测金属部件三部分组成。依据需要产生超声波的类型选择线圈的结构形式,发射和接收线圈按照检测要求有多种不同的形式。

通过脉冲电流的一根直导线置于偏置磁场中是最简单的线圈结构形式,但这种简单的线圈形式没有实际应用意义,因为这种线圈加工换能效率很低,且只能在金属导体中产生波阵面为圆柱状的横波,而这种体波的指向性很差,在超声检测中没有应用意义。为提高电磁超声线圈的能量转换效率,设计出各种形式的线圈,包括跑道形、碟形、回折形、“8”字形及螺线管等,结合外加偏置磁场磁体的不同结构形式,可激励出多种模式的超声波如纵波、横波、SH 波、表面波及各种导波。

回折线圈(也称蛇形线圈)应用广泛,用于激励 SH 导波、表面波和某一斜射角度的体波。电磁超声换能器线圈通常有排线缠绕、印刷电路线圈、薄膜线圈和导线技术四种制作方法。其中,广泛采用的是印刷电路线圈技术,因其制作方便、线圈的导体电阻低。下面介绍回折线圈的设计方法。

超声波波长 λ 与正弦波脉冲串流经线圈电流的工作频率 f 满足下式:

$$f \cdot \lambda = v \qquad (6-34)$$

式中,v 为表面波波速。

超声波波速取决于不同材料的弹性常数。应综合考虑探头的结构尺寸、提离效应、制造工艺水平和需要检测的缺陷尺寸等因素来设置工作频率,还需注意:超声检测能发现材料最小缺陷的尺寸通常为 $\lambda/2$ 左右,故频率不宜选太高,太高则会导致提离效应的影响增大且衰减较大。

蛇形线圈的几何形状如图 6-7 所示。

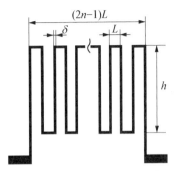

L—相邻线圈绕线的间距;δ—导线宽度;h—导线长度。

图 6-7　蛇形线圈的几何形状

图 6-7 中，相邻两线的间距 L 需严格按照等于 1/2 超声波波长来设计蛇形线圈结构，使产生的超声波能量达到最大，通常满足式（6-35）相位匹配条件时，就可以产生超声波。

$$n\lambda = 2L \tag{6-35}$$

式中，n 为奇数，λ 为超声波波长，L 为相邻线圈绕线的距离。

线圈中的电流是周期性排列的，相邻两根导线中电流所激发的超声波相位差为

$$\Delta\theta = \omega\tau = \omega\frac{L}{v_x} \tag{6-36}$$

式中，L 为相邻导线的距离，v_x 为超声波的传播速度，ω 为角频率。

线圈所激发的超声波总输出是线圈中各个导线激发输出的矢量和：

$$E_t = E_0 e^{j\omega t}\left[1 - e^{j\Delta\theta} + e^{j2\Delta\theta} - \cdots + (-1)^{n-1}e^{j(2n-1)\Delta\theta}\right] \tag{6-37}$$

式中，线圈相邻导线中的电流方向是相反的，因此括弧内出现交替的正负号。E_0 是线圈中每一条（或一组）导线电流激发超声波的振幅。当相邻线圈导线之间的相位差 $\Delta\theta = \omega\tau = \pi$，即 $\omega = \pi v_x/L$，$f = v_x/2L$ 时称为线圈形状的声同步频率，记为 ω_0。式中方括号内的每一项都变为 $+1$，所以整个线圈所激发的超声波能量最大，为

$$E_t = 2nE_0 e^{j\omega_0 t} \tag{6-38}$$

式中，当 $\omega_0 = \pi v_x/L$，即 $f = v_x/2L$ 时线圈形状的声同步周期 $2L$ 就等于激励声波的波长，即 $\lambda_0 = 2L$。上式表明，当线圈的声同步频率等于外加信号电流频率（$\lambda = 2L$）时，线圈所激发的声波最强。

同理，当 $\Delta\theta = \omega\tau = 3\pi$，$5\pi$，$\cdots$，$n\pi$（$n$ 为正奇数），此时 $E_t = 2nE_0 e^{j\omega t}$，这时 L 需满足的关系为 $n\lambda = 2L$。

当外加信号的电流频率 ω 不等于声同步频率 ω_0，但接近 ω_0 并且在 ω_0 附近时，令 $\omega = \omega_0 + \Delta\omega$，此时，相邻线圈电流的相位差为

$$\Delta\theta = \omega\tau = (\omega_0/\Delta\omega) = \frac{L}{v_x}\pi + \frac{\Delta\omega}{\omega_0}\pi \tag{6-39}$$

$$E_t = NE_0\frac{\sin\left(N\pi\dfrac{\Delta\omega}{\omega_0}\right)}{N\pi\dfrac{\Delta\omega}{\omega_0}}e^{j\left(\omega t + N\pi\frac{\Delta\omega}{\omega_0}\right)} \tag{6-40}$$

式中，$N = 2n$ 为线圈的周期数。振幅随频率变化特性如图 6-8 所示。

当 $X = N\pi(\Delta\omega/\omega_0) = 0$，即 $\Delta\omega = \omega - \omega_0$ 时，$\sin X/X = 1$，此时，$E_t = NE_0 e^{j\omega_0 t}$，

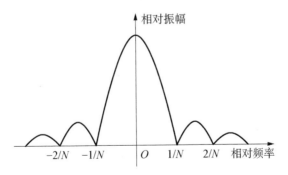

图 6 - 8　振幅随频率变化特性

上面所分析的声同步状态,输出最大。

当 $X=N\pi(\Delta\omega/\omega_0)=0$, 即 $N(\Delta\omega/\omega_0)=\pm1$ 时, $\sin x/X=1$, 所以换能器输出 $E_t=0$, 此时对应于换能器的第一对零值点。第一对零值点之间的频率间隔为

$$\frac{\Delta\omega}{\omega_0}=\frac{1}{N} \tag{6-41}$$

上式表明,线圈所具有的周期数 N 越大,即线圈匝数越多,它的第一对零值之间的频率间隔越小,所以它的频响的带宽也越窄。

综上所述,换能器与相关物理量的关系如下:

(1) 线圈中导线宽度及导线的间隔决定每个换能器都有自己的中心频率,且满足关系式: $n\lambda=2L$ (n 为奇数)。

(2) 线圈的几何形状直接反映换能器激发出的超声波的响应。

(3) 线圈匝数取决于换能器的频带宽度,两者互为倒数关系。

(4) 导线长度 h 和线圈匝数(线圈覆盖面积)决定了换能器所激发的超声波强度。导线长度 h 越长,线圈匝数越多,激发的超声波越强。

当 $n\lambda=2L$ 不能满足,激发超声波会发生模式变换。若发射电流的工作频率 f 满足下式:

$$f=(nv/2b)\sin\varphi \quad (n \text{ 为 } 1,3,5,\cdots) \tag{6-42}$$

则声波便沿着与试件表面法线成 φ 夹角的方向朝试件内传播。用一个电磁超声换能器既可检测材料表面,又可检测材料内部,而传统压电式超声波换能器无法做到这一点。

6.2.3　磁铁

电磁超声换能器的外加偏置磁场通常有永久磁铁和电磁铁两种选用方案。

1) 永久磁铁

电磁超声换能器所用的永久磁铁有柱形永磁铁和 U 形永磁铁两种形状。柱形永磁铁为检测线圈提供一个垂直磁化场,而 U 形永磁铁为检测线圈提供一个水平磁化场。两种磁化场与不同结构的线圈配合使用,激励和接收不同形式的超声波。

现代材料技术使得永磁铁能够提供很强的磁场,用在电磁超声换能器上的优点是能够缩小换能器的尺寸,缺点是磁场强度不可调整。在电磁超声波电能与声能转换过程中,磁化场强度不一定是越强越好。此外,永磁铁的磁场强度越大,对铁磁性工件的吸附力也越大,探头在铁磁性工件上移动和移除时就很困难,而实现永磁体断磁需要一套复杂的机械结构,从而又增大了换能器的尺寸。

2) 电磁铁

电磁铁是在铁芯上绕制漆包线,当线圈中通有电流时,激发出磁场。电磁铁所激发的磁场强度可以通过调节线圈中的电流或加载的激励电压加以调节。电磁超声检测时可根据需要调节磁场强度,使用非常方便。电磁铁按线圈中电流类型可分为直流电磁铁、交流电磁铁及脉冲电磁铁。

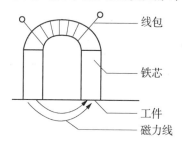

图 6-9 直流电磁铁结构

(1) 直流电磁铁。直流电磁铁在磁化线圈中通以直流电,在电磁超声换能器中提供偏置磁场,其优点是提供的磁场稳定、可调节、检测中干扰小。缺点是磁化效率较低、需要在线圈中通入很大的电流、漆包线直径较大、传感器体积较大。直流电磁铁外形结构如图 6-9 所示。

麦克斯韦方程的边界条件为

$$n \times (H_2 - H_1) = a \tag{6-43}$$

式中,H_1 为第一种介质中的磁场强度,H_2 为第二种介质中的磁场强度,n 为两种介质的法线矢量,a 为边界处的自由电流线密度。

如果用上述边界上的麦克斯韦方程来研究用直流电磁铁对工件进行水平磁化的情况,则方程变成如下形式:

$$H_1 - H_{01} = a_i \tag{6-44}$$

式中,H_1 为工件中磁场强度的水平分量,H_{01} 为空气中磁场强度的水平分量,a_i 为工件表面的线电流线密度。

在稳恒场的情况下,工件表面的自由线电流密度 $a_i = 0$。假如在对工件进行磁化的过程中,没有漏磁发生,则空气中的磁场强度 $H_0 = 0$,磁感应强度 $B_0 = 0$,式(6-44)变成

$$H_1 = 0 \tag{6-45}$$

式(6-45)表明,工件表面处的磁场强度等于零。在电磁超声电能转换为声能时,往

往需要工件表面处的磁场切向分量较强,来产生洛伦兹力和磁致伸缩力。由上述分析看出,直流电磁铁的水平磁化场不适合用作电磁超声的激磁场。

（2）交流电磁铁。在磁化线圈中通以交流电信号时,试件磁化时交流磁场具有趋肤效应,试件中的偏置磁场主要集中在工件表面的趋肤深度范围内。趋肤深度可由以下公式计算:

$$\delta = \frac{1}{\sqrt{\pi f \mu \sigma}} \tag{6-46}$$

式中,f 为交变电流频率,μ 为试件的磁导率,σ 为检测试件的电导率。

交流磁场在金属内的渗透深度都很浅,铁磁性材料的磁导率比一般金属要大几百倍或上千倍,其偏置磁场的渗透深度更浅。例如,50 Hz 的交流电对碳钢或低合金钢磁化的渗透深度仅为 0.3～0.4 mm。采用交流偏置磁场只需在磁化线圈中加较小的电流,即可在试件表面产生较大的磁场,产生超声波的效率比直流电磁铁高得多。

6.2.4　电磁超声换能器匹配电路

对探头的阻抗进行匹配可以使换能器输出的瞬时功率最大。补偿阻抗加在功率放大输出端,使整个电路的感抗与容抗相抵消,发射的功率最大,电能转换成声能的效率最高。

1）匹配电路的作用

（1）提高发射电路的能量传输效率。激励电源存在内阻,当负载电阻与电源内阻相等时,负载上的电流、电压和功率才能达到最大。因此,通过在 EMAT 发射电路中加入匹配环节,可以提高 EMAT 系统的整体换能效率。

（2）保护 EMAT 发射电路。为了提高 EMAT 接收信号的强度,目前常用的 EMAT 发射电路输出电流峰值常高于 30 A,频率也在 100 kHz 以上。对于这种高频大功率发射电路,如果其输出阻抗与 EMAT 线圈不匹配,那么它所提供的能量将会在线圈端发生反射,严重时甚至烧毁发射电路。因此,加入匹配电路后可以保证大部分能量被负载吸收,保护 EMAT 发射电路的安全运行。

（3）提高接收信号的信噪比。在 EMAT 接收系统中,接收线圈上的微弱信号需要由前置放大器进行初级放大。然而任何放大器都有一个最佳源电阻,当信号源电阻为该值时,放大器的噪声最小。对于 EMAT,接收线圈电阻通常小于 5 Ω,而前置放大器的输入电阻常在数百欧姆以上。通过引入升压匹配变压器,不仅可以降低噪声,而且还能将接收信号放大。因此,匹配电路能够明显提升接收电路的信噪比。

2）匹配电路的选择

依据频带区分,匹配网络包括窄带匹配和宽带匹配两种形式。窄带匹配利用了无源器件的谐振作用完成阻抗变换功能。根据电容、电感接入的拓扑结构，窄带匹配包括部分接入型、L 型、T 型和 π 型等几种形式。由于 EMAT 系统使用的发射信号形式既包括窄带的 Tone Burst(碎发音、单载频脉冲串)，又包括宽带的瞬时脉冲，所以，为了同时兼顾两种工作方式，匹配电路需要选用宽带形式。

最常用的宽带匹配是利用变压器实现的。通过改变初、次级绕组的匝数比，普通的变压器即可实现电路的精确匹配，而且其频带也较宽，通常能够工作在数十至 1 万赫兹。但是，这种变压器的高频特性较差，仅能满足音频范围应用。在低频端，由于初级电感不可能无穷大，因而频率响应下降。在高频端，受线圈漏电感和分布电容影响，变压器可能会在某一频率发生串联谐振，频率响应出现高峰。然后，随着频率升高，输出电压会迅速下降。所以，普通的变压器无法应用于高频系统。通过减小分布电容和漏电感，人们设计了具有更高频率响应的高频变压器。但由于构造原因，传统的变压器无法从根本上解决上述问题，因而很难在更宽的频带下工作。

将传输线原理应用于变压器，就可以提高工作频率的上限。传输线变压器由两条或多条等长导线彼此紧靠并缠绕到高磁导率磁芯上组成。导线彼此紧靠使得导线分布电容 ΔC 很大，且这些电容在整条导线长度上均匀分布。由于导线同时绕在高磁铁芯上，所以导线单位长度上的电感 ΔL 也很大，且这些电感在整条导线上也是均匀分布的。当信号源加于输入端时，信号源向电容充电，使电容储能，然后电容放电，使电感储能。其余的电容和电感也以相同方式进行能量交换，如此往复，输入信号就以电磁能的形式自始端传输到终端，最后被负载吸收。

由于传输线变压器利用了传输线原理，所以它与传统变压器有很多不同：

(1) 宽频带。传输线变压器巧妙利用了传输线间的分布电容，达到宽带能量传输的目的，能够同时满足 EMAT 的 2 种频带匹配要求。

(2) 2 种能量传输方式。高频端传输线模式起主要作用，能量通过传输线以电能的形式传输；低频端则通过变压器模式和传输线模式同时作用，能量依靠磁耦合和传输两种方式进行传输。

(3) 变比固定。受结构限制，传输线变压器仅能实现电压比为 1：1、1：2、1：3、1：4 等固定变换，相应的阻抗比也只能是一些特定的分立值如 1：1、1：4、1：9、1：16。因此，传输线变压器仅能实现阻抗的近似匹配。

匹配电路中，半桥逆变输出经传输线变压器耦合后通过电连接到换能器上。传输线变压器由双绞线和磁环组成，电路中脉冲串发射频率为 1 M 时，激励源输出阻抗为 25 Ω；由于被测工件也属于换能器的一部分，所以在对探头阻抗进行测量时，应将探头置于工件表面，若测得负载阻抗为 5.2 Ω，则可以用 1：4 传输线变压器进行阻抗匹配。

6.2.5　试块

电磁超声检测试块分为标准试块和对比试块。标准试块用于对电磁超声检测设备进行性能测试校准和检测校准,其尺寸要考虑电磁超声探头的尺寸及边缘效应。对比试块主要用于检测校准及缺陷当量尺寸评定,对比试块应采用与被检工件电学、磁学和声学特性相近的材料制作,外形尺寸应能代表被检工件的几何形状特征,厚度应与被检工件相对应,检测面状况与被检工件状况相同或相近。对比试块也可以采用带有已知缺陷的真实被检工件,但需要对已知缺陷的几何尺寸进行精确测量。同样,对比试块的制作也需要考虑电磁超声探头的尺寸和边缘效应的影响。

6.2.6　检测设备及器材的运维管理

检测设备及器材的运维管理包括对电磁超声检测设备的维护和校准,并且满足相关标准规定的要求,主要内容如下。

（1）制定仪器设备的期间核查计划和书面规程,对设备进行周期性维护和检查,保证仪器功能。

（2）每年至少要对电磁超声仪器及探头组合性能中的水平线性、垂直线性、组合频率、灵敏度余量、直入射探头盲区、灵敏度余量进行一次校准并记录。

（3）现场每次检测前,应检查仪器设备和探头外观、线缆连接情况、信号显示等是否正常。

（4）现场进行检测时,如怀疑设备的检测结果,应对设备进行功能检查和调整,并对每次维护检查的结果进行记录。

（5）每年至少对标准试块与对比试块的表面腐蚀与机械损伤进行一次核查。

6.3　电磁超声检测通用工艺

电磁超声检测主要包括电磁超声探伤和电磁超声测厚,电磁超声检测通用工艺也分为电磁超声探伤通用工艺和电磁超声测厚通用工艺两大部分。总的来说,电磁超声检测通用工艺要根据被检对象、检测要求及相关检测标准要求进行确定,主要包括检测面的选择和准备、电磁超声探头的选择、对比试块及仪器调节、检测及报告或结果评定等基本步骤。

1）电磁超声探伤通用工艺

（1）表面清理与准备。被检材料表面应无影响检测的障碍物和干扰检测的异物,如松动的氧化皮、污物、毛刺、夹渣和飞溅物等,且表面不应有影响检测结果或损害电磁超声换能器探头的异物。

（2）探头的选择。根据检测对象及缺陷类型选择合适的电磁超声探头。对于有焊缝余高的，为使表面粗糙度影响最小，各种方法均应选用下限频率。

根据检测需要的不同，可以选择单探头法（发射线圈和检测线圈同体）或双探头法（一发一收，发射线圈和检测线圈分离）；依据所采用的技术和所需要的分辨率和灵敏度来选择聚焦或不聚焦的线圈；根据想要的声束角度来选择不同类型的线圈。

采用直声束检测时，一般采用扁平螺旋线圈，外加方向垂直于线圈平面的恒定磁场。

采用斜声束检测时，通常利用回折线圈外加方向垂直于线圈平面的恒定磁场，可以产生斜入射横波或斜入射纵波，声束的角度可由激励电磁场的频率控制。注意：纵波和横波的激励频率有截止频率，在适当的频率下可激发纯横波，但无法产生纯纵波。

（3）对比试块的选择。与传统常规超声检测技术一样，在实施检测前，应利用对比试块对电磁超声检测系统进行校准，校准内容包括检测灵敏度的调整、回波传播时间的校准、因衰减性能不同的衰减补偿等。对比试块的材质和几何形状以及人工缺陷的形式和几何尺寸，应符合以下要求。

① 用于系统校准的试块应与被检材料具有相同的材质、厚度、表面状况及热处理状态。除了调整灵敏度所需的人工缺陷外，试块上不能有影响人工缺陷正常指示的不连续性存在。

② 人工缺陷的位置应按相关验收标准制作在焊缝处、焊缝热影响区或与焊缝平行的母材中。

③ 人工缺陷的长度、宽度和深度可由使用方或者双方协商确定，或按验收标准规定执行。应确保以规定的灵敏度等级和方向能覆盖整个焊缝区。

④ 人工缺陷的位置和几何形状的设计应避免出现边缘反射与人工缺陷反射相干扰的现象。

（4）检测。首先应保证声束足够覆盖整个需要检测的区域。与传统常规检测技术一样，垂直入射时，可采用一次底波法和多次底波法进行检测，但应保证显示屏上能同时显示出始脉冲和底面波。

在探头和被检工件相对运动的扫查过程中，应保证扫查速度与检测系统的信号采集速度相匹配，以保证达到足够的检测分辨力。

在检测过程中，为保证电磁超声检测系统的准确性，系统每运行 4 h 后应对设备校验一次，此外当设备或者操作者有变化时，也应使用对比试块重新校验，如果信号与初次校验时相差 10% 以上时，一般应对设备进行调整以保证检测灵敏度，并对上次校准合格以后检验的工件进行复检，以保证检测质量。

（5）检测报告。检测报告应包含仪器、换能器、对比试块、扫查方式和缺陷等相关信息。

2）电磁超声测厚通用工艺

电磁超声测厚检测技术将电磁激发线圈结构整合为一个完整的电磁探头，将该探头放置在待检工件表面即可检测出工件厚度。其工艺要点如下。

（1）检测面的选择和准备。被检工件表面应无影响检测的障碍物和干扰检测的异物。如有影响检测的破碎氧化皮、铁屑、疏松腐蚀残余或金属颗粒等，以及易造成换能器接触面损坏的尖突，必须清除。如现场带有覆盖层表面，需注意以下要求。

① 不影响测量信号获取的较薄非导电非导磁覆盖层，包括存在破损的覆盖层，无须清理。

② 存在较厚非导电导磁覆盖层，提离高度增加，使得无法获取检测信号时，应清除覆盖层，清除范围为探头接触面的 2 倍。

③ 存在导电导磁覆盖层时，声波首先在覆盖层中产生并传播再进入被测材料本体进行传播，应考虑覆盖层厚度对测量结果的影响并对测厚结果进行修正以得到本体的准确厚度。如果导电导磁覆盖层有破损，需打磨平整后再进行测量。

（2）仪器及探头的选择。

① 电磁超声测厚选用具有 A 扫描显示，且能进行手动参数设置的测厚仪。如在检测奥氏体不锈钢材料试件，该材料的电磁超声换能效率较低，衰减较大，背景噪声大（粗晶材料），在检测过程中信噪比差，引起测厚仪自动选值错误，导致测量误差增大，如果具备手动参数调整功能，则可在检测中实时调整闸门等参数，最终使测量结果更加准确。

② 根据具体的检测对象，正确选择合适的电磁超声探头，包括激发的超声波模式、被检测材料声学特性等。采用横波检测时，一般使用跑道形线圈，外加恒定永磁铁激发出超声波。

电磁超声探头的中心频率随着提离距离、被检材料及其温度在一定范围内发生变化。特定的检测状况下电磁超声探头的工作频率一定。根据被检材料厚度 d 的范围，参照表 6 - 1 选择合适工作频率的探头。

表 6 - 1　不同厚度、不同晶粒度下探头的工作频率选择

$d < 1.5$ mm			$d \geqslant 1.5$ mm			
细晶材料		粗晶材料	细晶材料			粗晶材料
$d \leqslant 0.5$ mm	0.5 mm$\leqslant$ $d \leqslant 1.5$ mm	$\leqslant 10$ MHz	1.5 mm$\leqslant d$ $\leqslant 20$ mm	20 mm$< d$ < 50 mm	50 mm$\leqslant d$ $\leqslant 200$ mm	$\leqslant 5$ MHz
> 20 MHz	$10 \sim 20$ MHz		$4 \sim 10$ MHz	$3 \sim 5$ MHz	$2 \sim 4$ MHz	

（3）校准试块。校准试块应采用与被检测试件材料性能相同或相近的材料制作，试块中不允许存在大于或等于 Φ2 mm 平底孔当量直径的缺陷，试块的作用是校准超声波声速和仪器的零偏，以便在实际检测中精准测量厚度。

（4）仪器设备的校准。开机，将探头放置在校准试块表面，按照设备操作规范、操作流程校准超声波声速以及探头的零偏值等。校准完成后，保存当前的校准参数。

（5）检测。进入仪器测厚界面，根据现场被测工件厚度来设置仪器的测厚范围，要求检测仪器显示屏上的 A 扫描信号显示始脉冲信号和多次底面反射信号，同时可根据脉冲反射信号幅度适当调整仪器中增益值。注意信号不能超过仪器刻度尺的显示范围，显示闸门自动获取任意两次底面反射信号峰值，仪器自动运算并将厚度值直观显示在仪器显示屏中。为确保检测过程中检测系统稳定性，一般要求仪器运行每 4 h 后需重新用校准试块进行校准，以保证检测质量。

（6）结果评定。根据相关检测标准及合同要求，对检测结果进行评定。

6.4　电磁超声检测技术在电网设备中的应用

6.4.1　断路器操动机构储能弹簧电磁超声导波检测

某供电公司断路器操动机构储能弹簧（以下简称储能弹簧）如图 6 - 10 所示，其规格为 Φ160 mm×8500 mm，材质为 $60Si_2Mn$。现用电磁超声检测对其进行质量评价。参考的检测标准为《断路器操动机构储能弹簧电磁超声导波检测技术规范》（T/SMA 0003—2018）。

图 6 - 10　断路器操动机构储能弹簧

1) 仪器与探头

仪器:武汉中科创新 HS900L 型电磁超声低频导波检测仪。

探头:检测频率为 0.3~1 MHz。宜选择工作频率为 1 MHz 的探头,对于内、外壁有腐蚀的断路器储能弹簧宜选择更低频率的探头。

2) 试块

人工缺陷试块,缺陷为在弹簧远端倒数第 2 圈处深 1.0 mm 的切割槽,刻槽宽度不大于 0.5 mm(见图 6-11)。不同直径截面损失率公式如下:

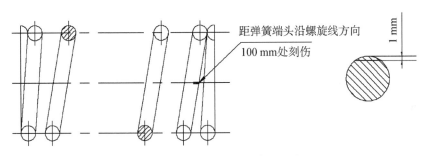

图 6-11　储能弹簧对比试块人工缺陷

$$\frac{S_s}{S_y} = \frac{\cos^{-1}\left(1-\frac{h}{R}\right) - \left(1-\frac{h}{R}\right)\sqrt{2\frac{h}{R}-\left(\frac{h}{R}\right)^2}}{\pi} \times 100\% \qquad (6-47)$$

式中, S_s 为截面损失面积, S_y 为截面圆面积, h 为刻槽深度, R 为截面半径。

3) 参数测量与仪器设定

根据储能弹簧的材料和规格选择激发线圈,主要包括激发频率选择、线圈类型选择以及超声导波模态选用。

4) 距离-波幅曲线的绘制

根据被检储能弹簧的材料和规格,绘制距离-波幅曲线。该曲线族由评定线和判废线组成,判废线由人工反射体反射信号波幅绘制而成。评定线为判废线高度的一半。评定线及其以下区域为Ⅰ区,评定线与判废线之间为Ⅱ区,判废线及其以上区域为Ⅲ区,如图 6-12所示。

5) 扫查灵敏度设定

将探头置于人工缺陷试块端头上,测定最大声程处切割槽的反射回波高度,当切割槽反射回

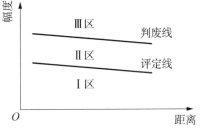

图 6-12　距离-波幅曲线

波高度达到满刻度的 80% 时，记下波高的 dB 值，以此为检测灵敏度。设定记录灵敏度为 20% 满屏高。

6）检测

调整导波声速设置，使切割槽定位偏差小于 10 mm。由于电磁导波是通过点激励和接收超声波信号来实现检测的，选择一个端头能够放置传感器位置，固定好传感器，不需移动即可完成对整根储能弹簧的检测。

在检测灵敏度下，对于屏幕上始波之后出现的明显高于正常杂波的反射波（排除外部电磁等引起的干扰后）应视为相关指示信号。发现有相关指示信号的时候，可将探头沿储能弹簧螺旋方向移动，随之移动的反射波视为相关指示信号；或采用试块标定超声导波的声速确定相关指示的位置。

7）缺陷评定

图 6 - 13 所示为储能弹簧的检测结果，图中方框所示信号为检测缺陷信号，依据 T/SMA 0003—2018，该缺陷评定为Ⅲ级，为不允许缺陷。

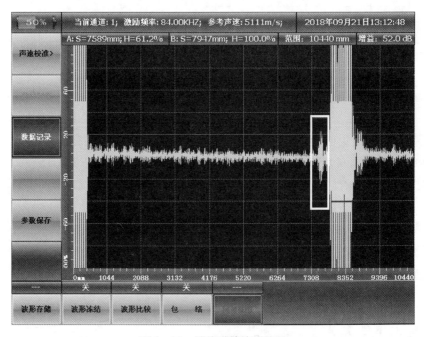

图 6 - 13　储能弹簧检测结果

6.4.2　架空输电线路用镀锌钢绞线电磁超声导波检测

架空输电线路用镀锌钢绞线为铁磁性材料，可采用直接激励法磁致伸缩导波检

测。利用钢绞线自身的磁致伸缩效应直接激励和接收导波,其检测原理如图 6-14
所示。传感器包括激励线圈、接收线圈和提供偏置磁场的磁化器三个部分,结构形式
如图 6-15 所示。两种线圈为用排线制作的与被检钢绞线同轴的螺线管,用于实现
交变磁场与应力波之间的能量与信号转换。偏置磁场沿轴线方向,其作用主要体现
在两方面:一是提高磁能与声能的换能效率;二是选择导波模态,偏置磁场可以采用
电磁或永磁方式加载。在进行检测时,首先向激励线圈通入大电流脉冲信号,产生交
变磁场;其次,激励线圈附近的铁磁材料,由于磁致伸缩效应受到交变应力作用,从而
激励出超声脉冲;超声脉冲沿钢绞线轴线传播时,不断在钢绞线内部发生反射、折射
和模式转换,经过复杂的干涉与叠加,最终形成稳定的导波模态。当钢绞线内部存在
缺陷时,导波将在缺陷处被反射回来;当反射回来的应力波通过接收线圈时,由于逆
磁致伸缩效应会引起通过接收线圈的磁通量发生变化,接收线圈将磁通量变化转换
为电动势变化。通过测量接收线圈的感应电动势就可以间接测量反射回来的超声导
波信号的时间和幅度,从而获取缺陷的位置和大小等信息。

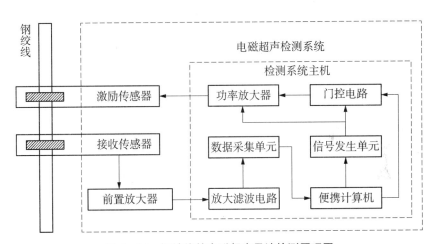

图 6-14 钢绞线的电磁超声导波检测原理图

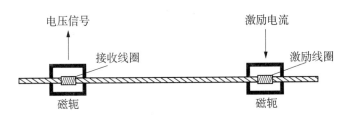

图 6-15 传感器结构形式

　　某供电公司110 kV架空输电线路用镀锌钢绞线,其型号为JLB40-80,断面结构为1×19,线路跨距为100 000 mm左右,如图6-16所示。在检修现场,对其更换下来长为6 300 mm范围里内部存在可疑缺陷(断股)的钢绞线用电磁超声导波检测技术进行检测、验证。

图6-16　待更换的架空输电线路用镀锌钢绞线

1) 仪器与探头

仪器:武汉中科创新HS900L型电磁超声低频导波检测仪。

探头:镍钴合金带缠绕磁化激发电磁导波。

2) 校准试样和对比试样

校准试样用于对检测设备进行灵敏度和各种功能的测试。校准试样选用长度为3 m、直径为10 mm、材料为♯45的圆钢,有2%、4%和6%截面损失率的横向线切割槽各一个,切槽的宽度为0.5~2 mm,深度方向的公差为±0.2 mm。校准试样的长度、厚度和切槽位置的要求如图6-17所示。

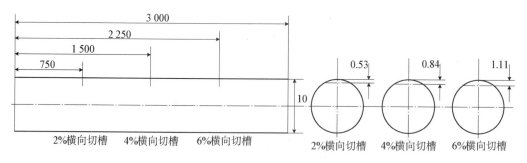

图6-17　校准试样示意图(单位:mm)

对比试样用于对被检测镀锌钢绞线缺陷截面损失率当量进行评定。对比试样应采用与被检测钢绞线规格相同的材料制作,试样的长度不小于 12 m 或实际检测的范围,每处断丝的数量按截面损失率的 15.9% 制作缺陷,端部断丝位置距试样端部至少 0.5 m。

3）距离-波幅曲线的绘制

根据被检测镀锌钢绞线的材料和规格,利用对比试样,绘制距离-波幅曲线。该曲线族由评定线和判废线组成,判废线由 15.9% 截面损失率的人工缺陷反射波幅直接绘制而成。评定线为判废线高度的一半,即 −6 dB。评定线及其以下区域为Ⅰ区,评定线与判废线之间为Ⅱ区,判废线及其以上区域为Ⅲ区,如图 6-18 所示。

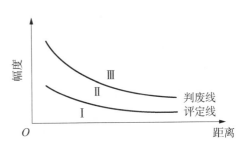

图 6-18　距离-波幅曲线示意图

4）参数测量与仪器设定

依据被检钢绞线的材质声速、直径以及探头的相关技术参数对仪器进行设定。根据被检钢绞线的材质、规格实测应选择的激励频率、激励脉冲数及偏置磁场等。通过调节仪器的参数设置使仪器能够清晰显示被检钢绞线上端部的反射波信号,并进行记录,同时应用这些信号及其距传感器的距离来测量导波传播的速度。

5）检测

由于电磁导波是通过点激励和接收超声波信号来实现检测,因此选择一个端头能够放置传感器的位置即可。将探头放置在被检钢绞线一端的端头,固定好传感器不需移动即可完成对跨度范围的钢绞线的检测。将仪器检测显示灵敏度由测试距离-波幅曲线时的灵敏度提高 12 dB 进行检测,一旦发现缺陷反射信号,即降低 12 dB 并调出已存储好的距离-波幅曲线进行比对,凡处于Ⅱ区和Ⅲ区的信号需要进行信号记录,并测量出在被检钢绞线上的具体位置,并在示意图和实物上做出标识。检测中应确认相邻长度有效范围之间的重叠,确保不漏检。

6）缺陷定量

如图 6-19 所示,在 2 137 mm 处出现的红色闸门反射回波信号为此次检测钢绞线缺陷信号,在 6 251 mm 蓝色闸门出现的反射回波信号为钢绞线端头信号。缺陷信号位于Ⅲ区。

7）检测结果的验证及检测缺陷的处理

电磁超声导波检测给出的是缺陷当量,由于磨损、腐蚀缺陷的大小和形状与人工缺陷不同,因此检测结果显示的缺陷当量值与其真实缺陷会存在一定的差异,因此一旦发现Ⅱ级和Ⅲ级的信号,应采用目视方法进行检查,用以分辨缺陷是位于外部或内部。

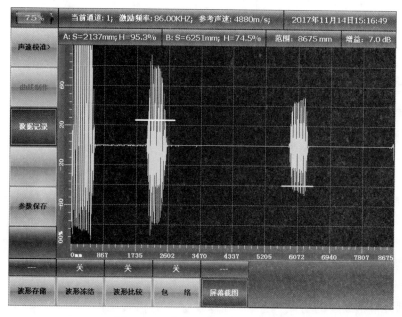

图 6‑19　架空线路电磁检测结果

根据前述对比试样,截面损失率超过了 15.9%,且经验证现场截取的该段钢绞线里面有断股现象存在,此次更换非常及时。

6.4.3　电动操动机构不锈钢箱体电磁超声测厚

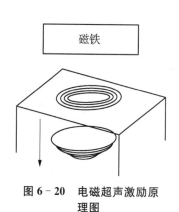

图 6‑20　电磁超声激励原理图

电磁超声测厚是电磁超声检测技术工业应用的一个重要方面。可用于测厚的超声波有体波和 SV 波。通过检测超声波在工件中的传播时间就可以计算出被检工件的厚度。电磁超声测厚原理如图 6‑20 所示,碟形高频线圈置于外加静磁场中,向线圈通以高频脉冲激励,高频脉冲会在试件内感应出一个涡流场,涡流在外加静磁场作用下就会受到洛仑兹力,从而产生超声波。这样产生的超声波在试件内传播,遇到边界就会反弹形成回波,通过检测回波的信息就可以知道试件的信息。电磁超声的检测使用的是线圈与磁铁相互激励的作用效应,通过线圈就可以检测到回波。

电磁超声测厚检测技术应用模式较单一,主要用于无需耦合剂、检测速度快、重复性好、高温等条件下的检测。探头与被测物体不直接接触,适用于表面粗糙、表面存在覆层(油漆、铁锈等)的金属或铁磁性材料的检测。

根据国网金属专项技术监督工作通知要求,2018年4月12日对某公司220 kV输变电工程#2主变室的电动操动机构的不锈钢箱体开展金属专项技术监督的超声波测厚。根据现场实际工作情况,我们采用了电磁超声测厚法。电动操动机构不锈钢箱体如图6-21所示,其材质为304不锈钢。

检测仪器设备及器材:武汉中科HS F91型电磁超声测厚仪,校准试块为304不锈钢7B阶梯试块。

质量判定依据:《电网金属技术监督规程》(DL/T 1424—2015)。

电动操动机构箱箱体电磁超声测厚主要操作步骤如下:

(1)查阅资料。按照国网金属专项技术监督工作通知要求以及DL/T 1424—2015标准规定,电动操动机构箱箱体厚度不应小于2.0 mm。

(2)检测前的准备。检测前对电动操动机构箱待测点用干净的布进行表面清理,确保符合检测要求,测点分布位置如图6-22所示。

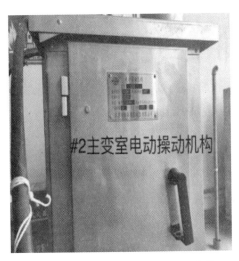

图6-21　#2主变室电动操动机构箱

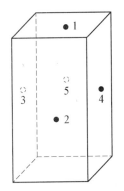

图6-22　测点位置分布示意图

(3)根据仪器操作规程,在仪器的参数设置中选择"工件材质"项为"不锈钢",把探头放在不锈钢阶梯标准试块上厚度为2.0 mm处,按自动调校,输入起始、终止距离后即完成仪器的校准,校准结果如图6-23所示。

(4)擦干净探头表面,把探头垂直放在待测点的检测面上,检测。测点4的检测数据如图6-24所示,所有测点最终检测数据列于表6-2中。

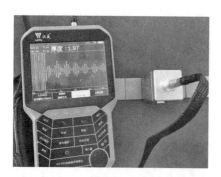
图6-23　标准试块上进行仪器的校准

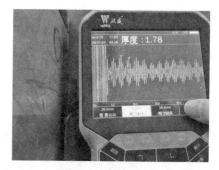
图6-24　测点4位置厚度数值(单位:mm)

表6-2　电动操动机构不锈钢箱体各点测厚值

测点编号	1	2	3	4	5
测点厚度/mm	1.76	1.70	1.72	1.78	1.73

(5) 结果评定。依据 DL/T 1424—2015 规定,户外密闭箱体其公称厚度不应小于 2.0 mm。该电动操动机构不锈钢箱体最大厚度为 1.78 mm,未达到标准规定的公称厚度最小值不小于 2.0 mm 的要求,不合格。

同样,根据国网金属专项技术监督工作通知要求,对于该新建 220 kV 输变电工程的 GIS 避雷器 C 相筒体对接焊缝也要进行超声检测,以确定其内部是否存在不允许的危险性超标缺陷。根据制造厂提供给业主的资料得知,GIS 筒体规格为 Φ408 mm×8 mm,材质为 5083 铝合金。超声检测前,对其壁厚用武汉中科汉威 HS F91 型电磁超声测厚仪进行了实际壁厚测量。根据操作规程,先对仪器在校准试块上进行校准,即在仪器的参数设置中选择"工件材质"项为"铝合金",把探头放在材质为 5083 铝合金的 7B 阶梯标准试块上厚度为 10.03 mm 处,按自动调校,输入起始、终止距离后即完成仪器的校准,校准结果如图 6-25 所示。经现场检测得知,GIS 避雷器 C 相筒体实际壁厚值为 7.79 mm,如图 6-26 所示。

图6-25　标准试块上进行仪器校准

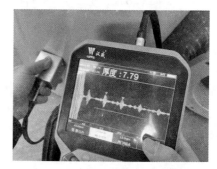
图6-26　筒体实际壁厚测量值

6.4.4 在役运行高温管道电磁超声测厚

国网某电力公司作为电网调峰用的燃机电厂在运行期间需要对其蒸汽管道进行壁厚测量,以确定其管壁减薄情况。管道外壁温度约为 450℃,管道设计规格为 $\Phi 168\ mm \times 9.5\ mm$,管道材质为 20G。

由于是高温运行管道,传统的超声测厚仪测量需要施加耦合剂(化学浆糊、洗洁精或专用耦合剂),而耦合剂在目前 450℃ 高温条件下基本上完全失去耦合作用,不能检测。因此,只能选用电磁超声测厚仪进行检测,其检测过程如下。

1)仪器与探头

仪器:武汉中科 HS F91 型电磁超声测厚仪。

探头:电磁超声(EMAT)探头,适用于 600℃ 高温检测。

2)试块

采用具有相同规格并具有相近表面状况和声学性能的工件作为参考试块。

3)参数测量与仪器设定

依据参考试块的材质声速、厚度以及探头的相关技术参数、被测管道近似运行工况等,对仪器进行设定。主要应校准工件声速。

4)检测

将探头固定在所要检测的管道的合适位置,读取连续两次底波之间的传播距离即为工件厚度。检测结果如图 6-27 所示,即管壁厚度为 9.31 mm。根据管道设计规格及检测结果,该管道壁厚在正常数值的误差范围之内,合格。

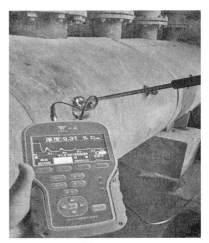

图 6-27 电磁超声在高温(450°)下的管壁测厚

6.4.5 水冷壁管腐蚀情况电磁超声检测

某省电力公司燃机电厂装机容量为 4 台 125MW 机组,目前已经投运近 25 年,其水冷壁管曾多次发生泄漏,之前均是通过传统超声测厚仪对其管壁进行厚度测量,以检测其腐蚀减薄情况,由于检测数量多,加上需要通过打磨去除表面氧化膜,因此劳动强度大、检测工期比较长。由于电磁超声检测不需要对水冷壁管表面进行打磨和清理,今年检修期间,利用电磁超声技术对其腐蚀情况进行检测及质量评价。水冷壁管规格为 $\Phi 60\ mm \times 6\ mm$,材质为 20G。

1)仪器与探头

仪器:武汉中科 HSD-EMAT-4TH 多通道便携式电磁超声测厚仪,如图 6-28

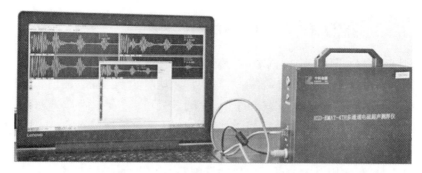

图 6‑28　HSD‑EMAT‑4TH 型多通道便携式电磁超声测厚仪

所示。

探头：电磁超声横波探头，探头型号为 HS F91‑CW，频率为 5 MHz。

2）试块

采用具有相同规格并具有相近表面状况和声学性能的平底孔试块作为参考试块。

3）参数测量与仪器设定

依据参考试块的材质声速、厚度以及探头的相关技术参数，对仪器的扫描线性、垂直线性以及扫描比例、扫查范围等进行设定，调整仪器的检测灵敏度。

4）检测

图 6‑29 为现场检测其中一根水冷壁管存在腐蚀减薄的数据和波形截图。

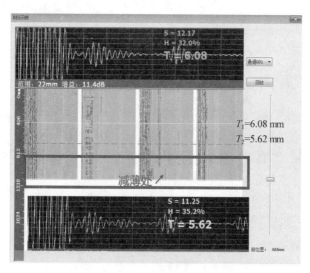

图 6‑29　水冷壁管腐蚀减薄检测数据及波形图

　　水冷壁管腐蚀与未腐蚀减薄情况可以同时在屏幕上显示出来,其中屏幕最上面的检测波形表示为 $T_1 = 6.08$ mm 为未腐蚀水冷壁管实测壁厚,屏幕最下面波形显示 $T_2 = 5.62$ mm 为腐蚀减薄后的壁厚。

　　总结:电磁超声测厚的原理有两种,一种是基于洛伦兹力,适用于非铁磁性导电材料;另一种是基于磁致伸缩力,适用于铁磁性导电材料。铁磁性导电材料在测厚过程中同时受到两种力的作用。

第7章　超声导波检测技术

超声导波在传播过程中与介质相互作用时产生的信号包含介质表面和内部的全部信息，使得介质的细小缺陷能够被检出。超声导波检测技术通过利用超声导波的这种传播特性来检测工件的质量状况。与常规超声检测技术相比，超声导波检测技术具有检测效率更高、可靠性更好、应用更便携等特点，是新近发展起来的一种无损检测方法。

7.1　超声导波基础理论

超声波在半无限大的均匀介质中传播时称为体波，体波包括纵波及横波。纵波及横波传播过程中具有各自的特征速度且相互之间不发生波型耦合。传播过程中当介质存在不连续性时，超声波在介质中将发生反射或透射及波型转换。转换后的各种类型的反射波、透射波及界面波的传播速度均是恒定的，其传播速度只与介质材料密度和弹性性质有关，与波动本身的特性无关。

当声波传播介质存在一个以上的界面时，超声波在界面之间将发生多次往复反射，往复反射的过程伴随着复杂的波型转换，同时波与波之间将产生复杂的干涉过程。承载这些复杂波动过程的传播介质一般为横截面不变的无限长的结构，也称为波导，如圆柱壳(管)、杆(棒)及层状(板)等弹性体。在有边界结构的物体内传播的超声波称为超声导波。

在波导结构中传播的导波，在整个体系无能量泄漏的情况下(如钢棒在真空中)，声波能量流不能泄漏到真空中，钢棒中传播的超声导波的群速度与能量速度是相等的。因此，可以依据传感器与缺陷之间反射回波的传播时间对缺陷进行定位。形成导波的波导介质要求波导结构在某一方向的尺寸很小(一般要求小于波长)且连续不变，如棒的直径、板的厚度、管的直径和壁厚等。导波具有频散和多模态两个主要特性，通过求解频散方程可以获得导波的频散和多模态特性相应的频散曲线。

1) 导波的相速度与群速度

超声导波理论中两个最基本的概念是相速度与群速度，沿声波传播方向上波动中相位固定的某一点向前的传播速度称为相速度,描述的是弹性波中等相位点的传播速度。群速度描述的是不同频率下弹性波的传播速度,沿传播方向上弹性波的包络上具有某种特定属性(如幅值最大)的点的传播速度称为群速度,是指波群体能量流的传播速度。由于相速度与群速度描述弹性波上的对象不同,超声导波的群速度与相速度会出现不一致的现象。

如图 7-1 所示,在超声波导的同一距离处会接收到两个模态的超声导波信号,从图中可以看出,模态 1 导波出现在模态 2 导波的前面,证明模态 1 的群速度大于模态 2 的群速度,但并不意味着群速度大的导波模态,其相速度也一定大,反之亦然。

图 7-2 中显示的波形 a 为在某一距离接收到的一个导波信号。当超声发射与接收传感器之间的距离加大 Δl 后,波形的包络延时时差 t_1 后形成波形 b,波形 a 与波形 b 上的等相位点相差的时间为 t_2。工程上,采用这样的方法可以粗略地估计某种模态导波在特定频率附近的相速度 V_{ph} 和群速度 V_{gr} 为

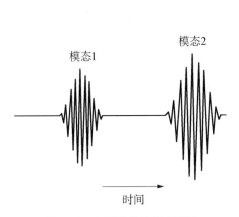

图 7-1　多模态导波接收波形

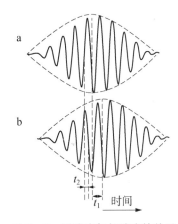

图 7-2　群速度与相速度的关系

$$V_{\mathrm{ph}} = \frac{\Delta l}{t_2} \tag{7-1}$$

$$V_{\mathrm{gr}} = \frac{\Delta l}{t_1} \tag{7-2}$$

由式(7-1)和式(7-2)可以看出,某一特定频率附近超声导波的群速度较小,但相速度却有可能很大。群速度与相速度的关系如下:

$$V_{\mathrm{gr}} = \frac{V_{\mathrm{ph}}^2}{V_{\mathrm{ph}}^2 - (fd)\dfrac{\mathrm{d}V_{\mathrm{ph}}}{\mathrm{d}(fd)}} \tag{7-3}$$

式中，f 为所要求导波的频率；d 为所检测板或管的厚度，实心杆为杆的半径；fd 为频散曲线的频厚积。

2）导波的频散方程

波导结构中超声导波的传播速度随频率不同而改变的现象称为超声导波的频散。由于受到波导几何尺寸特征的影响，不同频率范围内能够出现不同模态的导波。除此之外，不同物理性质的波导结构材料（如梯度材料）也会产生频散现象，称为物理弥散。

超声导波在波导介质中传播时随着传播距离的增大，时域信号波包的幅度会降低、波包宽度会变大。例如中心频率为 300 kHz、峰值为 1 V 及经汉宁窗调制的 8 个周期的正弦脉冲波，如图 7 - 3 所示；对比其在波导介质中传播 1 000 mm 及 5 000 mm 后的波形（见图 7 - 4），可以发现传播 5 000 mm 后波包幅度明显减小，也明显变宽。频散的发生使得检测灵敏度降低，造成后续信号的分析与识别更加困难。在实际工件的检测应用中，频散严重的超声导波模态应尽量选择避开。

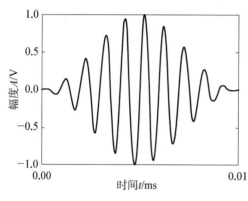

图 7 - 3 原始信号时域波形

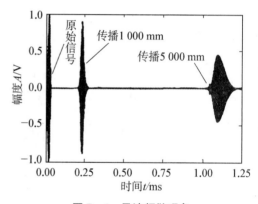

图 7 - 4 导波频散现象

3）导波的多模态

超声导波在波导结构中传播时，某一频率至少对应两个（或两个以上）导波模态，以不同的群速度传播，表现在群速度频散曲线上某一个频率点至少存在两条（或两条以上）曲线对应不同的模态。如图 7 - 5 所示，按照钢杆的物理参数，在 0～200 kHz 频率范围绘制超声导波频散曲线，在该频率范围内，存在 $L(0,1)$ 模态和 $F(1,1)$ 模态。

不同的超声导波模态，其频散特性和波的结构也不同，对结构中不同类型、不同位置缺陷的敏感程度也不同。实际工程检测中，对于不同类型、不同位置的缺陷及不同结构的部件，应充分利用超声导波的多模态特性选取合适的超声导波模态进行检测。

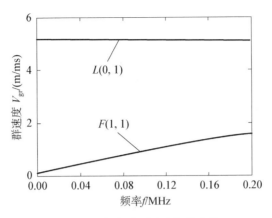

图 7 - 5　钢杆中群速度频散曲线

7.1.1　板中的导波

超声兰姆波是当板的厚度(如金属薄板)与激励超声波波长在相同数量级的波导结构中由纵波和横波合成的一种导波。1917 年,英国力学家兰姆(Lamb)在求解平板自由边界条件下波动方程时得到一种特殊的波动解,从而发现在板形结构内传播的导波即板波。由于薄板中上、下界面的存在,超声波在上、下界面间不断往复反射并相互干涉,最终在厚度方向上形成驻波,而在板的延伸方向形成兰姆波的传播。

1) 兰姆波概述

兰姆波是板材结构检测中经常采用的一种超声无损检测技术。超声兰姆波检测探头在一个位置可以扫查一条线,克服了常规超声逐点扫查的弱点,具有纵波和横波难以比拟的快捷、高效等特点,非常适合板形结构的大面积无损检测。但是,由于兰姆波的多模态和频散特性,其在激励、传播、接收以及信号处理方面非常复杂,所以其在工业生产中的应用受到一定的限制。因此,要充分理解兰姆波的基本原理和特点,并根据兰姆波的频散特性确定检测方案。兰姆波依据其质点位移的形态可分为对称型和非对称型。对称型兰姆波的特点是薄板中质点的振动对称于板的中心面,上、下两面相应质点振动的水平分量方向相同,而垂直分量方向相反,且在薄板的中心面上,质点以纵波形式振动;非对称型兰姆波的特点是薄板中质点的振动不对称于板的中心面,上、下两面相应质点振动的垂直分量方向相同,水平分量方向相反,且在薄板的中心面上,质点以横波形式振动。

2) 无限大固体中超声传播的基本运动方程

弹性介质中波动方程的数学推导过程非常复杂,这里只给出基本的理论框架。设定固体弹性介质是各向同性、弹性且均匀的,意味着无限大固体弹性介质内没有任何反射。

固体弹性介质中存在的声波用介质的质点位移 **u** 来表示,声波未传播到达的空间质点是相对静止(不计热运动)的,位移 **u** 是矢量,是坐标 x 和时间 t 的函数,即 $\boldsymbol{u}=\boldsymbol{u}(x,t)$。 对于线性声学的范围来说,$u_i$ 是小幅度的,**u** 是小量,其二次量远远小于一次量,u_i 是 **u** 沿坐标轴的三个分量,$i=1,2,3$。介质质点的位移会引起介质的形变,在 u_i 是小量时,表示相对形变的量可以取

$$\varepsilon_{ij}=\frac{1}{2}(u_{ij}+u_{ji}) \tag{7-4}$$

式中,ε_{ij} 是二阶张量 $\boldsymbol{\varepsilon}$ 的分量,$\boldsymbol{\varepsilon}$ 为应变,而不是形变,它所表示的是相对形变。

如果弹性固体内存在着应变,就会出现应力(单位面积上的力),反之亦然。弹性固体中立方微单元各面上应力分量如图 7-6 所示。

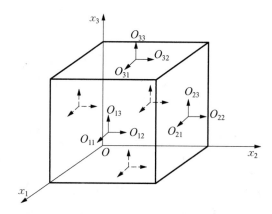

图 7-6 弹性固体中立方微元各面上应力分量

不同弹性介质,应力和应变之间存在不同的比例关系。对于各向同性介质,广义胡克定律是

$$\sigma_{ij}=\lambda\varepsilon_{kk}\delta_{ij}+2\mu\varepsilon_{ij} \tag{7-5}$$

式中,σ_{ij} 是克罗内克符号;λ 和 μ 是拉梅常量;μ 是固体剪切模量。用式(7-5)来描述介质的弹性,就可以探讨弹性固体介质中的超声波传播问题。在弹性介质中,质点位移 **u** 通过应变而产生表面应力,所以质点位移 **u** 会向周围扩散,传播到介质相邻的部分。不计外力,由牛顿定律,在各向同性介质中有:

$$\rho\frac{\partial^2}{\partial t^2}\boldsymbol{u}(x,t)=\nabla\cdot\boldsymbol{\sigma} \tag{7-6}$$

或以分量表示:

$$\rho \frac{\partial^2}{\partial t^2} u_i(x,\ t) = \sigma_{ijj} \qquad (7-7)$$

式中，ρ 是介质密度。引入式(7-6)和式(7-7)，可以得出：

$$\rho \frac{\partial^2}{\partial t^2} u_i(x,\ t) = (\lambda + \mu) u_{jji} + \mu u_{ijj} \quad (i,\ j = 1,\ 2,\ 3) \qquad (7-8)$$

式(7-8)是各向同性介质中质点位移的运动方程，它表明了质点位移 $\boldsymbol{u}$ 随着时间的进程在介质中不同点上的取值和取向。这一运动方程的矢量符号和微分表达式为

$$\rho \frac{\partial^2}{\partial t^2} \boldsymbol{u}(x,\ t) = (\lambda + \mu) \nabla \nabla \cdot \boldsymbol{u} + \mu \nabla^2 \boldsymbol{u} \qquad (7-9)$$

或

$$\rho \frac{\partial^2}{\partial t^2} \boldsymbol{u}(x,\ t) = (\lambda + 2\mu) \nabla(\nabla \cdot \boldsymbol{u}) + \mu \nabla \times \nabla \times \boldsymbol{u} \qquad (7-10)$$

利用亥姆霍兹(Helmholtz)定理，矢量 $\boldsymbol{u}(x,\ t)$ 可以分解为两部分：

$$\boldsymbol{u}(x,\ t) = \nabla \boldsymbol{\varphi}(x,\ t) + \nabla \times \boldsymbol{\psi}(x,\ t) \qquad (7-11)$$

固体薄板如果尺寸有限大，存在固体边界，在固体边界上纵波和横波就会反复反射。当边界满足一定的条件时，反射波还会发生模式转换，入射波与边界产生的反射波互相干涉并叠加，就有可能形成一种新类型传播特征的超声波，但纵波和横波两种体波的本质并没有发生变化，传播规律也没有改变，具有新类型传播特征的超声波只是纵波和横波两种体波相互叠加的外观表现，作为波导的板中传播的兰姆波就是具有新类型传播特征的超声波。

3) 兰姆波理论频散曲线

描述兰姆波波动特性的方程是 Rayleigh-Lamb 方程，它有对称模式和非对称模式两种形式，式(7-9)和式(7-10)是两个超越方程。这一运动方程的矢量符号和微分算子表达式看起来很简单，其实不然。Rayleigh-Lamb 方程决定了兰姆波多模式、频散的特性，说明波数 k_0 与角频率 ω 不是线性关系，且不同的模式波有不同的非线性关系。由于 k_0 与 ω 不是线性关系，因此声波相速度 $c_p = \omega/k_0$ 不是常数，相速度随频率的变化而发生改变，这就是兰姆波的频散特性。在 Rayleigh-Lamb 方程求解时，一般相速度的自变量不使用角频率 ω，自变量通常采用 $b\omega/\pi(d=2b)$，即频厚积 fd（频率与试件厚度的乘积）。因为正切函数是周期函数可在不同的周期内取值，所以，兰姆波对称模式和非对称模式均为多次的，一般用 S_0，S_1，S_2，…表示对称型兰姆波的 0，1，2，…模式；用 A_0，A_1，A_2，…表示非对称型兰姆波的 0，1，2，…模式，因而

Rayleigh-Lamb 方程求解得到不止一条兰姆波频散曲线。

固体弹性介质兰姆波频散曲线是采用兰姆波对部件进行检测时必要的参考条件,被检测部件的材料不同、几何尺寸不同及采用的激发频率不同,产生的兰姆波的频散特性也不同。通过求解对称和非对称的 Rayleigh-Lamb 方程无法求得频散曲线的详细和精确的数字结果,必须在计算机上求该方程的数值解,从而解析出兰姆波相速度频散曲线、群速度频散曲线、理论时频分布曲线以及采用斜探头激发的兰姆波激发频散角曲线。

求上述 Rayleigh-Lamb 方程的数值解,在相速度-频厚积(频率与厚度的乘积)平面内反映,兰姆波的频散特性就形成一系列曲线,如图 7 - 7 所示。求解对象采用的试件为冷轧金属板,则在计算中取纵波速度 $c_L = 6\ 140$ m/s,横波速度 $c_S = 3\ 310$ m/s。

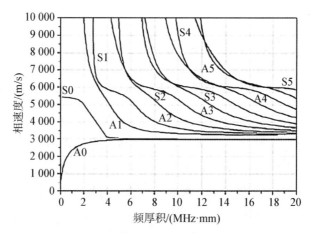

图 7 - 7　冷轧金属板中相速度频散曲线

具有有限带宽的脉冲声波,在冷轧金属板波导中将以如下群速度传播:

$$c_g = \mathrm{d}\omega / \mathrm{d}k_0 \qquad (7 - 12)$$

把群速度随频厚的变化关系反映在群速度-频厚平面内就得到了不同于相速度的群速度频散曲线,群速度频散曲线可以通过相速度曲线导出。

因为 $c_p = \omega / k_0$,所以,式(7 - 12)可以变化为

$$c_g = \frac{\mathrm{d}\omega}{\mathrm{d}\left(\dfrac{\omega}{c_p}\right)} = \frac{\mathrm{d}\omega}{\dfrac{c_p \mathrm{d}\omega - \omega \mathrm{d}c_p}{c_p^2}} = \frac{c_p}{1 - \dfrac{\omega}{c_p} \cdot \dfrac{\mathrm{d}c_p}{\mathrm{d}\omega}} \qquad (7 - 13)$$

从式(7 - 13)可以看出,通过相速度频散曲线可以导出群速度 c_g 与频厚积 fd 的关系,即可绘制出群速度频散曲线,如图 7 - 8 所示。

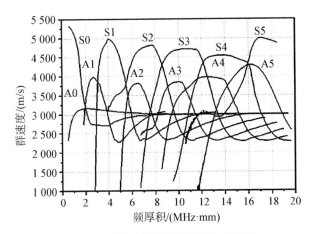

图 7-8　冷轧金属板中群速度频散曲线

当采用斜楔探头在板状波导结构中激励兰姆波时,根据式(7-14),激发角频散曲线可以由相速度频散曲线导出,如图 7-9 所示。

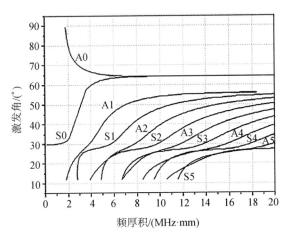

图 7-9　冷轧金属板中激发角频散曲线

$$\sin \alpha = \frac{c_{\mathrm{L}}}{c_{\mathrm{p}}} \qquad (7-14)$$

式中, α 为激发角,即纵波入射角; c_{L} 为透声斜楔中纵波传播速度; c_{p} 为板中所激发的兰姆波相速度。通常透声斜楔材料采用有机玻璃(聚甲基丙烯酸甲酯),其 c_{L} 为2 700 m/s。

4) 兰姆波信号的激励与接收

在板结构中激励兰姆波可采用窄带激励和宽带激励两种激励信号,兰姆波模式的不同是由于激励信号的不同响应产生的,不同的兰姆波模式对特定类型缺陷的检测敏感性不同。因此,选取指定的激励信号检测某一特定类型的缺陷十分重要。为简化兰姆波在板结构中传播的模式(为了抑制频散),采用窄带脉冲信号较为实用、成熟,采用窄带激励使板结构中传播的兰姆波模式成分简单且容易识别。

对板结构的多种类型缺陷和分散在多处缺陷的敏感性采用宽带激励响应更敏感、更全面。宽带脉冲激励可以在板结构中激发出更多的兰姆波模式,兰姆波在板结构中传播,其与缺陷相互作用时可以获得更多不同模式的信息。这样就能在一次宽带激励检测的响应信号中全面地解析板结构中的缺陷状况,从而提高检测效率和检测精度。板结构中传播的兰姆波多模式和频散同时存在时,接收到的检测信号识别往往比较困难。在板结构采用兰姆波检测时,选取的检测频率应尽量在模式少、频散现象不明显的频段。板结构缺陷检测一般采用矩形脉冲激发宽带信号,宽带激励兰姆波检测的信号处理较复杂,对设备要求较高。通过传感器频率的选择,在板结构中激励的兰姆波具有一定带宽,且频带在传感器中心频率附近。

板结构中激励兰姆波主要有单探头、双探头方法与纵波斜射法、垂直耦合法两种方式。

(1) 单探头、双探头方法。采用一只探头同时进行超声导波信号的发射与接收即为单发单收方法;采用一只探头进行超声发射,另一只探头进行信号接收即为一发一收方法。在一发一收方法基础上还可以组成多个探头阵列来激励和接收兰姆波,即形成多通道兰姆波检测系统。

(2) 纵波斜射法和垂直耦合法。采用具有一定角度的透声锲使纵波以一定入射角度入射到板结构中,在板结构中激励出兰姆波即为纵波斜射法;采用超声直探头将纵波垂直入射到板结构中,在板中激励出兰姆波即为垂直耦合法。

超声导波检测技术的关键在于在波导中激发出单一模态的超声波,因此仪器需要有宽频域的激发特性。目前市场上较成熟的超声导波仪器一般集合了压电激发和电磁激发两种功能,能满足不同检测场景的需求,比较有代表性的是武汉中科制造的HS-900H高频电磁超声导波检测仪(见图7-10),是一款集成压电、电磁超声导波检测及测厚功能为一体的便携式设备,适用于各种板材、棒材、管材及金属容器等工件的腐蚀及内外检测。

7.1.2 薄壁管道中的周向超声导波

1) 管道中的周向导波

在均匀、各向同性半无限大弹性介质中只存在纵波和横波两种超声体波,它们以各自的特征速度向前传播而不会出现波型耦合。而在尺寸有限、横截面积不变的管道波导中,纵波和横波在传播过程中在边界处受到制约,不断地发生多次往复反射和

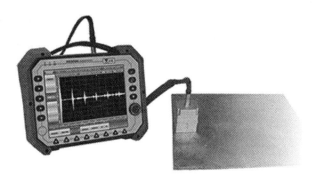

图 7 - 10　武汉中科创新 HS - 900H 型超声导波检测仪

模态转换,从而在管道波导内形成导波传播。沿管道圆周方向传播的导波称为周向导波。

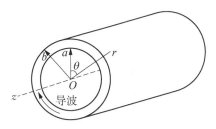

　　导波在空心圆柱内、外表面均为自由表面状况下的传播情况如图 7 - 11 所示。设薄壁空心圆柱的内径为 a、外径为 b,其边界条件为

$$\begin{cases} \sigma_{rr}=0 \\ \sigma_{r\theta}=0 \end{cases} \quad (7-15)$$

图 7 - 11　薄壁空心圆柱几何示意图

　　利用弹性力学理论以及圆管边界条件在 $r=a$ 或 $r=b$ 处进行推演,可以得到导波模态的频散方程:

$$|D_{nm}|=0 \quad (n,m=1,\cdots,4) \quad (7-16)$$

　　基于圆环形物体中周向导波频散方程推导得到管道中周向导波的频散方程如下。其中,$J_k(x)$、$Y_k(x)$ 为 k 阶的第一、第二 Bessel 函数;$\hat{\omega}=\omega b/c_{T}$;$\gamma$ 为材料的泊松比。

$$\eta=a/b,\ \kappa=c_{L}/c_{T}=\sqrt{2(1-\gamma)/(1-2\gamma)} \quad (7-17)$$

$$D_{11}=\frac{\hat{\omega}}{\kappa^2}\left[J_{\hat{k}-2}\left(\frac{\hat{\omega}}{\kappa}\right)+J_{\hat{k}+2}\left(\frac{\hat{\omega}}{\kappa}\right)-2(\kappa^2-1)J_{\hat{k}}\left(\frac{\hat{\omega}}{\kappa}\right)\right] \quad (7-18)$$

$$D_{13}=i\hat{\omega}^2\left[J_{\hat{k}-2}(\hat{\omega})+J_{\hat{k}+2}(\hat{\omega})\right] \quad (7-19)$$

$$D_{12}=\frac{\hat{\omega}}{\kappa^2}\left[Y_{\hat{k}-2}\left(\frac{\hat{\omega}}{\kappa}\right)+Y_{\hat{k}+2}\left(\frac{\hat{\omega}}{\kappa}\right)-2(\kappa^2-1)Y_{\hat{k}}\left(\frac{\hat{\omega}}{\kappa}\right)\right] \quad (7-20)$$

$$D_{14}=i\hat{\omega}^2\left[Y_{\hat{k}-2}(\hat{\omega})+Y_{\hat{k}+2}(\hat{\omega})\right] \quad (7-21)$$

$$D_{21}=\frac{\eta^2\hat{\omega}^2}{\kappa^2}\left[J_{\hat{k}-2}\left(\frac{\eta\hat{\omega}}{\kappa}\right)+J_{\hat{k}+2}\left(\eta\frac{\hat{\omega}}{\kappa}\right)-2(\kappa^2-1)J_{\hat{k}}\left(\frac{\eta\hat{\omega}}{\kappa}\right)\right] \quad (7-22)$$

$$D_{22} = \frac{\eta^2 \hat{\omega}^2}{\kappa^2} \left[Y_{\hat{k}-2} \left(\frac{\eta \hat{\omega}}{\kappa} \right) + Y_{\hat{k}+2} \left(\eta \frac{\hat{\omega}}{\kappa} \right) - 2(\kappa^2 - 1) Y_{\hat{k}} \left(\frac{\eta \hat{\omega}}{\kappa} \right) \right] \quad (7-23)$$

$$D_{23} = i\eta^2 \hat{\omega}^2 \left[J_{\hat{k}-2}(\eta \hat{\omega}) - J_{\hat{k}+2}(\eta \hat{\omega}) \right] \quad (7-24)$$

$$D_{24} = i\eta^2 \hat{\omega}^2 \left[Y_{\hat{k}-2}(\eta \hat{\omega}) - Y_{\hat{k}+2}(\eta \hat{\omega}) \right] \quad (7-25)$$

$$D_{31} = \frac{i\hat{\omega}^2}{\kappa^2} \left[J_{\hat{k}-2} \left(\frac{\hat{\omega}}{\kappa} \right) - J_{\hat{k}+2} \left(\frac{\hat{\omega}}{\kappa} \right) \right] \quad (7-26)$$

$$D_{33} = -\hat{\omega}^2 \left[J_{\hat{k}-2}(\hat{\omega}) + J_{\hat{k}+2}(\hat{\omega}) \right] \quad (7-27)$$

$$D_{32} = \frac{i\hat{\omega}^2}{\kappa^2} \left[Y_{\hat{k}-2} \left(\frac{\hat{\omega}}{\kappa} \right) - Y_{\hat{k}+2} \left(\frac{\hat{\omega}}{\kappa} \right) \right] \quad (7-28)$$

$$D_{34} = -\hat{\omega}^2 \left[Y_{\hat{k}-2}(\hat{\omega}) + Y_{\hat{k}+2}(\hat{\omega}) \right] \quad (7-29)$$

$$D_{41} = \frac{i\eta^2 \hat{\omega}^2}{\kappa^2} \left[J_{\hat{k}-2} \left(\frac{\eta \hat{\omega}}{\kappa} \right) - J_{\hat{k}+2} \left(\eta \frac{\hat{\omega}}{\kappa} \right) \right] \quad (7-30)$$

$$D_{43} = -\eta^2 \hat{\omega}^2 \left[J_{\hat{k}-2}(\eta \hat{\omega}) + J_{\hat{k}+2}(\eta \hat{\omega}) \right] \quad (7-31)$$

$$D_{42} = \frac{i\eta^2 \hat{\omega}^2}{\kappa^2} \left[Y_{\hat{k}-2} \left(\frac{\eta \hat{\omega}}{\kappa} \right) - Y_{\hat{k}+2} \left(\eta \frac{\hat{\omega}}{\kappa} \right) \right] \quad (7-32)$$

$$D_{44} = -\eta^2 \hat{\omega}^2 \left[Y_{\hat{k}-2}(\eta \hat{\omega}) - Y_{\hat{k}+2}(\eta \hat{\omega}) \right] \quad (7-33)$$

其中,元素 D 为关于频率、半径、角度的函数。对式(7-16)求解能够得到周向导波各模态的频散曲线。

由此会发现,当薄壁空心圆柱的曲率或壁厚减小到一定程度,薄壁空心圆柱可以近似看作一薄壁平板。薄壁空心圆柱的内、外表面可视为薄壁平板的上、下表面,则其上、下表面应力为零,与式(7-15)所述的薄壁空心圆柱边界条件相一致。将薄壁平板的频散方程中的直角坐标转换为圆柱面极坐标,可导出薄壁空心圆柱的频散方程,即可采用薄壁平板的频散曲线近似替代小曲率薄壁空心圆柱的频散曲线,如图 7-12 所示。图 7-12(a)和(b)分别为一薄壁板的相速度和群速度频散曲线。

由图 7-12 可以发现,除了 1 模态以外,2、3 模态具有截止现象。当频率大于截止频率时,该模态可以传播,当频率小于截止频率时,该模态急剧衰减、不能传播。对应某一频率,会同时出现两个或两个以上模态的波,但各个模态的波具有各个不同的群速度(相速度),且各个模态都存在群速度随频率变化而变化的频散现象。1、2 和 3 模态的相速度和群速度曲线表明,三条曲线随频率的不断增加均逐步趋于平缓,三个模态的频散程度也在减弱。由于导波的多模态特性严重影响了其应用于结构的无损检测,因而寻找激励单一导波模态以及抑制频散现象的方法成为管道周向导波技术

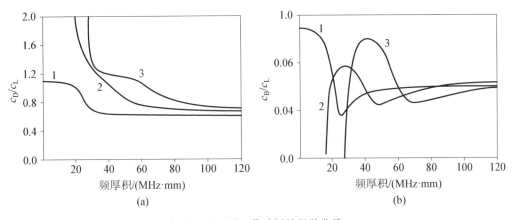

图 7 - 12　某一薄壁板的频散曲线

(a)相速度频散曲线;(b)群速度频散曲线

检测缺陷的关键。

2) 斜探头激励单一模态的周向导波

薄板结构中,当满足斯涅耳定律时可以利用斜探头激励出单一模态的导波。同理,在小曲率薄壁管道中也可激励出单一模态的周向导波。

利用斯涅耳定律,$\alpha = \sin^{-1}(c_L/c_p)$(其中 c_p 为相速度,c_L 为斜探头楔块块的纵波波速,α 为斜探头入射角),对斜探头纵波入射角与频率、模态的关系进行计算,得到如图 7 - 13 所示的频散曲线。入射角与频率频散曲线表明,斜探头纵波入射角为 30°、40°和 50°时,在频率为 1 MHz、1.5 MHz 和 2.0 MHz 处均可激励出 3 模态周向导波。

单一模态激励实验装置如图 7 - 14 所示,由实验管道、导波检测仪器和超声换能器组成。为使被激励的信号在传播过程中频散现象尽可能地降低,原理上激励信号应选取单频信号。考虑到严格的单频信号很难产生,在实验中只能选择频带较窄的信号。经功率放大器进行功率放大作用于激励超声换能器(斜探头),使得在试件中产生特定频率的超声导波;反射信号接收后,经放大器放大,在显示器上显示。管道的规格为 $\Phi 89 \text{ mm} \times 5 \text{ mm}$,超声换能器为 1 MHz 斜探头。斜探头通过耦合剂作用于试验管道的表面,用于激励和接收。在实验中选取激励信号为经汉宁窗调制的正弦信号,其振荡周期为 10 周。经功率放大器放大后,峰峰值可达 150 V。这种窄带激励既可以提高信号强度,又可增加导波的传播距离,其典型的时域波形和频谱图如图 7 - 15 所示。

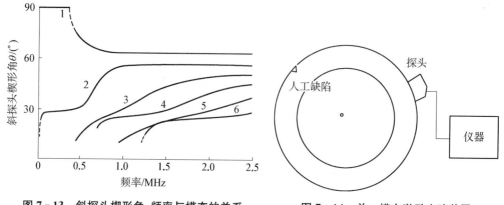

图 7‑13　斜探头楔形角、频率与模态的关系　　　图 7‑14　单一模态激励实验装置

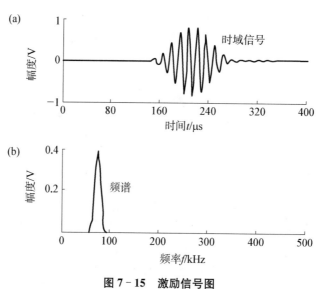

图 7‑15　激励信号图

(a)时域波形图；(b)频谱图

在实验时，考虑到斜探头中楔块的厚度与激励探头和接收探头之间的距离相比不可忽略，因此，在实验确定波在试件中的传播时间时要予以修正。假设波在两个斜探头楔形块中传播的时间为 t_T，实验时在示波器上显示的激励与接收信号的时间差为 t_S，则波在激励探头与接收探头之间传播所需的时间为 $t = t_S - t_T$。经过实验测定，在 1 MHz、1.5 MHz 和 2.0 MHz 时，波在一对 30°、40° 和 50° 探头楔块（采用如图 7‑16 所示的对置方式）中的传播时间分别为 8 μs、9 μs 和 11 μs。图 7‑17(a)、图 7‑17(b) 和图 7‑17(c) 分别为一对 30°、40° 和 50° 探头在 Φ89 mm×5 mm 空心钢管表面，且工作频率分别为 1 MHz、1.33 MHz 和 2.2 MHz 时接收到的波形。需要提到的是，探头的布置符合楔形探头激励导波的一致性原理。

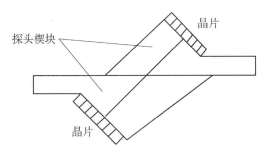

图 7 - 16　探头时间测定示意图

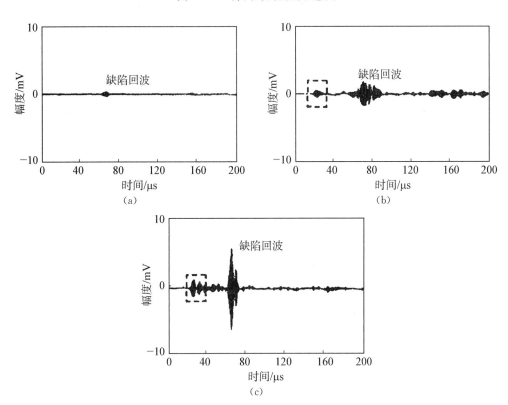

图 7 - 17　不同角度斜探头、不同频率激发的周向导波

(a)30°斜探头,1 MHz;(b)40°斜探头,1.33 MHz;(c)50°斜探头,2.2 MHz

如图 7 - 17 所示,数据分析表明,3 模态波包的时域位置与图 7 - 12 所示的群速度曲线基本相符,并且可以明显地看出,已经激励出以单一模态为主的周向导波。另外,当探头第一次接收到模态之后经过圆周 360°,又接收到该模态的信号,不过第二次接收到的信号相对于第一次所接收到的信号衰减很大。观察发现,采用 50°探头、2.2 MHz 所激励出来的周向导波信噪比最大。

经过计算与对比,图 7‑17 中缺陷回波位置的相对误差为 8.50%、3.95%、1.51%(见表 7‑1),其中缺陷回波误差的产生主要是由于斜探头与管道为平面与曲面的接触方式,接触面的不完全匹配导致了误差的产生;另外,斜探头与管道为线接触,也导致了能量传播的损失,这就是三种情况的缺陷相对误差各不相同的原因。另外需要说明的是,三个缺陷回波图的幅度有明显的不同,但是并不能说明模态在哪一频率下对缺陷有更好的检测效果,因为斜探头采用耦合剂与管道耦合,耦合剂的使用量、耦合剂的类型和对探头施压力的大小等都会对接收到的信号产生影响。即使如此,目前至少还是可以通过缺陷回波的时域位置来确定缺陷的位置。

表 7‑1　人工缺陷发射波数据

参数	单位	探头		
		30°	40°	50°
$t_{实际}$	μs	66	74	65
$t_{理论} = \dfrac{\gamma(5\pi/4)}{c_p} + t$	μs	60.83	77.04	64.03
$\Delta = \dfrac{t_{实际} - t_{理论}}{t_{理论}} \times 100\%$	%	8.50	3.95	1.51

3) 管道导波检测中激发频率的选择及灵敏度分析

针对电厂中的热交换管采用超声导波检测,依据导波的频散曲线,选定了检测的最佳导波模式 $L(0,2)$,并求得管道中 $L(0,2)$ 模式在管内壁、管外壁和管壁中央的位移分布、应力分布和总能量密度分布状况,如图 7‑18 所示,从而选取该模式检测

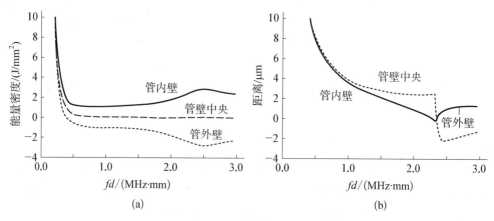

图 7‑18　$L(0,2)$ 模式的能量分布和位移分布曲线

(a)能量分布曲线;(b)位移分布曲线

特定管道的频厚积,导波传播过程中能量的泄漏对检测灵敏度起决定性作用。

纵向模式导波每个振荡周期的能量泄漏根据 Rose 等的理论可表示为

$$\langle Er \rangle = Aur^* \sigma_n \tag{7-34}$$

式中,A 为常数;ur^* 为管道内、外表面上径向位移分量的复共轭;σ_n 为内外表面上的径向应力分量。

式(7-34)表明,管壁上内、外表面处径向位移分量越大,超声能量泄漏也越大。在图 7-19 中对比管壁上径向位移 ur^* 和轴向位移 uz^* 分布曲线显示,当频厚积为 0.5 MHz·mm 左右时,$L(0,2)$ 模式的径向位移较小,而轴向位移较大。位移分布曲线显示,用 1.0 MHz 的频率激发 $L(0,2)$ 模式时,灵敏度比较高。应力分布曲线显示,在 0.1 MHz·mm 以下,$L(0,2)$ 模式的轴向应力较大,但在此频厚积以下,$L(0,2)$ 模式的群速度小,且频散性较强,径向位移分量较大,所以,当 $f_d < 0.1$ MHz·mm 时不适合检测;而在 $f_d > 1.0$ MHz·mm 时,$L(0,2)$ 模式在管内外表面上的轴向应力减小,所以,在 1.0 MHz 下检测是合适的。

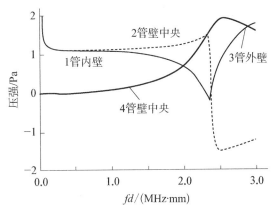

1~3—轴向应力;4—径向应力。

图 7-19　$L(0,2)$ 模式的轴向和径向应力分布曲线

总能量密度是应变势能密度与动能密度之和,$L(0,2)$ 模式的总能量密度分布曲线如图 7-20 所示。对于轴对称纵向导波的情况,总能量密度为

$$\text{TED} = \frac{1}{2}\left(\sigma_{rr}\frac{\partial u_r}{\partial r} + \sigma_{\theta\theta}\frac{u_r}{r} + \sigma_{zz}\frac{\partial u_z}{\partial z}\right) + \frac{1}{4}\sigma_{rz}\left(\frac{\partial u_z}{\partial z} + \frac{\partial u_z}{\partial r}\right) + \frac{\rho}{2}\left[\left(\frac{\partial u_r}{\partial l}\right)^2 + \left(\frac{\partial u_z}{\partial l}\right)^2\right]$$

$$\tag{7-35}$$

式中,$\sigma_{\theta\theta} = \left(\dfrac{\lambda+2\mu}{r}\right)\mu_r + \lambda\left(\dfrac{\partial \mu_r}{\partial r} + \dfrac{\partial \mu_z}{\partial z}\right)$;$\rho$ 为管材的密度;σ_{rr},$\sigma_{\theta\theta}$,σ_{rz},σ_{zz} 为各方

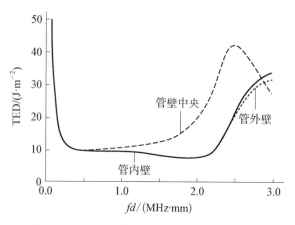

图 7-20　$L(0,2)$ 模式的总能量密度分布曲线

向上的应力。

4）探头的结构

整个检测系统里面，传感器的发射与接收性能非常重要。传感器需要有足够的发射和接收信号的能力，保证足够的灵敏度和分辨率；管道通常需要在多处检测，故要求探头体积小，且结构上利于装卸。

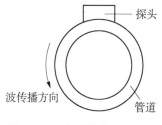

图 7-21　激励管道周向导波

（1）敏感元件的选取。压电陶瓷具有适应性好、稳定性高、价廉等优点，且具有足够的信号发射和接收灵敏度，具有较宽的频率范围，因此，一般都选择压电陶瓷作为探头的敏感元件。采用压电陶瓷通过有机玻璃楔块斜入射纵波在管道中激励导波，如图 7-21 所示。探头所选用的 PZT-5 压电陶瓷具有机电耦合系数和压电常数较高、损耗小、稳定性高等特点。其性能参数如下：密度 $\rho = 7\,700$ kg/m³；压电应变常数 $d_{31} = -195 \times 10^{-12}$ C/N；机电耦合系数 $k = 0.73$；损耗因子 $\tan\delta = 0.015$。压电陶瓷上、下表面镀有银电极，为接线方便，将下表面的电极延伸到压电陶瓷侧面。

（2）探头的背衬。探头中电脉冲信号施加到压电晶片时，压电晶片辐射的声能向前方和后方两个方向辐射。前方声辐射超声波是检测有效利用的，而后方辐射超声波返回晶片后形成干扰波，向后辐射声能需通过背衬材料的吸收来消除干扰。背衬材料的声阻抗及吸声性能将直接影响探头的性能。

环氧树脂添加钨粉混合是常用的背衬材料，调节其配比容易获得不同的声阻抗，具有良好的吸声性能。在窄频带激励方式下工作的探头，要求探头的轴向分辨率好。经试验发现，采用比例为 1∶3 的环氧树脂与钨粉混合物作为背衬材料，探头的激励接收效果最佳。

（3）探头的外形设计。探头外形设计需考虑以下两点：①探头的接触面与管道有良好的耦合，保证超声能量更好地入射到管道中；②能够准确定位。外壳还应能够保护壳里的换能器件不受损伤。例如，将探头设计为长方体，并将其底面设计成与管道外形匹配的弧形，探头的外形成型后如图 7 - 22 所示。

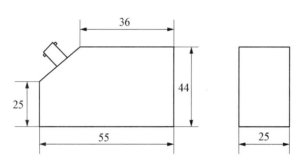

图 7 - 22　20 mm×20 mm 晶片探头外形（单位：mm）

5）对比试样

在管道周向导波检测时灵敏度和缺陷的评定参照《无缝钢管超声波探伤检验方法》（GB/T 5777—2008）和 NB/T 47013.3—2015。标样管的加工按照上述两项标准的规定执行。

（1）对比样管制作的规定。对比试样用钢管与被检钢管应具有相同的尺寸及相似的化学成分、表面状况、热处理状态和声学性能。制作对比试样用钢管不得有影响检测设备综合性能测试的自然缺陷。

（2）人工缺陷形状。检测纵向缺陷和横向缺陷所用的人工缺陷应分别平行于管轴的纵向槽口和垂直于管轴的横向槽口，其断面形状可以为矩形或 V 形，如图 7 - 23 所

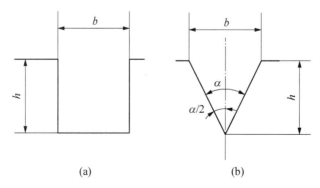

图 7 - 23　样管人工缺陷形状示意图

（a）矩形槽口；（b）V 形槽口，$\alpha=60°$

示。矩形槽口的两个侧面应相互平行且垂直于槽口底面。当采用电蚀法加工时,允许槽口底面和底面角部略呈圆形。V形槽的夹角应为60°,其规格及尺寸符合表7－2中的规定。

表7－2　V形槽的尺寸

级别	深度			宽度	长度		推荐适用范围
	(h/t)/%	最小深度/mm	允许公差/%		规定值/mm	允许公差/mm	
C3	3	0.07	±10	不大于深度的2倍,最大为1.5 mm	5	±0.3	航空不锈钢管
C5	5	0.07	±10		7	±0.5	
		0.20	±15		20～40	±2.0	冷加工高压锅炉钢管及其他不锈钢管
C8	8	0.15	±10		10～25	±0.5	其他不锈钢管
		0.40	±15		20～40	±2.0	热加工高压锅炉钢管
C10	10	0.40	±15		20～40	±2.0	其他用途钢管
C12	12.5	0.40	±15		20～40	±2.0	

（3）试样的制备和要求。钢管对比试样应选取与被检钢管规格相同、材质、热处理工艺和表面状况相同或相似的钢管制备。对比试样不得有大于或等于$\Phi2$ mm当量的自然缺陷。

钢管试样人工缺陷的尺寸、V形槽尺寸和位置应符合图7－24和表7－3中规定。

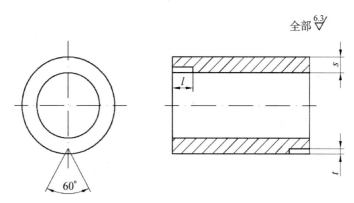

图7－24　对比试样

表 7 - 3　对比试样上人工缺陷尺寸

级别	长度 l/mm	深度 t 占壁厚的百分比/%
I	40	5(0.2 mm≤t≤1 mm)
II	40	8(0.2 mm≤t≤2 mm)
III	40	10(0.2 mm≤t≤3 mm)

(4) 检测要求如下。

① 检测准备。检测时,先去除管子外表面任意 50 mm 宽放置导波探头区域的油漆、氧化皮等,如图 7 - 25 所示,使管道表面与探头圆弧有良好的接触和声耦合,耦合剂采用黏度较大的机油。

导波在无缝薄壁钢管内传播时,在管内、外壁的振动位移形态相仿,对管道内、外壁上的同等缺陷有着相近的检出能力。导波与裂纹等危险性缺陷相互作用时,反射波信号强烈;而对于内、外壁上的腐蚀坑等缺陷,由于其反射声压低,动态变化反应迟缓,因此容易区分。

② 扫查方式。探头在管道的一条线上移动,可不做前后移动。探头移动到达指定位置后,将探头翻转 180°再往回移到起始位置,即完成扫查,如图 7 - 26 所示。

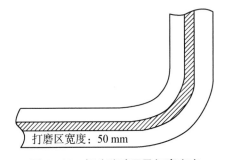

图 7 - 25　探头移动区及打磨宽度

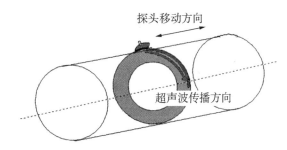

图 7 - 26　扫查方式

③ 探头的选择。检测频率一般为 0.3～1 MHz。原则上优先选择工作频率为 1 MHz 的探头,对于直径大于 273 mm、壁厚大于 30 mm,且内、外壁腐蚀较严重的管道,宜选择较低频率的探头。

对于直径小于等于 89 mm 的管子,应选择 8 mm×12 mm 的晶片。对于直径大于 89 mm 的管子,应选择 20 mm×20 mm 的晶片。

检测时应对探头接触面进行修磨,使探头接触面的曲率半径与被检测管子曲率半径之差小于 10%。探头接触面修磨后,应注意探头入射点和折射角的变化,保证导波模态不发生变化,如图 7 - 27 所示。

对于直径大于 500 mm 的管道，检测时可不修磨探头接触面。

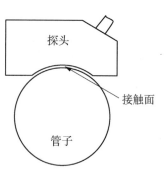

7.2 超声导波检测设备及器材

目前，超声导波检测设备已经由早期的分体式结构（即由检测模块和便携式电脑共同组成）发展到了便携式、集成化的通用设备，图 7‑28 所示即为武汉中科创新 HS900L 型超声低频导波检测仪。超声导波检测设备及器材主要分为三大部分：主机系统、探头及试样。

图 7‑27　探头接触面的修磨

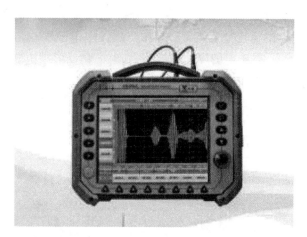

图 7‑28　中科创新 HS‑900L 型超声导波检测仪

7.2.1　主机系统

主机系统主要包括数据采集及软件程序两部分。

1）数据采集

数据采集系统的流程如图 7‑29 所示，两路接收探头检出微弱的交变感应信号；前置放大电路进行阻抗变换和低噪声信号放大；多级滤波电路滤除不相关的信号；放大电路进行程控放大；数字滤波器完成反卷积滤波（动态滤波）；模‑数转换电路完成数字波形信号转换；相控合成电路将两路信号移相相差 90°后叠加合成；数字滤波器实现窄带滤波（比如多次平均和小波变换处理等），提高信噪比；检波压缩电路将信号压缩为包络脉冲回波并检出回波检测的有关特征数据，在波形存储器中保存；波形数据和检测数据最终于嵌入式系统读出。

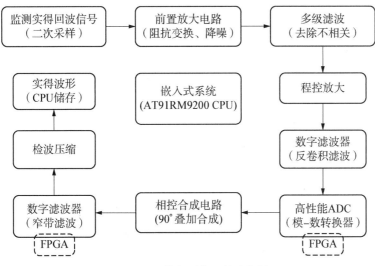

图 7 - 29　数据采集系统流程图

现场可编程门阵列(FPGA)是连接中央处理器(CPU)与模-数转换器(ADC)的桥梁,它负责对采样信号进行数字滤波、检波压缩等相关处理后再交给 CPU 进行后续处理,处理后的波形数据存在数据存储器中,并通过网络接口发送给上位机。

2) 软件程序

系统软件采用结构化、模块化的程序设计方法,各模块均具备独立功能,程序结构清晰,便于系统的功能扩充和维护。

(1) 主控模块。基于超声检测工艺设计的,用于控制检测流程。通过该模块调用相应的显示、检测、分析模块以实现检测数据的采集、处理、分析等功能。该模块采用多级中文菜单方式,提示用户根据流程进行仪器操作。

(2) 显示模块。可显示回波波形、报警闸门、检测范围、测量结果等,并能根据用户设置显示不同的成像模式。

(3) 检测模块。实现检测数据采集、处理和成像;具有超声导波模态选择频散曲线功能;具备对回波信号进行数字滤波、小波降噪、数字平均等多种功能,去噪过程不影响波高和精度;具备导波声速自动校准功能;具备全数据记录保存功能。

(4) 分析模块。实现实时分析与离线分析功能;能对全信息记录的检测结果进行分析和评估,重现波形及检测结果;显示通道功能及检测参数信息;输出检测结果及缺陷统计报告等。

(5) 仪器性能测试模块。根据检测工艺要求,检测仪应具有性能测试功能,测试标准采用《A 型脉冲反射式超声探伤仪通用技术条件》(JB/T 10061—1999),测试项目包括电噪声电平、垂直线性误差、动态范围等 12 项。当选择仪器性能测试菜单项时,系统能参照 JB/T 10061—1999 自动进行性能测试,并给出提示信息及测试结果。

7.2.2 超声导波探头

超声导波探头有很多种,分类方法也不一样。比如,按探头激发方式分有压电陶瓷(PZT)探头、电磁超声(EMAT)探头、磁致伸缩(MsS)探头、脉冲激光探头和聚偏二氟乙烯(PVDF)探头;按探头激励与接收导波模式还可以分为扭转导波探头、弯曲导波探头、纵向导波探头以及复合导波探头;按探头与被检工件的接触方式可分为接触式超声导波探头和非接触式超声导波探头。本节主要介绍常用的电磁超声(EMAT)探头和压电导波探头。

1) EMAT 探头

电磁超声导波的激发和接收主要通过电磁超声换能器来完成。EMAT 换能器通常由线圈、磁铁和待测试件三部分组成,其中线圈和磁铁两部分称为 EMAT 探头。线圈是由导线绕制成的,有各种各样的几何形状。电磁超声探头在第 6 章中已做了详细的介绍,故以下只对 EMAT 探头的结构做简单概述。

(1) 磁铁。磁铁的主要作用是在金属板材表面施加静磁场。该静磁场相对于板材的表面,一般为水平方向或者竖直方向。磁铁可以应用电磁铁或者永磁铁,甚至是更有实际应用价值的脉冲电磁铁。

但是实际检测铁磁性金属板材(如钢板)时,其磁致伸缩曲线很难精确测绘,因此,电磁超声导波 EMAT 的磁铁设计通常以经验为主。而在检测非铁磁性金属板材(如铝板)时,通常在不影响实用性的基础上尽量增大磁铁所能提供的静磁场。

(2) 线圈。最简单的线圈就是一根通电直导线放在试件表面,但是为了提高EMAT 换能器的换能效率,也为了能够方便地产生各种不同类型的超声波,往往制作各种不同几何形状的 EMAT 线圈。常用的线圈形式如图 7-30 所示,其中较为常用的是曲折线圈。

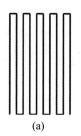
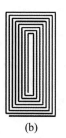

(a)   (b)   (c)

图 7-30 常用 EMAT 线圈

(a)曲折线圈;(b)长方形螺旋线圈;(c)跑道线圈

2) 压电导波探头

对压电导波探头的研制主要考虑以下几个方面:选择压电元件;采用合适的背衬材料及其配比;选用保护膜的材料、厚度及合理的外形设计。其具体理论内容已在7.1.2 节中详细介绍,下面只简要概括。

(1) 压电元件。由导波在管道中传播时的频散曲线可以看出:$L(0, 2)$ 模态在 $40 \sim 100\ kHz$ 的频率范围内是一种速度最快、几乎没有频散的模态。基于该模态的特性,希望能够用探头激励出这种模态,并且尽可能地抑制其他模态。由于压电陶瓷具有方便、价廉、灵敏度高、频率响应快、技术完善等优点,因此,一般情况下都选择压电陶瓷作为探头的制作材料。具体制作时,在压电陶瓷上、下表面镀以银电极,为引线方便,把底面的电极延伸到上表面。长度伸缩型压电陶瓷的伸缩模式如图 7 - 31(a) 所示。在压电陶瓷的上、下表面施加电压,压电陶瓷就会产生如图 7 - 31(b) 所示的变形;反之,当压电陶瓷受到力 F_1、F_2 的作用时,就会在上、下表面产生电荷。

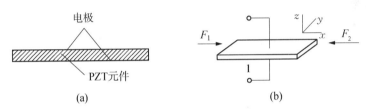

图 7 - 31　长度伸缩型压电元件示意图

(a)长度伸缩型压电元件基本结构;(b)电场垂直于长度方向的长度伸缩模式

(2) 背衬材料。背衬块类似无限大的吸声媒介,使向后辐射的声能几乎全部消耗在其中。背衬材料的声阻抗、吸声性能将直接影响换能器的技术指标,如频带宽度、灵敏度、脉冲回波持续时间等。

(3) 匹配层。为了防止探头机械损坏、媒质腐蚀以及实现电绝缘,必须在其外面包覆适当材料,主要起到保护和阻抗匹配的作用。

7.2.3　试样

超声导波检测所用的试样包括校准试样和对比试样。校准试样用于对检测设备进行灵敏度和各种功能的测试;校准试样一般选用无缝钢管制作,截面损失率为3%、6%和9%的横向环形切槽各一个,切槽的宽度为 $0.5 \sim 2\ mm$,深度方向的公差不大于 $\pm 0.2\ mm$。对比试块用于对被检测构件上缺陷截面损失率当量的评定;对比试块应采用与被检测构件材料性能及几何形状相同或相近的材料制作,试样的长度至少为仪器可探测9%截面损失率人工缺陷距离的 1.2 倍,且不小于 12 m。

7.2.4 检测设备及器材的运维管理

为了保证仪器设备的功能及正常使用,应制定书面规程,对检测设备进行周期性维护和检查,主要包括以下内容。

(1) 在现场进行检测之前,应在实验室内选择相应规格的校准试件对检测仪器进行校准,若检测结果与已知试件缺陷分布相符,则表明仪器正常。

(2) 在现场进行检测时,如怀疑设备的检测结果,则应对设备进行功能检查和调整,并对每次维护检查的结果进行记录。

(3) 每年至少对标准试样与对比试样的表面腐蚀与机械损伤进行一次核查。

7.3 超声导波检测通用工艺

超声导波检测通用工艺根据被检对象、检测要求及相关检测标准进行确定,主要包括检测面的选择和准备,仪器、探头、试样的选择,扫描速度和检测灵敏度的调节,检测及结果评定等基本步骤。

1) 检测面的选择和准备

检测表面应无液体或污垢等固体残留物以及可能影响检测的其他障碍物。当采用电磁激发时,可以保留不影响检测结果与检测对象结合完好的涂层。

2) 仪器与探头的选择

根据《无损检测 磁致伸缩超声导波检测方法》(GB/T 28704—2012),超声导波检测仪器应具有信号激励、滤波放大、数字化采集、波形显示、分析与存储的功能。激励信号的频率、幅值、周期数以及重复频率可调;数据采集频率不低于激励信号最高频率的 10 倍,应具有与信号激励同步的功能;检测信号应能实时存储,以备后续分析;具有绘制和存储距离-波幅曲线的功能;具有时基和距离显示两种方式,且可实现波形局部放大;仪器能够分析缺陷的位置和截面损失率当量,有截面损失率报警功能等。

根据检测对象的材料和规格选择激发探头,主要包括激发频率选择、线圈类型选择以及超声导波模态选用。超声导波的激发方式可根据检测条件选择电磁激发或压电激发两种方式。

探头的类型应根据模态、检测频率、检测对象规格等因素来确定,所激励的超声导波宜是单一模态。根据检测对象规格对应的频散曲线,选取频散较小或非频散区域对应的频率作为激励频率。具体选择时还需要考虑被检测试件几何形状、试件材料是否导磁或导电、工作环境温度、是否存在保温层以及检测目的和可能出现的缺陷类型等。

3) 试样的选择

不同的检测对象需要不同的校准试样,通过校准试样来选择仪器的最佳频率、入射角、调节灵敏度以及对仪器的系统功能进行调试等。

对比试样用于对被检测工件上缺陷截面损失率当量的评定。对比试样应采用与被检对象的材料性能、几何形状相同或相近的材料制作。

4）扫描速度的调节

选择相应规格的校准试样对检测仪器进行校准，并应对工件超声导波声速进行校准。调整仪器时基扫查范围应大于声束传播路径的 1.2 倍。

5）检测灵敏度的调节

根据校准试样绘制距离-波幅曲线。调整仪器增益，使参考反射体回波幅度为 80%的满屏高并以此为检测灵敏度。设定记录灵敏度为 20%满屏高。

6）检测及结果评定

超声导波检测结果与常规超声检测评定有所不同，超声导波缺陷大小表示为金属截面损失率（缺陷损失面积与整个试件截面面积之比），检测中一般以试件法兰或焊缝回波作为参考点，根据反射信号幅度、距离确定缺陷大小和距离。依据检测标准或合同要求出具检测报告。

7.4　超声导波检测技术在电网设备中的应用

7.4.1　GIS 组合电器壳体焊缝超声导波检测

某 220 kV 变电站 GIS 组合电器，其罐体全长 2 m，外径 Φ774 mm，壁厚 8 mm，材料 5A02－H112，罐体上有 2 条纵缝（前侧纵缝编号为 8），3 个内窥孔（编号分别为 3、4 和 5），2 个法兰端面（编号为 1 和 2），2 个支架（编号为 6 和 7），罐体内部各种电气设备已经安装完毕，SF6 气体已经充好，如图 7－32 所示。现用超声导波检测技术对其

图 7－32　GIS 组合电器

243

进行无损检测评价。现场具备超声导波检测仪器及探头、耦合剂、对比试块。参考的检测标准为《无损检测 超声导波检测 总则》(GB/T 31211—2014)。

（1）仪器设备及探头。选用 OmniScan MXI 导波检测仪及探头。

（2）试样。依据 GB/T 31211—2014，制作对比试样，要求对比试样与被检组合电器罐体材质一致，直径为 557 mm，厚度为 8 mm，试样上加工 Φ2 mm 通孔。

（3）仪器调节及曲线制作。选择 S1 模态导波的超声导波成像系统，在对比试块调整好仪器的扫描速度，以 Φ2 mm 通孔绘制距离-波幅曲线。

（4）检测。检测前，先对组合电器罐体进行外观检查，在外观合格基础上，对检测面上所有影响检测的损伤进行一定的修磨，保证其不影响检测结果的有效性。

使用超声导波成像系统对该罐体进行纵向扫查，如图 7-33 所示。

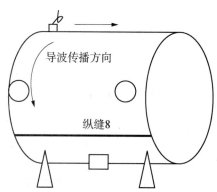

图 7-33 GIS 组合电器壳体焊缝超声导波扫查示意图

（5）缺陷定量。超声导波检测数据，如图 7-34 所示，其横坐标表示探头扫查的

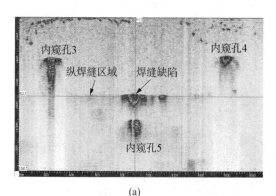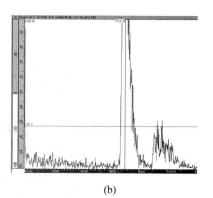

(a) (b)

图 7-34 GIS 组合电器壳体焊缝扫查数据图

(a)纵向扫查结果图；(b)A 扫描波形图

轨迹,探头从左端法兰端面沿长度方向移动至右端法兰端面;纵坐标表示超声的声程(即反射波离探头前沿的距离)。检测仪器自动给 A 扫描彩色编码,波幅高的赋予红色。

从横坐标可看出距离扫查起始点 240 mm 的内窥孔 3、900 mm 处的内窥孔 5 和 1 620 mm 处的内窥孔 4。从纵坐标可以看出内窥孔 3 和 4 距离探头前沿 400 mm,焊缝区域距离探头前沿 700 mm,内窥孔 5 距离探头前沿 1 000 mm。这些都与实际参数吻合。此外,在焊缝区域,距离扫查起始点 911 mm 及 1 100 mm 处,清晰地显示了缺陷图像,该缺陷的 A 扫描波形如图 7 - 34(b)所示。

因此,采用超声导波成像检测技术,只经过两次纵向扫查,就得到了完整体现罐体状况的数据图,不仅显示了固有结构信息,显示了焊缝区域,还显示了罐体上的损伤区域,相当于罐体的 C 扫描图。相比传统超声技术的逐点检测,使用超声导波成像技术大大提高了检测效率。

7.4.2　输电线路钢管塔圆柱形直缝钢管杆超声导波检测

某供电公司 110 kV 钢管塔钢管为直缝焊接圆柱形钢管,如图 7 - 35 所示,长度为 9.9m,壁厚为 10 mm。采用超声导波 B 扫描成像以及 A 扫描对钢管杆筒体进行检测。检测标准:GB/T 28704—2012,《无损检测　应用导则》(GB/T 5616—2014),GB/T 31211—2014。

图 7 - 35　110 kV 钢管塔直缝焊接圆柱形钢管

1) 仪器与换能器

仪器:MSGW30 型超声导波检测仪(MSGW30 型磁致伸缩超声导波检测系统)。

换能器:换能器分为 MGZS064 和 MGZS128,即可实现 20～200 kHz 宽频扫查。当检测距离较远时,可选用 MGZS064;当检测距离较近时,可选用 MGZS128。

2) 仪器设定与换能器安装

仪器设定:根据钢管杆的材质、厚度、直径、长度等相关参数,在检测软件界面设置相应的波速、功率、增益、检测距离以及发射频率。

换能器安装:

(1) 检测点选取:在距离钢管杆一端面 100 mm 处选取检测位置。

(2) 被检构件表面处理:先用砂纸在检测点的位置进行打磨,去掉上面的铁锈、灰尘,露出钢管杆的本体颜色。

(3) 用磁化器将带材进行磁化,将耦合剂均匀涂抹在带材上,将涂有耦合剂的带材缠绕在钢管杆上,让其固紧,静置 20 分钟左右。

3) 距离-波幅曲线的绘制

应根据被检构件的材料、规格及几何特征,在实验室内选择相应符合规定的对比试件,绘制距离-波幅曲线。该曲线由记录线、评定线和判废线组成。记录线由 3% 横截面损失比的人工缺陷反射波幅直接绘制而成,评定线由 6% 横截面损失比的人工缺陷反射波幅直接绘制而成,判废线由 9% 横截面损失比的人工缺陷反射波幅直接绘制而成。记录线以下(包括记录线)为Ⅰ区,记录线与评定线(包括评定线)之间为Ⅱ区,评定线与判废线之间为Ⅲ区,判废线及其以上区域为Ⅳ区,如图 7-36 所示。

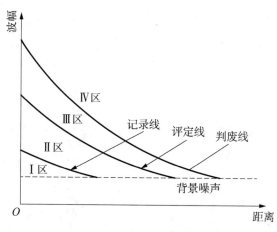

图 7-36 距离-幅值曲线

4) 检测

检测时,可以选用单一频率、多种频率以及扫频方式对检测工件进行扫查检测,并对内外腐蚀缺陷进行判断;若被检构件的长度较长时,应该用低频进行扫查检测;若被检构件长度较短时,应该用高频进行扫查检测。根据检测钢管杆的长度,选用 MGZS128。

5) 信号分析

检测信号及结果如图 7-37、图 7-38 和图 7-39 所示。根据钢管杆的特征,进行部分特征定性分析(见表 7-4)。

图 7‑37　直缝焊接圆柱形钢管导波 B 扫描图

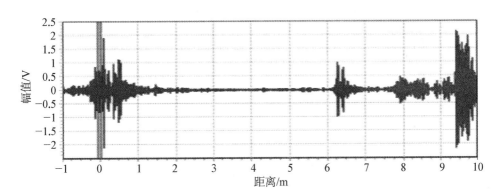

图 7‑38　直缝焊接圆柱形钢管导波 A 扫描图(射频模式)

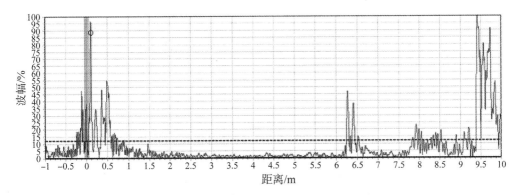

图 7‑39　直缝焊接圆柱形钢管导波 A 扫描图(全波模式)

表7-4 钢管杆中B扫描检测特征定性分析

类别	B扫描成像特点	典型特征结构
全周向特征	在同一轴向距离下钢管杆所有周向位置均有回波	焊缝、法兰等
单一周向特征	在某一轴向距离下钢管杆周向含有某一特征	内(外)缺陷、外部焊接支架等

通过A扫描图形的波形分析可以看到,左侧为端面信号的峰值,右侧6.5 m处为缺陷信号的幅值,10 m处为右端面信号。

6) 缺陷评定

根据上述分析结果和判定的依据,对结果进行处理,如表7-5所示,对非结构特征信号进行判断与标注。首先应排除反向波及其噪声信号。其次,将超声导波B扫描检测发现的缺陷信号与距离-幅值曲线进行比对分级,反射波幅在Ⅰ区的为Ⅰ级,反射波幅在Ⅱ区的为Ⅱ级,反射波幅在Ⅲ区的为Ⅲ级,反射波幅在Ⅳ区的为Ⅳ级。最后,对不同等级的信号进行分级处理。

表7-5 超声导波缺陷信号等级及其处理表

回波信号强度等级	数值范围	处理意见
Ⅰ级	3%线以下	记录在案
Ⅱ级和Ⅲ级	3%线~9%线	复验由检验员决定
Ⅳ级	9%线以上	采用其他无损检测方法复验

通过上述检测结果可以看出,在6.5 m位置出现缺陷波形,由信号幅值可以看出,介于Ⅱ级和Ⅲ级之间。经验证,缺陷为钢管的割槽,如图7-40所示。

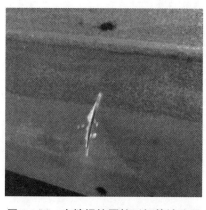

图7-40 直缝焊接圆柱形钢管缺陷图

7.4.3 接地网圆钢腐蚀状态超声导波检测

某公司变电站杆塔位于农田中(见图7‑41),土壤环境较为湿润。接地网圆钢直径为14 mm。利用接地电阻测试仪对其接地电阻进行测量,测量结果符合要求。根据要求,对该杆塔进行超声导波检测,以确定其埋在土壤下面部分的腐蚀情况。

图 7‑41 某公司变电站杆塔概貌

1) 仪器与传感器

仪器:接地网超声导波检测专用仪。

传感器:采用三磁路的侧面加载电磁声传感器。

2) 仪器设定与传感器安装

传感器安装如图7‑42所示,接地网地线分布如图7‑43所示。

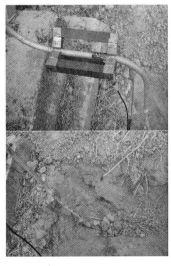

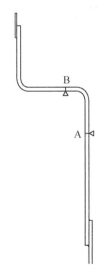

图 7‑42 传感器安装图 　　图 7‑43 地线分布图

接地网圆钢直径为 14 mm,A 点距上端点为 710 mm,B 点距上端点为 450 mm,距下端点为 750 mm,激励信号采用汉宁窗调制的 5 周期正弦信号,激励电压为 250 V,增益为 80 dB。

3）检测及结果分析

激励信号采用汉宁窗调制的 5 周期正弦信号,激励电压为 250 V,增益为 80 dB。检测结果如图 7 - 44 和图 7 - 45 所示。同样对 0.3～1.2 ms 范围内的检测信号进行分析。对于检测点 A,计算得出该时间范围内信号的有效值为 0.135 V。对于检测点 B,计算得出该时间范围内信号的有效值为 0.152 V。从检测结果看,密集分布了多处检测回波,与前面端面回波幅值相当,且整个范围内信号有效值整体较高,分析认为应该存在较强腐蚀。

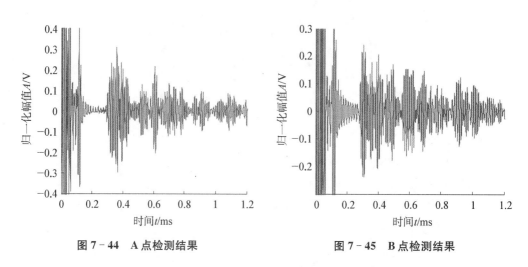

图 7 - 44　A 点检测结果　　　　图 7 - 45　B 点检测结果

4）检测结果验证

为验证以上结果,对该杆塔接地网进行了局部开挖,并对开挖点进行检测。开挖后地线局部图及分布图如图 7 - 46 和图 7 - 47 所示。开挖后发现,接地网存在腐蚀,且多处局部腐蚀严重,直径明显变细,且腐蚀物与土壤形成的复合物已紧密包裹在圆

图 7 - 46　接地网地线实物图

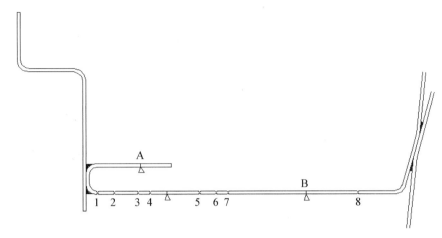

图 7-47　接地网地线示意图

钢外部,形成致密包裹层,如图 7-48 所示。图中标出 8 处出现严重腐蚀的位置。

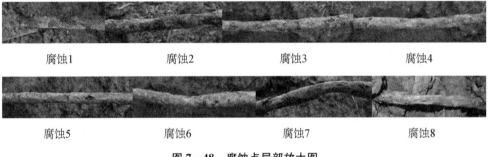

腐蚀1　　　　腐蚀2　　　　腐蚀3　　　　腐蚀4

腐蚀5　　　　腐蚀6　　　　腐蚀7　　　　腐蚀8

图 7-48　腐蚀点局部放大图

　　在 A、B 两个检测点,使用接地网超声导波检测仪采用自发自收方式进行检测。由于此处地线腐蚀情况比较严重,三磁路无法安装,故传感器采用两磁路式磁致伸缩传感器。接地网地线 A 点距端面 130 mm,B 点距右侧焊接处 590 mm,激励信号采用汉宁窗调制的 5 周期正弦信号,激励电压为 250 V,增益为 80 dB。

　　A 点检测结果如图 7-49 所示。同样对 0.3~1.2 ms 范围内的检测信号进行分析。对于检测点 A,计算得出该时间范围内信号的有效值为 0.184 V。进一步对较大回波进行定位分析,波包 1 到达的时间为 0.249 ms,计算出的距离恰好是 A 点距腐蚀点 4 距离的 2 倍,可以判断其为腐蚀点 4 的回波。

　　B 点检测结果如图 7-50 所示。计算得出该时间范围内信号的有效值为 0.141 V。进一步对较大回波进行定位分析,波包 1 到达的时间为 0.429 ms,计算出的距离恰好是 B 点距腐蚀点 8 距离的 2 倍,可以判断其为腐蚀点 8 的回波。

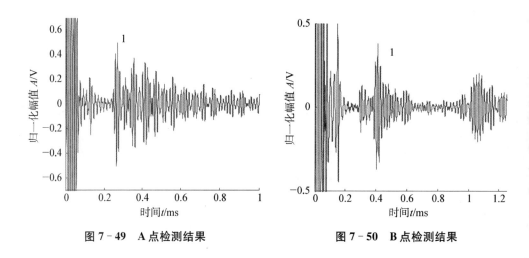

图 7‐49　A 点检测结果　　　　图 7‐50　B 点检测结果

5）结论

以上检测结果表明，由于该杆塔处于湿润地质条件下，虽然利用常规电阻测量接地网合格，但超声导波检测存在严重腐蚀。开挖后与实际检测结果相吻合。

7.4.4　输电线路地脚螺栓裂纹超声导波检测

某供电公司 110 kV 输电线路杆塔，该铁塔地脚螺栓规格为 Φ30 mm×415 mm，采用超声导波检测技术对螺栓内部缺陷进行检测。本案例超声导波检测技术采用压电激发方式。

1）仪器与探头

仪器：武汉中科 HSPA20‐Ae(Bolt)螺栓导波相控阵检测仪。

探头：一维环形线阵 64 阵元相控阵探头，频率为 5～10 MHz。一般情况下，不同螺栓规格选择不同尺寸的相控阵探头，并且所选探头的外径应小于螺栓外径 2～5 mm，可使检测效果达到最佳。

2）试块与耦合剂

试块：B 型(钢)标准试块，仪器系统的性能测试。

对比试块：采用人工裂纹螺栓对比试块，其形状和尺寸应符合图 7‐51 所示的要求。其中，试块的直径应与被检螺栓外径相近，采用与被检工件声学性能相同或近似的材料制成，该材料内部不应有大于或等于 Φ1 mm 平底孔当量直径的缺陷。对比试块缺陷如表 7‐6 所示。在满足灵敏度要求时，对比试块上的人工裂纹根据检测需要可采取其他布置形式或添加，也可采用其他类型的等效试块。

表 7-6　对比试块缺陷

深度/mm	试块号								
	1	2	3	4	5	6	7	8	9
人工裂纹 1	0.5	1.0	1.5						
人工裂纹 2				0.5	1.0	1.5			
人工裂纹 3							0.5	1.0	1.5

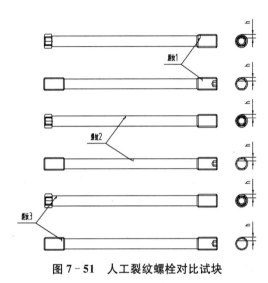

图 7-51　人工裂纹螺栓对比试块

耦合剂:化学浆糊。

3）灵敏度的设定

在对比试块上,探头放置在螺栓外露一侧,如图 7-52 所示。使 0.5 mm 深度人工裂纹 1 和 0.5 mm 深度人工裂纹 2 的线扫描图像清晰可见,并标定颜色色标且 A 扫描信号幅度不低于满屏幕的 20%。

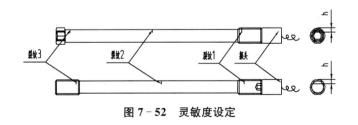

图 7-52　灵敏度设定

4）参数测量与仪器设定

依据被检螺栓材质的声速、长度以及探头的相关技术参数对仪器进行设定。

5）检测

螺栓检测时,探头中心线应与螺栓中心重合,放置在螺栓检测面上,保证耦合良好,无须移动和转动。

6）缺陷定量

缺陷长度测量可以在检测过程中实时测量,也可在电脑分析软件上进行离线测量。首先,移动光标找到缺陷的最高反射点将 A 扫描信号调节至满屏 80％高度。其次,向左移动光标,当 A 扫描信号降低至 40％时,光标对应点即为缺陷左端点;同样向右移动光标,当 A 扫描信号降低至 40％时,光标对应点即为缺陷右端点。左、右端点之间的距离即为缺陷指示长度。如图 7 - 53 所示,测出缺陷指示长度为 15 mm。

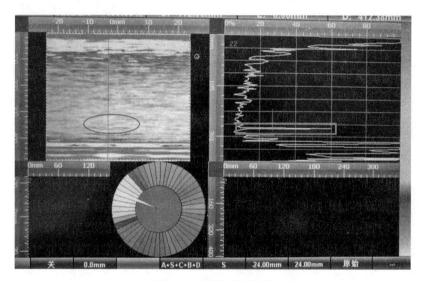

图 7 - 53　螺栓检测结果

7）缺陷评定

出现以下情况时应评定为不允许缺陷:B 扫描图像缺陷的色标深度大于等于 0.5 mm 人工裂纹颜色色标;缺陷长度大于 10 mm;检测人员判定缺陷为裂纹。

由于此地脚螺栓现场检测缺陷指示长度为 15 mm,大于 10 mm,因此该螺栓评定为不合格。

第8章 激光超声检测技术

1963年，White建立了脉冲激光在固体上激励超声波的理论，通过一个简化的一维模型来阐明激光在固体材料上激励出超声波的过程。近年来，随着国内外大量学者的深入研究，激光超声检测技术取得了长足发展，现在已经应用于材料缺陷的检测、材料厚度的测量、材料相变过程的分析、材料性能的表征以及晶粒尺寸的测量等多个方面。

（1）材料缺陷的检测。由于激光超声可激励出多种模态的超声波，因此可以选择不同模态的超声波进行缺陷检测。如采用激光激励出的纵波或横波，基于超声C扫描技术可检测材料中缺陷，另外通过超声波波形特征可定量表征缺陷的大小。此外，通过表面波在裂纹上散射特性可对材料表面的裂纹大小进行定量检测，且研究发现缺陷对表面波具有明显的滤波效应和调制信号作用；裂纹深度、宽度增加均会引发上升沿信号成分丢失，而宽度增加过程则导致透射波信号衰减更为明显。由于表面波的渗透深度与频率有关且能量分布随频率的增大而降低，因此激光超声表面波可用于裂纹深度的检测。

（2）材料厚度的测量。基于传统的透射纵波测厚的原理，利用激光激励出的纵波可实现材料厚度的检测。此外，将激光超声的时域信号转换到频域上进行分析，也可得到不同材料厚度下的超声波频谱的特性。由于激光超声的非接触性，激光超声可实现高温下材料厚度的测定。

（3）材料相变过程的分析。材料的相变一般多发于高温、高压等恶劣环境中，激光超声技术凭借其非接触的优势成为有效检测材料相变的方式之一。通过激光超声技术可研究热轧钢和冷轧钢在高温时的相变过程，研究结果表明，热轧钢的声速-温度曲线中可重复迟滞与材料相变和铁磁-顺磁相变有密切关系。

（4）材料性能的表征。材料中的超声波传播特性与材料的弹性模量、密度、泊松比等材料属性密切相关，可通过获得超声波的传播速度来表征材料性能。如利用激光超声技术可实现单晶硅不同方向上的弹性模量。另外，不同温度下的材料弹性模量也可以利用激光超声技术非接触地实现。例如，研究人员测定了蓝宝石单晶从室温到1 000℃范围内，沿C轴方向的弹性模量C_{33}随温度的变化情况。激光超声还可用于碳纤维复合材料的不同纤维方向上的弹性模量测量。

（5）晶粒尺寸的测量。激光超声应用于晶粒尺寸检测的原理与传统声学方法一样，分为衰减法和声速法，激光超声的非接触特点使其更加方便应用于高温、高压、腐蚀等恶劣环境中。

相比于传统超声检测方法，激光超声有以下优势：

（1）非接触。传统超声探头在激励和接收超声波时，需要通过耦合剂来实现超声波在探头与工件之间的传导，而激光超声由脉冲激光在材料表面激励出超声波，然后通过激光干涉仪接收超声波，为非接触的检测手段。

（2）多模态。脉冲激光可以同时激励出多模态的超声波（横波、纵波、掠面纵波、表面波等），不同模态的超声波具备不同的传播特性，使得激光超声具有更为丰富的检测信息。

（3）多种超声波激励机制。根据材料种类和脉冲能量的不同，激光超声的激励机制有所区别；不同的激励机制会产生不同声束指向性的波形，利用声束指向性的区别可以实现对特定波形信号的提取。

（4）宽频带。脉冲激光激励出的超声波具有更大的频带宽度；激光脉冲宽度越小，激励出的超声波频带宽度越大；窄脉冲激光激励出的超声波频率可达上百兆赫兹，而超声波的波长也会相应地变小，达到几微米，提高了对微小缺陷的分辨率。

由于材料缺陷检测是无损检测领域最常见和迫切的需求，因此激光超声技术在缺陷检测应用的占比最大。本章就现阶段激光超声在缺陷检测方面的应用情况进行简要地介绍，以期阐明激光超声检测原理，详解激光超声检测设备的组成，剖析典型的激光超声检测实例。本章首先介绍激光超声波的理论知识，明确激光超声的基本概念和原理；其次，介绍一套较为成熟的激光超声可视化检测设备；最后，介绍激光超声在工程应用中的典型案例，分析激光超声不同模态的传播特性，希望能够通过这些典型案例为读者提供一个无损检测的新思路。

8.1 激光超声基础理论

8.1.1 激光超声的激励机制

当被检测材料表面受到脉冲激光作用时，部分脉冲激光的能量被材料表面所吸收，并且在材料表层转化成热能的形式。但是由于脉冲激光的作用时间过短，转化形成的热能无法在短时间内及时扩散，因此在激光作用区出现了温度的迅速变化，快速的温度变化导致激光作用区出现了热膨胀变形，膨胀区域进而产生热应力；在热应力的作用下，试样内部会出现瞬态弹性波。根据脉冲激光能量密度的不同，激光超声的激励方式被分为热弹机制和烧蚀机制。

1) 热弹机制

当入射激光的功率密度较低、未超过材料表面的损伤阈值(金属材料一般为 10^7 W/cm² 量级)时,在入射脉冲激光的作用下,材料表层由于吸收激光能量出现局部温升,导致激光作用区内局部热膨胀形成动态的应力场,进而产生不同模式的超声波(纵波、横波、表面波等)。这种对于材料表面不产生损伤的激光超声激励机制称为热弹机制,如图 8-1 所示。在热弹机制的作用下,伴随着入射激光功率密度的增加,激励出的激光超声波信号幅值随之增加。同时,由于较低的激光功率密度,材料表面只会出现一段时间内的热膨胀变形,不会出现损伤,属于无损检测范畴,具有良好的重复性。但同样由于较低的激光功率密度,导致材料表层吸收的能量不够高,在一些材料中激励出的超声波信号幅值较低,信噪比较差,使得检测效果不理想。为解决这个问题,通常采用一些措施来改善,如通过柱面镜将点光源转换为线光源,在相同的激光功率密度下,通过提高激励面积来提高能量,产生更高的超声波信号幅值。

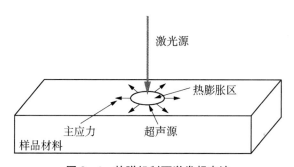

图 8-1　热弹机制下激发超声波

2) 烧蚀机制

当脉冲激光的激光能量密度进一步提高,超过了材料表面所能承受的损伤阈值(金属材料的损伤阈值一般为 10^7 W/cm² 量级)时,在材料表面因吸收激光能量而转化成的热能也更高,导致材料表层激光作用区内产生更大的温度变化,局部温升使激光作用区的材料产生熔化、气化以及形成等离子体等情况,此时材料表面在等离子体的作用下,对材料表面施加反作用力,在材料内部形成动态应力场,进而形成超声波。这种激励方式在激光停止激励后,被熔化乃至气化的材料无法恢复原样,导致材料表面出现微量的损伤。这种对材料表面存在微量伤害的激光超声激励机制称为烧蚀机制,如图 8-2 所示。在烧蚀机制下,由于脉冲激光能量较高,因此在材料表面施加的反作用力也较大,导致激光激励产生的不同模式超声波的信号幅值很大,信号的信噪比更好。但在烧蚀机制下,每次激励都使得材料表面的激光作用区产生微量的损伤。

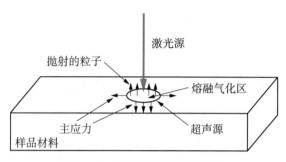

图 8-2　烧蚀机制下激发超声波

由于在烧蚀机制下会对金属表面产生损伤,所以,烧蚀机制下的激光超声检测不属于严格意义上的无损检测。但在某些特定场合,如高温轧制钢板的厚度检测、金属材料 3D 打印过程中的缺陷检测等,烧蚀机制下激励出的高信噪比超声波信号就更具备优势。

在本章中所提到的激光超声设备,由于其脉冲激光能量密度远小于损伤阈值,因此是在热弹机制下产生的超声波,对金属表面几乎不产生影响,属于无损检测范畴。因此,本章所述激光超声检测技术也是指在热弹机制下产生的超声检测技术,属于无损检测技术范畴。下面仅针对热弹机制下的超声波形成机理进行介绍。

8.1.2　热弹机制下激励超声波的机理

在热弹机制下,入射激光的能量密度低于试样的表面损伤阈值,仅需考虑热弹效应。

1) 热传导理论

在热弹机制下,当脉冲激光在线弹性材料的表面激励时,材料表面会吸收一部分的激光能量,在激光作用区形成一个温度梯度场。根据热平衡条件建立相应的微分方程来推导热传导过程:

$$\rho c \frac{\partial T}{\partial t} = \frac{\partial}{\partial x}\left(k_x \frac{\partial T}{\partial x}\right) + \frac{\partial}{\partial y}\left(k_y \frac{\partial T}{\partial y}\right) + \frac{\partial}{\partial z}\left(k_z \frac{\partial T}{\partial z}\right) + \rho q \tag{8-1}$$

式中,c 为材料的比热容;ρ 为材料的密度;q 为热流密度;k_x、k_y、k_z 分别为材料相应的沿 x、y、z 方向上的热传导系数。$\rho c \frac{\partial T}{\partial t}$ 表示微分体在单位时间内升温所需的热量;$\frac{\partial}{\partial x}\left(k_x \frac{\partial T}{\partial x}\right)$、$\frac{\partial}{\partial y}\left(k_y \frac{\partial T}{\partial y}\right)$、$\frac{\partial}{\partial z}\left(k_z \frac{\partial T}{\partial z}\right)$ 分别为 x、y、z 三个方向上微分体在单位时间内所吸收的热量。

对于各向同性的线弹性材料,有

$$k_x = k_y = k_z = k \tag{8-2}$$

并且,在材料体内无热源的情况下,热传导方程可以相应地转化为

$$\rho c \frac{\partial T(x, y, z, t)}{\partial t} - k \left[\frac{\partial^2}{\partial x^2} T(x, y, z, t) + \frac{\partial^2}{\partial y^2} T(x, y, z, t) + \right.$$

$$\left. \frac{\partial^2}{\partial z^2} T(x, y, z, t) \right] = 0 \tag{8-3}$$

脉冲激光的能量在空间分布上具有对称性,且试样材料为各向同性材料,因此,可以将三维的脉冲激光点光源模型简化为平面模型,如图 8-3 所示。此时,在忽略随温度变化的热力学参数的情况下,可以利用柱面坐标系将热扩散方程改写为

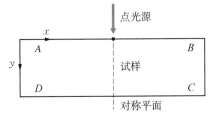

图 8-3　点光源的辐射模型

$$\frac{\partial}{\partial t} \left[\rho c T(x, y, t) \right] = \frac{1}{x} \frac{\partial}{\partial x} \left[xk \frac{\partial T(x, y, t)}{\partial x} \right] + \frac{\partial}{\partial y} \left[k \frac{\partial T(x, y, t)}{\partial y} \right] + q$$

$$\tag{8-4}$$

式中,q 为作用在材料上的脉冲激光的激光能量密度;$T(x, y, t)$ 为试样中的温度分布变化情况。

为了实现对热传导微分方程的求解,定义了不同类型的热边界条件来对热传导微分方程进行求解,其中包括换热边界、热流边界以及温度边界三种热边界条件。

可以利用相应的温度边界条件来实现对材料边界温度的绝对值的限定:

$$T = T_0(x, y) \tag{8-5}$$

式中,T 代表边界温度;$T_0(x, y)$ 代表已知的温度函数。

对于金属材料而言,脉冲激光与金属的作用区域非常小,且脉冲激光的激励时间也较短,因此,金属材料只在表层上的激光作用区域吸收激光能量。而材料表层吸收激光能量的现象可被看作一种外部热源加载在材料表层,即将一个时间与空间分布的外部热源函数当作热流边界条件加载在材料表面。因此,材料上表面的激光作用区满足的热流边界条件为

$$k \frac{\partial T(x, y, t)}{\partial y} \bigg|_{y=0} = Q(x, y, t) \tag{8-6}$$

$$Q(x, y, t) = E_0 f(x, y) g(t) \tag{8-7}$$

式中，E_0 表示入射激光光斑中心处的最大功率密度；$f(x，y)$、$g(t)$ 分别表示脉冲激光的空间与时间分布。假设

$$f(x，y) = \exp\left(\frac{-2x^2}{a_0{}^2}\right) \tag{8-8}$$

$$g(t) = \left(\frac{t}{t_0{}^2}\right)\exp\left(\frac{-t}{t_0}\right) \tag{8-9}$$

式中，a_0 是脉冲激光的光斑半径；t_0 为脉冲激光的脉冲宽度。

换热边界对周围介质与边界之间的换热大小进行了相应的描述：

$$k\left(\frac{\partial T}{\partial n}\right) + \alpha(T - T_s) = 0 \tag{8-10}$$

式中，α 为换热系数；T_s 为周围介质的温度。

以上所述的三种边界条件也可以统一表示为

$$k\left(\frac{\partial T}{\partial n}\right) + \alpha(T - T_s) - q_0 = 0 \tag{8-11}$$

式中，令 $\alpha = q_0 = 0$，可以得到 $k(\partial T/\partial n) = 0$，绝热边界条件的实现取决于边界与外界之间有没有热量的交换。在激光热源模型的建立中，模型的下表面与侧面需要满足绝热边界条件，即

$$\left.\frac{\partial T(x，y，t)}{\partial y}\right|_{CD} = 0 \tag{8-12}$$

$$\left.\frac{\partial T(x，y，t)}{\partial y}\right|_{AD，BC} = 0 \tag{8-13}$$

2) 热弹理论

在上文中提到，当试样表面受到脉冲激光的辐照时，根据热扩散理论，材料表层在激光作用区会吸收一部分激光能量，并且这部分激光能量会转化成材料中的热能，导致材料表层在激光作用区产生了一个梯度温度场，梯度温度场中温升不均匀进而导致材料内部出现热应力的变化。即在脉冲激光束的作用下，由于热弹机制的作用，脉冲激光在试样中激励产生超声波，并在材料中传播。根据热弹理论，产生的位移场满足方程：

$$\mu\nabla^2 u(x，y，t) + (\lambda + \mu)\nabla[\nabla \cdot \boldsymbol{u}(x，y，t)]$$
$$= \rho\boldsymbol{u}(x，y，t) + \beta\nabla\boldsymbol{T}(x，y，t) \tag{8-14}$$

式中，$u(x，y，t)$ 代表 t 时刻的瞬时位移场；$\beta = \alpha(3\lambda + 2\mu)$，其中 β 是热弹耦合系数；T 代表温度；α 代表线性热膨胀系数；λ 和 μ 为拉梅常量，是杨氏模量与泊松比的函数：

$$\lambda = \frac{\nu E}{(1+\nu)(1-2\nu)} \tag{8-15}$$

$$\mu = \frac{E}{2(1+\nu)} \tag{8-16}$$

在上、下表面处满足自由边界条件：

$$n \cdot [\boldsymbol{\sigma} - \alpha(3\lambda + 2\mu) \nabla \boldsymbol{T}(x，y，t)I] = 0 \tag{8-17}$$

式中，n 为与表面垂直的单位向量；$\boldsymbol{\sigma}$ 是应力张量；I 为单位向量。

在 $t=0$ 时，模型的瞬时位移 $u(x，y，t)=0$，即模型的初始位移为零。

8.1.3　热弹机制下激光激励出的超声波

1) 纵波

当脉冲激光辐照在材料表面时，材料会吸收激光能量并产生热膨胀，导致材料内部有拉应力以及压应力作用，材料内部出现一定变形，而材料在弹性作用下，倾向于恢复原始状态，这就使得材料内部产生了纵向应力，即有纵波在材料中产生，纵波传播方向总是与材料内部质点的运动在同一个方向。

2) 横波

横波的产生机理与纵波的产生机理类似，但不同的是，横波是由于材料内部中切应力的作用而产生。当脉冲激光辐照在材料表面时，材料内部会产生交错变换的切应力，在切应力作用下，材料内部出现切向变形，由于材料趋于恢复原始状态的作用，导致材料内部产生切向力，即有横波在材料内部产生，横波的传播方向与材料内部质点振动方向垂直。

3) 表面波

激光辐照在材料表面，在激光作用区会产生局部热膨胀，材料内部会产生周期性的内应力，在材料的弹性变形阶段，材料表面会趋向于恢复原状，材料表面由弹性变形到恢复原状的过程中会产生表面波。由于表面波是由材料表面的应力作用产生的，因此，表面波只在材料表层进行传播，并且其表面上的质点的运动轨迹近似为一个椭圆。表面波振幅随着传播深度不断衰减，其传播深度约为一个波长。当表面波与缺陷相互作用时，随着缺陷深度的增大，经缺陷反射的表面波的能量越来越大，同时穿过缺陷的透射表面波的能量越来越小，利用表面波的这种特性，可以实现对材料表面缺陷的检测。另外，表面波的传播特性与表面波的状态有很大关系，表面波的频

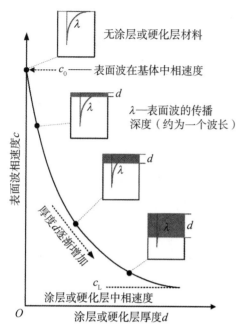

图 8-4 表面波在涂层或硬化层中的传播特性

散特性随涂层或硬化层厚度的变化而变化,如图 8-4 所示,利用表面波的频散特性可以表征材料的表面特性。

4)超声导波

当超声波在有限大介质中传播时,比如在薄板中传播时,由于材料厚度的限制,超声波会在材料的上、下两个表面来回反射,从而导致了大量复杂的波型转换以及干涉现象,经过一定距离的传播,这些波会趋于稳定形成一列沿波导行进的波,这就是超声导波。图 8-5 为脉冲激光在薄板中激励出兰姆波的示意图。导波在介质中传播时,导波的传播速度会随着频率的改变而发生改变,这种现象称为导波的频散现象。导波的频散取决于材料的物理属性以及波导结构的形状特征。

图 8-5 脉冲激光在薄板中激励出兰姆波

8.2 激光超声检测设备

8.2.1 激光超声检测系统

基于激光超声检测原理,搭建了一套激光超声检测系统,原理如图 8-6 所示。激光超声检测系统主要由激光超声激励单元、激光超声接收单元和运动控制单元组成。激光超声激励单元主要由脉冲激光器、激光器控制器、二维振镜等组成;激光超声接收单元主要由激光干涉仪、激光接收控制器、滤波器、前置放大器、A/D(模-数转换)采集卡等组成;运动控制单元由两个两轴的运动控制卡分别控制二维振镜的偏转和自动扫描台的移动。同步信号用于触发 A/D 采集卡和脉冲激光器。下面分别介

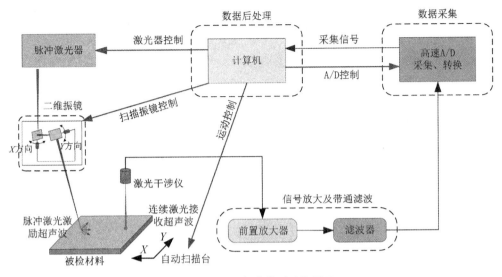

图 8-6　激光超声检测系统原理

绍各个组成单元的基本功能与要求。

1) 激光超声激励单元

当脉冲激光的能量密度过大,超过材料的损伤阈值时,脉冲激光在材料表面将会产生烧蚀,这时的检测将对材料表面产生损伤,不属于严格意义上的无损检测,因此需要控制脉冲激光的能量密度 I_0。影响脉冲激光能量密度的 3 个因素为单脉冲激光能量 E、激光光斑半径 R 和脉冲宽度 t_0,其计算式为

$$I_0 = E/(t_0 \pi R^2) \tag{8-18}$$

由于被检测材料的类型不确定,要求激光器需要能够调节激光能量和光斑半径的大小。针对工程上常见的金属材料,当激光器的脉冲激光能量约为 1 mJ,光斑半径约为 1.5 mm,脉冲宽度为 2 ns 时,脉冲激光能量密度为 7.07×10^6 W/cm²,小于金属材料的损伤阈值 10^7 W/cm²。

另外,激光的脉冲宽度决定了激励超声波的频率范围,通常情况下,激励出的超声波最高频率可用脉冲宽度的倒数来进行估算,如脉冲宽度为 1 ns 时,激励出的超声波最高频率约为 1/(1 ns)＝1 000 MHz。如果需要激励出更高的超声波频率,则要降低脉冲激光的脉冲宽度。

需要注意:建议检测时入射脉冲激光束与被检材料的法线夹角小于 60°。脉冲激光辐射在材料表面时,只有一部分能量被吸收转换为超声波,激光能量的转换率与入射夹角有一定的关系。当入射夹角大于 60°时,有较多能量折射出去,能量转换效率较低。因此,建议入射激光束的入射角小于 60°,以此提高激光能量的使用率。

2）激光超声接收单元

目前,激光超声主要利用接触式和非接触式两种形式来接收超声波信号。接触式主要依靠压电晶体、压电陶瓷或聚偏氟乙烯(PVDF)压电薄膜贴附在被检材料表面,利用压电材料的压电效应将超声波振动转换为电信号。非接触式主要分为两大类方法:电学法和光学法。电学法包括电磁超声换能器、电容换能器和空耦换能器;光学法可分为线性干涉方法和非线性干涉方法。利用光学法接收超声波信号是真正意义上的非接触检测。激光超声接收方式的分类如图 8-7 所示。

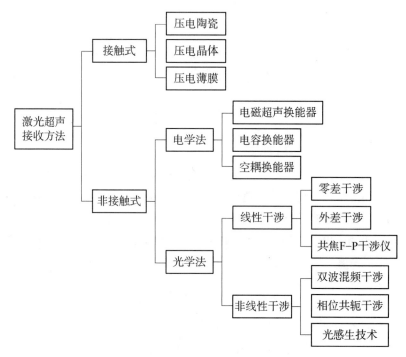

图 8-7　激光超声接收方式的分类

（1）接触式。压电换能器主要利用压电材料的压电效应感应材料表面的振动,根据电介质表面电荷的大小来表征结构中超声波信号的大小。常用的压电换能器包括压电陶瓷(PZT)、压电晶体(石英)和压电薄膜(PVDF 薄膜和 ZnO 薄膜)。压电类传感器在检测时均需要与材料进行接触,进而可以得到较强信噪比的信号。虽然压电换能器具有性能优越、价格低廉等优点,但由于其带宽较窄,检测时需要与材料相接触,因此也不适用于高温、高压和腐蚀等恶劣环境。

（2）非接触式。现阶段激光超声接收器较多采用光学法。

电学法传感器主要包括电容(电荷)换能器(ESAT)、电磁超声换能器(EMAT)和空耦换能器。电容(电荷)换能器(ESAT)的工作原理是材料的电容效应,该换能器是由一定间距的两平行板组成。一板作为被检工件,一板通以一定的电压,工件由于超声波的振动造成板间电容值的变化,最后导致整个电动势的变化,电势差信号经过调制作用转化为超声波信号。这种传感器的特点是有较宽的频带,但要求被检工件作为电容器的一部分需要进行抛光处理,这无疑加大了实际应用的难度。电磁超声换能器(EMAT)利用磁致伸缩力实现信号激发,利用洛伦兹力实现信号检测接收部分,工作原理是电磁场、力场以及超声场之间的相互作用,是一种非接触的超声波测量方式。该传感器有较宽的频带并能够在高温以及腐蚀等多种环境下工作,但是该方法要求被检工件必须是导体且具有一定的铁磁性,应用范围窄且声能转换效率不高。

近年来,随着超声检测技术的快速发展,光学检测法也取得了巨大进展,已经实现了对信号的远距离、非接触检测。光学法主要分为两种类型:线性干涉法和非线性干涉法。线性干涉法的测量主要取决于在表面上传播的声表面波及激光束的相位或频率的变化,从而实现对声波信号的检测。基于干涉方法的主要检测仪器包括外差干涉仪、时延干涉仪和共焦 F－P 干涉仪等。其中外差干涉仪技术最早出现,因为其敏感度较高,多应用于表面微小位移的检测;然而,由于其抗干扰能力较差,不能运用于噪声特别大的测量环境。为了解决上述问题,研发了基于时间延迟干涉技术的Fabry－Perot 干涉仪,其具有较强的抗干扰能力,可以实现对粗糙平面的测量。非线性干涉技术利用高能脉冲激光轰击工件表面而产生超声波振动信号,通过测量反射光光束的强度和位置的相应变化来实现检测。非线性干涉主要分为双波混频干涉、相位共轭干涉和光感生技术。

8.2.2　激光超声检测设备

基于激光超声检测原理和各单元的功能要求,结合设计的激光超声检测系统原理图,搭建了一套激光超声检测设备,如图 8－8 所示。

图 8－8　激光超声检测系统实物图

激光器采用 Wedge HB 系列的短脉冲调 Q 激光器,其波长为 1 064 nm,单脉冲能量可调,最大输出能量为 2 mJ,脉冲宽度为 2 ns。当脉冲激光由激励源激励并进入电动小镜后,会通过柱面镜聚焦,可调节激光源焦距,使其焦点在样品上。通过调节电动小镜的偏转角度,实现脉冲激光的扫查。超声波接收器采用 Quartet-FH 系列激光超声干涉仪,其波长为 532 nm,检测频率范围为 1~20 MHz,光斑直径为 100~500 μm,焦点距离为 100 mm,激光能量为 1 W。实验时,调节光纤头与样品表面的相对距离,使样品上光斑直径最小,并调节激光束垂直于样品表面。设备的数据采集卡为 PXIe-5160,其带宽为 0.5 GHz,最高采样频率为 2.5 GS/s。

当脉冲激光作用到工件上时,脉冲激光在工件上产生热应变,激励出超声波并在工件中传播,在工件的合适位置上采用传感器(PZT 探头或激光干涉仪等)接收超声波信号。通过 PC 控制脉冲激光束在工件上进行扫描,这样每发射一次脉冲激光,传感器就接收一个超声波信号(幅度-时间曲线即 A 扫描信号)。根据超声波传播可逆性原理,即探头 A 激励超声波由探头 B 接收与探头 B 激励超声波由探头 A 接收,两者所得到的超声波信号是一致的。将同一时刻各扫描点的信号幅值及该点的位置在计算机上绘制成一幅图像,将各时刻的图像连续播放,即可看到等效于从超声接收探头处发出的超声波在工件中传播的动态图像,从而显示出超声波在工件中的动态传播过程。针对不同工程应用场景,可使用激光超声可视化方法观察不同模态的超声波在缺陷上的传播特性。

8.3 激光超声检测技术在不同工程研究中的应用

8.3.1 激光超声表面波检测裂纹深度

表面裂纹一旦出现,裂纹尖端的应力集中将会导致构件的疲劳强度降低并最终导致构件失效。因此,需要通过无损检测方法及时发现零部件的表面缺陷。超声表面波因具有传播距离远、灵敏度高的优点,在表面缺陷的无损检测中占有重要地位。传统的超声检测主要由压电超声探头来实现信号的激励和接收,由于耦合因素的影响,压电探头在复杂曲面、高温构件等领域的应用受到一定的限制。激光超声表面波采用脉冲激光作为激励源,可实现非接触激励表面波,且激励出的表面波具有较宽的频带。本节介绍利用激光超声可视化检测系统研究表面波在不同深度裂纹上的传播特性。

实验选用规格为 100 mm×50 mm×15 mm 的 6061 铝合金试样,在试样长度为 60 mm 处,线切割预制宽度为 0.2 mm 人工裂纹,裂纹深度(D)经超景深三维显微镜测量分别为 485 μm、930 μm、1 482 μm、1 865 μm、2 517 μm、3 125 μm、4 905 μm、7 094 μm。

实验时,调整激光接收点与缺陷的相对距离为 10 mm,设定激光扫描区域为

40 mm×40 mm,扫描间隔为 0.15 mm,并保证扫描范围覆盖预制人工裂纹和激光接收点,其检测过程如图 8-9 所示。

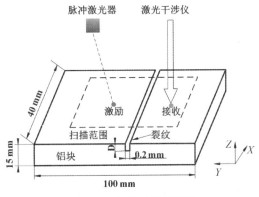

图 8-9　检测过程示意图

激光超声设备通过如图 8-9 所示扫查方式,可得到不同缺陷深度(485 μm、1 482 μm、1 865 μm、3 125 μm)上的表面波随时间传播的动态图像,选取 6.08 μs 时刻的图像如图 8-10 所示。

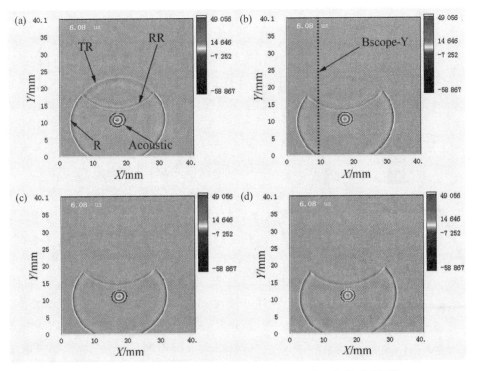

图 8-10　6.08 μs 时超声波在不同深度裂纹处的可视化动态图像

(a)裂纹深 485 μm 处;(b)裂纹深 1 482 μm 处;(c)裂纹深 1 865 μm 处;(d)裂纹深 3 125 μm 处

由图 8-10 可知,能量最强的 Acoustic 是激光照射产生的空气波,传播速度较慢;R 为在样品表面产生的表面波,传播速度较快,振幅最大;RR 是由于表面波遇到缺陷后,经缺陷反射后形成的反射波;TR 表示表面波经缺陷后的透射波。伴随表面波的产生常出现掠面纵波和表面横波,但是由于它们的幅度都比较小,所以在超声波动态传播图中很难被观察到。比较图 8-10(a)与图 8-10(b)可知,当表面波传播至缺陷时,随着缺陷深度增加,反射表面波的能量越来越强,而透射表面波的能量越来越弱。比较图 8-10(c)与图 8-10(d)可知,当缺陷深度达到一定程度时,表面波反射和透射的能量不再随深度而变化。

8.3.2 激光超声兰姆波检测板材表面裂纹

兰姆波是导波的一种形式,在工程应用上也称为板波,因其在板中传播距离远,可检测整个壁厚(板厚)上缺陷,故在工程检测中的应用较为广泛。兰姆波在板中缺陷检测方面已有诸多研究,如 Alleyne 等模拟和研究了兰姆波与裂纹的散射作用,发现兰姆波在裂纹上的反射率和透射率与兰姆波的波长与裂纹深度的比值有关。但上述结论是基于压电探头得到的结果,存在一定的测量误差,另外,该结果未能直观地显示兰姆波在裂纹上的散射现象。激光超声技术的应用使得超声波传播过程的可视化成为现实,如 Yashiro 等利用激光超声实现超声波传播的可视化,并对不同的缺陷进行了检测研究。激光超声在板中激励出的兰姆波具有宽频带、多模态的特性,导致兰姆波的模态识别有较大的困难,如果激光激励出的兰姆波在裂纹上发生模态转换,会使兰姆波的模态更加复杂。当前很少有关于兰姆波在裂纹上散射特性的激光超声可视化实验报道。本节介绍利用激光超声可视化技术研究兰姆波在裂纹上的散射特性。

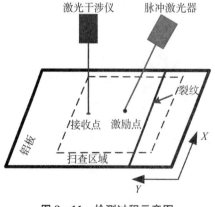

图 8-11 检测过程示意图

激光超声的扫查区域覆盖预制的人工裂纹和接收激光点,其检测过程如图 8-11 所示。试样为 6061 铝合金板,尺寸为 100 mm(长)×100 mm(宽)×2 mm(厚),在试样长度为 40 mm 处,利用线切割预制 0.4 mm 深、0.2 mm 宽的人工裂纹缺陷。脉冲激光的扫查区域为 40 mm×40 mm,扫查间隔为 0.18 mm,脉冲激光点以"S形"的方式进行扫查并覆盖整个扫查区域。激光超声检测设备接收超声波的离面位移信号,根据声波可逆的原理,实现超声波点源激励并在铝板中传播的动态图像。

通过激光超声设备的扫查,可得到点源激励的兰姆波在板中随时间传播的动态图像,选取 8.8 μs 时刻的图像,如图 8-12 所示。

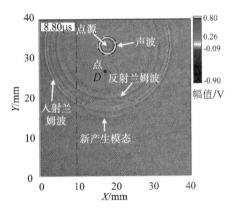

图 8-12　8.8 μs 时刻的图像

从图 8-12 中可以看出,脉冲激光激励出的兰姆波花纹分布无规律,说明激励出的兰姆波存在多种模态(单一模态的兰姆波会呈现有规律间隔的花纹),这个现象也直观地说明了激光超声的多模态特点;另外,兰姆波在裂纹处发生了反射和透射现象,同时产生了模态转换,形成了较原模态传播速度快的新模态(新模态的传播速度快,所以新模态的波前在原兰姆波波形的前方)。由于激光激励过程会在空气中产生能量较强的声波信号,直接被激光干涉仪接收到,所以该声波信号会影响兰姆波信号的信噪比。

在图 8-12 上选取位于声源和裂纹之间的一点 D,取其 A 扫描数据,并做傅里叶变换,得到的结果如图 8-13 所示。

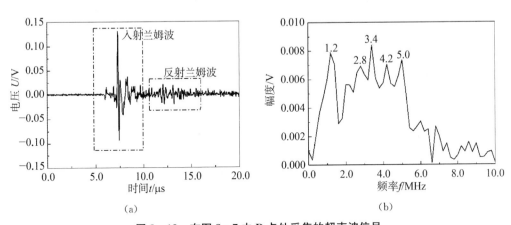

(a)　　　　　　　　　　　　　　　　(b)

图 8-13　在图 8-7 中 D 点处采集的超声波信号

(a)D 点处的超声波 A 扫描图像;(b)入射兰姆波的幅-频图

由图 8-13(a)中可以看出,激励出的入射兰姆波存在不同的传播速度的波包,并且波包的幅度有较大的差别。将 D 点入射波的 A 扫描数据进行傅里叶变换,得到兰姆波的频谱图[见图 8-13(b)],发现激励出的兰姆波能量主要集中在 1～6 MHz,并且在 1.2 MHz、2.8 MHz、3.4 MHz、4.2 MHz 和 5.0 MHz 处的能量较大,说明上述

5 个频率分量的兰姆波能量较强。

为了更清楚地看出兰姆波在裂纹上的散射特性,在 $X=10\ \mathrm{mm}$ 处(见图 8-12 中的虚线)取 Y 方向上的 B 扫描图像,如图 8-14 所示。

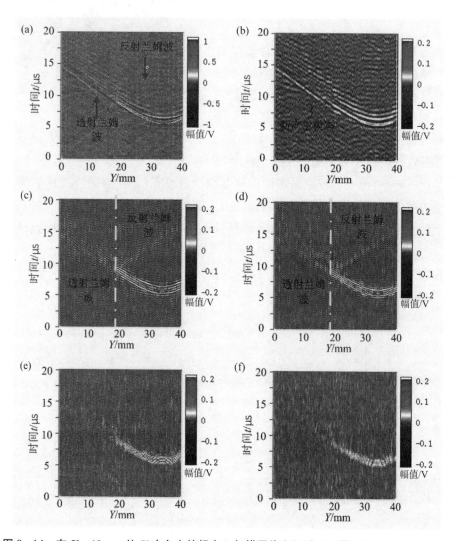

图 8-14　在 $X=10\ \mathrm{mm}$ 处,Y 方向上的超声 B 扫描图像和经过不同带通滤波处理后的图像

(a)未经数据处理的超声 B 扫描图像;(b)中心频率为 1.2 MHz;(c)中心频率为 2.8 MHz;(d)中心频率为 3.4 MHz;(e)中心频率为 4.2 MHz;(f)中心频率为 5.0 MHz

由图 8-14(a)可知,点源激励出的兰姆波在 $X=10\ \mathrm{mm}$ 处的 Y 方向上接收到的波前呈双曲线函数分布,并在 $Y=18\ \mathrm{mm}$ 处的预制人工裂纹(0.4 mm 深、0.2 mm 宽的裂纹)上发生反射和透射,由于反射波能量相对于入射波较小,反射波清晰度较低;

另外,兰姆波经过裂纹后,波包明显变宽,这一方面是由于随传播距离增加频散效应加大,另一方面是由于裂纹处的模态转换形成了新的兰姆波模态。为了能更清晰地看出兰姆波在裂纹上的散射特性,对原始信号进行带通滤波,以观察不同频率的兰姆波特性。

将带通滤波的通带设置为 2 MHz,中心频率分别为能量幅值较高的频率(1.2 MHz、2.8 MHz、3.4 MHz、4.2 MHz 和 5.0 MHz),带通滤波后的结果如图 8-14(b)~(f)所示。

由图 8-14(b)可知,当中心频率为 1.2 MHz 时,兰姆波的能量较弱,信噪比较差;由于激励频率低,兰姆波的波长较大;透射兰姆波清晰可见并存在模态转换现象,而反射兰姆波几乎不存在。因此,在利用该中心频率的兰姆波采用单发单收的形式检测板中的裂纹缺陷时,易发生漏检现象。由图 8-14(c)、图 8-14(d)可知,当中心频率升高为 2.8 MHz、3.4 MHz 时,兰姆波的能量明显增强;同时反射兰姆波清晰可见,这是由于随兰姆波频率增高,其波长相应减小,相对于裂纹的尺寸有小的波长裂纹比,故出现反射兰姆波;这一现象也从实验上反映了选择适当高的兰姆波频率,可以增强其裂纹检测能力;另外,从 B 扫描图可知,兰姆反射波与透射波在裂纹两侧呈对称分布。由图 8-14(e)、图 8-14(f)可知,当中心频率分别升高为 4.2 MHz 和 5.0 MHz 时,兰姆波的能量较弱,信噪比差,反射和透射波模糊不清。

8.3.3　激光超声爬波检测厚壁管内壁缺陷

厚壁管常见于化工、能源管道,其使用环境通常为高温、高压、高腐蚀等恶劣工况条件,在运行一段时间后,其内壁上常出现裂纹、腐蚀坑、点蚀群等缺陷。如果在缺陷形成前期无法检测出来,一旦引发事故,后果严重。为了能够及时地无损检测出厚壁管内壁上的缺陷,通常采用超声、射线等手段进行检测。但由于一些厚壁管的检测空间受限制,可接触面积较小,部分管道无法全面地进行超声或射线检测。基于该厚壁管的检测现状,提出在厚壁管可接触的小面积外壁上采用斜入射纵波探头,在内壁上形成爬波,以达到检测整个内壁缺陷的目的。通过激光超声可视化技术研究爬波在厚壁管内壁上的传播过程,以期形成厚壁管内壁缺陷的爬波无损检测方法。

首先,采用商业软件 ANSYS 对爬波在厚壁管内壁上的传播过程进行有限元模拟。以厚壁管为研究对象,由于在厚壁管的轴向可视为无限大,所以可用二维平面模型代替三维模型以节省计算时间。简化后的有限元模型如图 8-15 所

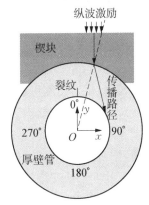

图 8-15　厚壁管内壁缺陷爬波检测的有限元模型

示。以厚壁管中心为坐标原点,厚壁管的内径为 50 mm,外径为 108 mm,材质为 304 不锈钢。楔块采用有机玻璃块,楔块长度为 76 mm,厚度为 10 mm。纵波激励位置为距离楔块中心 12.5 mm 处,采用加汉宁窗的 5 周正弦位移信号,中心频率为 5 MHz。

有限元仿真中,厚壁管和楔块的单元类型均选择 8 节点的二维线性单元。其中有机玻璃和 304 不锈钢的材料参数参照表 8-1。

表 8-1 有限元模拟使用的机玻璃和 304 不锈钢材料参数

材料	弹性模量 E/GPa	泊松比 ν	密度 ρ/(kg/m³)
有机玻璃	2.33	0.37	1 190
304 不锈钢	193	0.29	8 000

根据材料参数,可以由式(8-19)和式(8-20)分别计算出纵波和横波在 304 不锈钢中的传播速度。

$$c_L = \sqrt{(\lambda + 2\mu)/\rho} \qquad (8-19)$$

$$c_S = \sqrt{\mu/\rho} \qquad (8-20)$$

式中,$\lambda = \dfrac{\nu E}{(1+\nu)(1-2\nu)}$ 和 $\mu = \dfrac{E}{2(1+\nu)}$ 是拉梅常量。计算得到的纵波声速为 5 632 m/s,横波声速为 3 058 m/s。

单元尺寸满足 $L < \lambda_{\min}/10$,其中 $\lambda_{\min}$ 为模型中的最短波长,L 为最大单元尺寸。定义单元尺寸为 0.2 mm×0.2 mm,两个相邻节点的间距为 0.1 mm,模型边界条件为自由边界,超声波在模型中传播无衰减。时间步长 3×10^{-9} s 满足 $\Delta t < L/c_L$,其中 L 为最小单元尺寸 0.2 mm,c_L 为纵波声速 5 632 m/s。选取四张不同时刻的超声波传播图像,如图 8-16 所示。

由图 8-16 中可知,超声纵波从楔块入射到厚壁管中时,超声波声束的方向发生了偏转,偏转角度可通过斯涅耳定律进行计算;当纵波声束遇到管内壁时,部分超声波声束方向与管壁内表面相切,如图 8-16(b)所示;随着传播时间的增加,纵波在内壁上发生模态转变,形成纵爬波、横爬波等不同模态的超声波;随后,爬波沿管内壁传播,同时向管壁内散射其他模态的超声波,爬波的能量衰减较大。另外,从纵波发生模态转变形成爬波的过程可以看出,纵波的部分能量转换为爬波,有较大部分的纵波发生反射,在管壁上传播;爬波沿管壁传播过程中不断散射出其他模态的能量,并造成能量的不断衰减;管壁中的超声波模态复杂,势必造成超声波信号较为复杂。

通过激光超声可视化设备可以观察到超声波在厚壁管上的传播过程,选择 4 幅典型的超声波传播过程图,如图 8-17 所示。

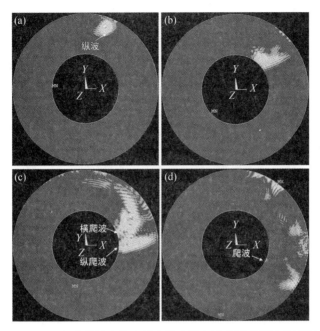

图 8 - 16　超声纵波在管内壁上发生模态转变形成爬波的过程

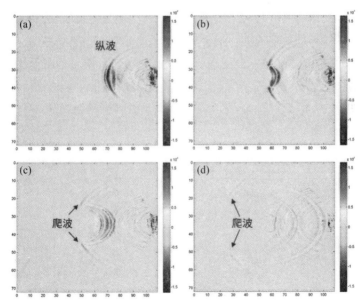

图 8 - 17　激光超声观察压电探头在厚壁管上的声场分布情况

(a)压电探头在厚壁管上激励出超声纵波;(b)纵波遇到内壁时发生反射;
(c)纵波在内壁上发生模态转换形成爬波;(d)爬波沿内壁传播

探头在管外壁上激励出能量较强的纵波,在纵波后也形成了能量较弱的横波,如图 8-17(a)所示;随传播时间的增加,纵波遇到管内壁后发生反射;当部分纵波的入射方向与内壁相切时,纵波发生模态转变形成爬波,如图 8-17(b)、图 8-17(c)所示;随着传播时间进一步增加,爬波沿内壁继续传播,且能量逐渐衰减,另外探头形成的横波也在内壁上发生反射,如图 8-17(d)所示。由整个超声波的传播过程发现:第一,纵波在内壁上发生了模态转变形成了爬波;第二,探头激励出纵波的同时也激励出了能量较弱的横波;第三,超声波在内壁中的传播过程比较复杂,在管内壁上反射之后呈多模态的特性,导致接收到的超声信号也变得较为复杂;第四,超声波声场覆盖了整个厚壁管,对全壁厚上的缺陷检测有一定的优势。

8.3.4 激光超声 C 扫描检测加强筋宽度

薄板结构在工程中应用广泛,薄板往往通过加强筋结构来提高结构的强度与刚度、减小结构变形以及提高结构稳定性。加强筋的筋宽是加强筋性能的主要影响因素之一,对加强筋筋宽的检测也成了一项重要的任务。而加强筋的使用环境与条件要求筋宽的检测需要具备在役、快速、无损等特点。通过无损检测的方法得到加强筋的宽度,进而评价加强筋的承载能力是一种广泛使用的方法。

激光超声技术作为一种新兴的交叉学科,具有非接触、频带宽、实时在线等优点,非常适合应用于材料的缺陷检测、定位等方面。但是现有的激光超声 C 扫描技术都是采用大能量的脉冲激光激励,会造成试样表面的烧伤。而一旦降低激光激励能量,势必会影响接收信号的强度,造成 C 扫描图像不清晰,被检对象特征模糊难辨。为了实现快速、非接触的无损检测,本节介绍一种基于小能量的激光超声 C 扫描技术,利用其检测加强筋宽度。

激光超声 C 扫描检测原理如图 8-18 所示。检测装置主要包括激光控制器、激

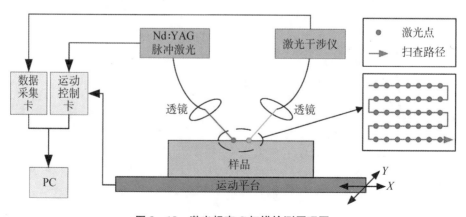

图 8-18 激光超声 C 扫描检测原理图

光发射器、激光干涉仪、自动位移台、PC 等。采用 Wedge HB 系列调 Q 的 Nd：YAG 脉冲激光器发射激光脉冲,激光波长为 1 064 nm,脉冲宽度为 2 ns,单脉冲能量为 0~2 mJ 可调,脉冲激光光斑直径为 200 μm。脉冲激光经发射器激励并通过电动小镜反射后,由柱面镜聚焦于被检试样上。激光超声的接收采用 Quartet-FH 系列的脉冲干涉仪,接收时使用波长为 532 nm 的连续激光,检测频率最高可达 24 MHz,光斑直径为 100~500 μm,焦点距离为 100 mm,激光能量为 1 W。实验时,改变光纤头与试样间的相对位置,使试样上的光斑直径最小,并调整光束垂直于样品。激光超声检测装置通过控制自动位移台使之进行"S 形"运动,实现对于试样的激光超声 C 扫描。

实验试样为带有不同宽度加强筋的 304 不锈钢板,如图 8-19 所示,加强筋的宽度 d 为 2 mm。使用图 8-18 中的激光超声 C 扫描装置,将激励点与接收点的距离设置为 4 mm,保持激励激光与接收激光的距离不变,设定扫查范围为 20 mm×10 mm,扫查间隔为 0.1 mm,对带加强筋的板状结构进行超声 C 扫描检测。

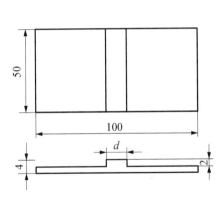

图 8-19　实验样品以及尺寸示意图
（单位：mm）

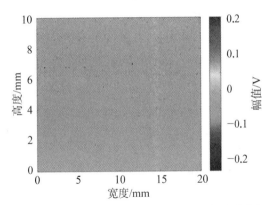

图 8-20　加强筋宽 2 mm 的 304 不锈钢板的激光超声 C 扫描结果

选取 1.8 μs 时刻的加强筋的 C 扫描结果,如图 8-20 所示。

由图 8-20 可知,激光超声 C 扫描结果由于横波反射信号较弱,造成加强筋处、平板处的图像轮廓不清晰、区分度不高。若要提高激光超声 C 扫描的图像质量,通常采取两种手段:第一,提高脉冲激光能量,使反射横波信号幅值变大;第二,在同一个位置上进行多次平均,减小噪声信号。但是这两种手段都存在缺点:①提高脉冲激光能量会对被检测工件表面形成烧伤;②信号采集的多次平均会造成检测量过大,检测效率降低。激光超声 C 扫描采用的脉冲激光的最大能量为 2 mJ,该激光能量对工件表面的影响程度较小;并且,在扫查区域的每一个位置上只进行一次信号采集,较大地提高了扫查效率。但是,由于信号没有进行多次平均,超声信号受到噪声的影响程度比较大,C 扫描图像中的噪点较多,图像中的加强筋区域与非加强筋区域的区分度

图 8 - 21　图像处理后的加强筋激光超声 C 扫描结果

不明显。因此,为了提高 C 扫描的图像质量,需要进行数据处理。激光超声 C 扫描结果经小波降噪、局部均值滤波和自动阈值法处理后,得到的 C 扫描图像结果如图 8 - 21 所示。

采用激光超声 C 扫描技术对于加强筋 304 板筋宽进行测量时,图像平均宽度与实际值非常接近,与实验值之间的绝对误差≤0.05 mm,相对误差≤1.55%。因此,激光超声 C 扫描测量方法对于加强筋宽度的测量具有一定的工程应用价值。

参 考 文 献

［1］ 蒋危平,王务同.超声波探伤仪发展简史[J].无损检测,1997,19(1):24-25.

［2］ 强天鹏.衍射时差法(TOFD)超声检测技术[M].[出版者不详],2012.

［3］ 骆国防.电网设备金属材料检测技术基础[M].上海:上海交通大学出版社,2020.

［4］ 周正干,黄凤英.电磁超声检测技术的研究现状[C].宜昌:2006年全国无损检测学会电磁(涡流)专业委员会年会,2006.

［5］ 骆国防.电网设备金属检测实用技术[M].北京:中国电力出版社,2019.

［6］ 郑辉,林树青.超声检测[M].北京:中国劳动社会保障出版社,2009.

［7］ 郭伟.超声检测[M].北京:机械工业出版社,2009.

［8］ 蒋危平.超声检测学[M].武汉:武汉测绘科技大学出版社,1991.

［9］ 任吉林,林俊明.电磁无损检测[M].北京:科学出版社,2008.

［10］ 黄松林,王坤,赵伟.电磁超声导波理论与应用[M].北京:清华大学出版社,2013.

［11］ 多伊尔 F D.结构中波的传播[M].吴斌,何存富,焦敬品,等译.北京:科学出版社,2013.

［12］ 全国锅炉压力容器标准化技术委员会.NB/T 47013—2015承压设备无损检测[S].北京:新华出版社,2015.

［13］ 王智.超声导波技术及其在管道无损检测中的应用研究[D].北京:北京工业大学,2002.

［14］ 何存富,吴斌,范晋伟.超声柱面导波技术及其应用研究进展[J].力学进展,2001,3(2):203-214.

［15］ 刘镇清.圆管中的超声导波[J].无损检测,1999,21(12):560-568.

［16］ 邓明晰.固体板中的非线性兰姆波[M].北京:科学出版社,2005.

［17］ 罗斯 J L.固体中的超声波[M].何存富,吴斌,王秀彦,译.北京:科学出版社,2004.

［18］ 郑祥明,赵玉珍.兰姆波频散曲线的计算[J].无损检测,2003,25(2):66-68.

［19］ 美国无损检测学会.美国无损检测手册(超声卷)[M].《美国超声检测手册》译审委员会,译.北京:世界图书出版公司,1996.

［20］ 徐维灏,陆原,李希英,等.铁磁性钢板电磁声兰姆波探伤技术的研究[J].钢铁研究总院学报,1988,8(2):59-64.

［21］ 刘天华,乔学亮,陈建国.EMAT测距测厚的系统设计及实现[J].测控技术,2005,24(4):20-22.

[22] 朱红秀,吴淼,刘卓然.确定电磁超声换能器钢管检测最佳磁化强度的试验研究[J].无损检测,2004,26(6):297-298.

[23] 张志钢,阙沛文,雷华明.兰姆波的电磁超声磁致伸缩式激励及其特性[J].上海交通大学学报,2006,40(1):133-137.

[24] 奥尔特 B A.固体中的声场和波[M].孙承平,译.北京:科学出版社,1982.

[25] 郭自强.固体中的波[M].北京:地震出版社,1982.

[26] 张广纯.电磁声(EMA)检测技术的研究、开发与工程化[J].应用声学,1997,14(2):1-6.

[27] 应崇福.超声学[M].北京:科学出版社,1990.

[28] 中国机械工程学会无损检测分会.超声波检测[M].北京:机械工业出版社,2012.

[29] 蔡晖.发电厂与电网超声检测技术[M].北京:中国电力出版社,2019.

[30] White R M. Generation of elastic waves by transient surface heating[J]. Journal of applied physics, 1963, 34(12):3559-3567.

[31] 杨连杰,李阳,孙俊杰,等.激光超声表面波在表面缺陷上的反射与透射[J].激光与光电子学进展,2019,56(4):146-151.

[32] 李阳,蔡桂喜,董瑞琪.兰姆波在搭接焊缝上的反射和透射[J].声学学报,2017,42(4):495-503.

[33] Alleyne D N, Cawley P. The interaction of Lamb waves with defects[J]. IEEE transactions on ultrasonics ferroelectrics & frequency control, 1992, 39(3):381.

[34] Yashiro S, Takatsubo J, Miyauchi H, et al. A novel technique for visualizing ultrasonic waves in general solid media by pulsed laser scan[J]. NDT & E international, 2008, 41(2):137-144.

[35] 李阳,杨连杰,孙俊杰,等.表面裂纹的激光超声可视化兰姆波检测研究[J].声学技术,2020,39(2):157-160.

[36] 詹超,彭笑永,李阳.基于激光超声的厚壁管内壁爬波传播的可视化[J].无损检测,2019,41(9):53-55,59.

[37] 王小民,安志武,廉国选.圆柱空腔上裂纹的爬波检测方法[J].声学学报,2015(2):234-239.

[38] 中国国家标准化管理委员会.GB/T 34885—2017 无损检测 电磁超声检测总则[S].北京:中国标准出版社,2017.

[39] 中国国家标准化管理委员会.GB/T 32563—2016 无损检测 超声检测 相控阵超声检测方法[S].北京:中国标准出版社,2016.

[40] 国家能源局.DL/T 1718—2017 火力发电厂焊接接头相控阵超声检测技术规程[S].北京:中国标准出版社,2017.

[41] 中国国家标准化管理委员会.GB/T 31211—2014 无损检测 超声导波检测总则[S].北京:中国标准出版社,2014.

索　引

AVG 曲线　8
PCS 的选择　128

B
板中的导波　221
波的分类　10
波动特性　19
薄壁管道中的周向超声导波　226

C
长横孔回波声压　40
超声波的衰减　32
超声导波　4
超声导波检测通用工艺及在电网设备中的应
　用　47
超声导波理论　218
超声导波探头　57
磁铁　196

D
大平底回波声压　38
大直径圆柱体底面回波声压　42
电磁超声　5
电磁超声波的发射与接收　196
电磁超声的换能模型　191
电磁超声的耦合方程　190
电磁超声换能器匹配电路　201

电磁超声检测原理　188
电网超声　278
短横孔回波声压　41

F
分贝　18

G
规则反射体回波声压　8

H
合成声束　147
横波声场　36

J
激光超声　4
激光超声 C 扫描检测加强筋宽度　274
激光超声表面波检测裂纹深度　266
激光超声的激励机制　256
激光超声检测设备　256
激光超声兰姆波检测板材表面裂纹　268
激光超声爬波检测厚壁管内壁缺陷　271
检测校准和增益设置　129

M
脉冲反射法超声　77
脉冲反射法超声检测通用工艺　47

O

耦合剂　7

P

平底孔回波声压　39

Q

球孔回波声压　43

R

热弹机制下激光激励超声波　261

S

声波的本质　8

声强　17

声速　15

声压　17

声阻抗　17

试块　38

T

探头　1

探头声束扩散角　119

X

相控阵超声　3

相控阵超声的相位控制　144

相控阵超声基本特征　145

相控阵超声检测通用工艺　171

相控阵超声检测原理　144

相控阵试块　169

相控阵探头　3

相控阵楔块　166

Y

延时法则　151

衍射过程　101

衍射时差法超声　136

衍射时差法超声检测通用工艺　118

衍射时差法超声检测原理　101

Z

振动与波　8

纵波声场　34